JN410713

PORT AUTOMATION

항만 자동화

문성철 · 안현식 · 손정기 지음

GS인터비전

머리말

글로벌 경제 시대에 접어들면서 항만의 중요성이 날로 고조되고 있다. 항만은 선박이 안전하게 출입하고 정박할 수 있고 수륙교통의 연결에 관한 각종의 활동이 행하여지는 해상수송 기지이며 육지와 바다를 연결시키는 운송시설의 역할을 담당한다. 항만의 중요성은 한 국가의 생산, 생활, 정보생산, 국제교역 기능과 배후지의 경제발전을 위한 기지로서의 역할을 수행하는 종합공간이란 점에 있다. 이러한 국제적인 항만 물류 환경은 선박의 대형화, 항만의 무인화, 친환경화 추세와 함께 각 국가마다 항만의 효율성 제고를 위한 자동화가 주요 관심사가 되고 있다. 선진 외국에서는 자동화 부두를 개발하여 21세기 미래 항만산업으로 적극 추진하는 등의 국제적인 경쟁이 강화되고 있다. 이러한 추세에 비추어 볼 때 항만 자동화에 대한 이해와 응용능력을 갖추는 것이 국가적 경쟁력을 위해 매우 중요한 일이라 할 수 있다. 항만 자동화에 대한 이해를 위해서는 항만과 항만 장비에 대한 이해와 같은 물류적 의미에 대한 이해와 더불어 자동화 시스템이나 요소기술과 같은 공학적 기술에 대한 이해가 뒷받침 되어야 한다. 본서는 항만에 대한 기초적 이해로부터 자동화 시스템이 구성되기 위한 기초적 공학적 지식을 갖추기 원하는 독자들을 위해 집필되었다.

책의 구성은 먼저 1장에서는 항만에 대한 기초적 이해를 돕기 위해 항만의 개념과 종류 운영 등에 대해 소개하였다. 2장에는 크레인을 비롯한 하역장비 하역도구 등 항만의 장비를 상세히 소개하였다. 3장에는 항만 하역 시스템을 물류와 하역 프로세서에 대해 상세히 언급하였다. 4장에는 미래형 항만으로 제안되고 있거나 실제 가동되고 있는 항만 자동화 기술들을 소개하였으며, 5장에서는 해외 항만 자동화 현황을 케이스별로 소개 하였다. 이어서 항만 자동화를 위해서 필요로 하는 실제적인 기술들을 소개하였다. 먼저 자동화 과정은 시스템 통합이 전제되므로 PLC와 컴퓨터와 같은 시스템 기술들을 구체적으로 소개하여 자동화 시스템에 대한 초보적 이해가 가능하도록 하였다. 이어서 항만 자동화를 위한 요소기술로서 센서 기술, 통신 기술, 지능 기술 등 최근의 자동화를 위해 필수적인 기술들을 소개하였다.

본 서로 통해 독자들이 항만 자동화에 대한 이해를 통해 미래 항만 물류 산업분야에 전문적 지식을 얻고 전문가로서의 역량을 발휘할 수 있기를 바라는 바이다.

2014. 7. 1

저자일동

차 례

부 록 207

1장

항만의 이해

1.1 항만의 개념

1.1.1 항만의 어원

포괄적인 의미를 지닌 항만이라는 단어의 어원을 살펴보면 영어의 port와 harbour를 포함한 내용이라고 알려져 있다. 즉 영어의 port는 라틴어의 porta(門)라는 단어로부터 만들어졌으며 이는 바다의 입구 또는 육상의 입구라는 뜻이라고 한다. 고대 로마에서는 도시를 건설할 때 주위에 만드는 성벽의 건설 예정선을 넘는 것은 마치 적이 성벽을 타고 넘어오는 것 같이 간주하여 철저히 금기시 하였다. 이 때문에 성문을 만들 경우에는 도구나 장비로 건설 예정선을 파지 않고 이 구간은 도구나 장비를 운반(portare)하였기 때문에 이러한 뜻에서 문(porta)이라는 단어가 만들어 졌으며 나중에는 항(항만, 항구)을 의미하게 되었다고 한다, 그러므로 port는 어원적으로 수송을 나타내는 의미를 지니고 있었으나 점차 수륙교통의 공통접속영역으로 그 개념이 바뀐 것이다. 반면에 harbour는 아일랜드어의 herr(군대)와 barg(구하다, 지키다, 보호하다)에서 고대영어의 here(군대)와 beorg(은닉하다)가 유래하였으며 군대를 은닉하여 보호하는 장소 또는 피난소라는 뜻을 가지고 있다.[1)]

따라서 port는 여객이나 화물을 육상으로 내리거나 선박으로 옮겨 실을 수 있는 시설을 구비한 인공항적인 개념이 크고, harbour는 천연지형 또는 인공에 의한 외해로부터 위험요소가 차단되어 선박이 안전하게 정박하기에 적합한 천연항적인 개념이 크지만, 오늘날에는 거의 같은 의미로 사용되며 "사람이나 화물이 출입할 수 있는 해상 또는 육상의 출입구" 라는 어원적 의미로 해석할 수 있다. 그림 1.1은 뉴질랜드 리틀톤 항(Lyttelton Harbour)의 전경으로 이미 700여년 전부터 원주민들이 사용하고 있던 항으로 천연항의 특징을 가지고 있으며 1849년 공식적인 항으로 지정되면서 필요한 인공구조물이 설치되었다.

그림 1.1 뉴질랜드 리틀톤 항

1) 문성혁, 현대항만관리론, 다솜출판사, 2003, p.3

1.1.2 항만의 정의

항만은 어원적으로 "임수(臨水) 지역에 있는 사람이나 화물의 출입구"라고 표현할 수 있으며 현실적인 개념의 경우 법률적, 경제적, 사회적인 측면을 종합적으로 고려하여 개념을 정의하는 것이 필요하다.

법률적인 측면으로 항만법에서는 항만을 "선박의 출입과 사람이 타고 내리거나 화물을 선박에 싣고 내릴 수 있는 시설이 구비된 항"으로 정의하고 있다.

경제적인 측면에서의 항만은 한 국가의 경제발전을 직접적으로 주도하는 상공업 활동을 통하여 국제무역의 증진을 위해 해운산업과 관련 산업이 집적화되어 있는 지역 또는 시설을 의미한다. 즉 항만은 "해운과 육운을 연결하는 공통접속영역으로서 국가 또는 지역 경제의 발전에 따라 급증하는 물동량을 처리하는 물류활동시설 및 공간 또는 직접적인 교통의 통로로서의 시설, 설비 등의 기능을 지니며, 간접적으로는 국민경제의 독립적인 개별경제로서 배후지역의 생산 또는 소비수준의 개별 경제체 또는 교통기관의 의미를 갖는다고 볼 수 있다.

또한 사회적인 측면에서 항만은 배후도시나 문화의 형성, 도시재개발, 시민의 생활공간, 레크리에이션 장소의 제공 등 지역 주민의 복지나 생활문화의 향상이 이루어지는 곳으로 정의할 수도 있다.

따라서 이러한 다양한 측면에서의 항만의 개념을 종합적으로 정의해 보면, "해운과 내륙운송을 연결하는 공통접속영역으로서 물류, 생산, 생활, 정보생산 및 국제교역 기능과 배후지의 경제발전을 위한 기지로서의 역할을 수행하는 종합 공간"으로 정의할 수 있다.

그림 1.2는 독일 엘베강에 위치한 하구항인 함부르크항 CTA(Contaniner Terminal Altenwerder)의 전경으로 해운과 내륙 운송의 중심역할을 하고 있는 유럽의 대표적 항으로다. 함부르크항은 항내 16 ㎢ 지역을 자유항으로 지정하고 통과하는 화물에 대해서는 기간 및 수량에 관계없이 관세와 통관절차를 면제하고 있는 항만의 다양한 기능을 극대화하기 위해 노력하고 있다.

그림 1.2 독일의 함부르크항

1.2 항만의 기능

항만은 선박이 안전하게 출입·정박할 수 있고 수륙교통의 연결에 관한 각종의 활동이 행하여지는 해상수송 기지로서 육지와 바다를 연결시키는 운송시설의 역할을 담당한다. 항만의 주요기능은 생산, 생활, 정보생산, 국제교역 기능과 배후지의 경제발전을 위한 기지로서의 역할을 수행하는 종합공간이란 점에 있다. 항만은 국내에서 필요로 하는 석유, 곡물, 어패류 등 원자재와 생활필수품 등을 수입하고 자동차, 전자제품 등을 수출하는 물물교환의 핵심 기점이다.

과거의 항만은 선박이나 화물의 접안과 보관, 통관과 수송기능을 담당하는 터미널 기능이 주된 역할이었다. 그러나 선박의 크기와 선형의 변화, 화물 취급기술의 발전, 운송형태의 발전, 항만시설의 변화 요구 등에 따라 오늘날의 항만기능은 더욱 복잡해지고 다양화 되어 생산, 유통, 거주가 동시에 이루어지는 종합항만공간화 즉 종합화물 유통기능, 산업공간기능, 생활공간기능, 국제물류촉진기능 등도 갖추게 되었다.2)

이러한 관점에서 항만은 해상운송과 육상운송의 연결점으로서 선박에 의한 해상무역을 용이하게 하고, 육상운송과의 연계를 하는 터미널 기능을 기본적으로 수행하고 있으며, 최근의 항만은 터미널 기능뿐만 아니라 국가 및 지역경제 발전과 사회문화 유지, 항만도시의 형성 등에 기여하는 등 관련 기능의 범위가 크게 확대되고 있다. 따라서 항만 기능은 크게 터미널 기능, 경제적 기능, 사회적 기능 등 3가지로 나누어 볼 수 있다.3)

1.2.1 터미널 기능

항만은 해상교통과 육상교통의 연결점으로 하역작업 및 화물처리와 관련한 업무를 수행하는 종합적인 개념의 터미널로 볼 수 있다. 즉, 항만은 해륙수송의 접속점으로 해외 여러 나라 및 국내 교통망과 연결되어 있어, 교통센터로서의 기초시설을 제공할 뿐만 아니라 국제무역 등 상업유통과 유기적인 관계를 맺고 있는 물적유통(物的流通, physical distribution)의 핵심이라 볼 수 있다.

국제무역의 기본 수단인 해상운송 측면에서는 효율적인 선박의 운항을 위하여 화물의 적화와 양화를 신속하게 처리하는 하역시설이나 보관설비를 운영하여 선박의 운항 회전율 향상에 도움을 주고 있으며, 내륙의 배후지역으로의 화물수송을 원활히 하기 위한 집화, 하역, 통관 등 제반시설과 철도 및 도로 등의 기반 시설을 이용하여 해상운송

2) 국토해양부, 한국의 항만, 나누리, 2009, p.14
3) 곽규석 외, 항만운영관리론, 박영사, 2009, p.3

그림 1.3 더반 컨테이너터미널

과 육상운송의 일체화로 종합적이고 합리적인 수송이 가능하도록 하고 있다. 결국, 항만은 운송수단 간 연계를 도모하는 터미널로서, 이용하는 사람과 화물의 흐름을 원활하게 연결하는 기능을 담당하고 있다. 그림 1.3은 남아프리카공화국의 터미널 기능을 담당하는 더반 컨테이너터미널 (Durban Container Terminal) 전경으로서 항만시스템을 업그레이드하여 남아프리카 지역의 항만물류중심 항으로 성장하고 있다.

1.2.2 경제적 기능

항만은 경제생활에 있어서 생산지와 소비지 간 화물의 유통을 원활하게 하여 제조, 운송 등 관련 산업의 생산력을 증대시키고 시장 형성과 기능을 강화할 뿐만 아니라 확대하는 효과를 동시에 나타낸다. 항만은 터미널 기능을 기반으로 하여 물자유통의 합리화를 추진함으로써 시장 확대와 생산력 증대에 의한 경제성장에 기여하는 것으로서 경제적 기능을 지니고 있다.

제품수출이나 원료수입 등 해외와의 물자유통에 크게 의존하고 있는 우리나라는 국민 경제발전 이외에도 생산과 소비의 확대, 생간의 유지 증대, 물류비용의 절감과 유통 합리화 등에 많은 영향을 미치고 있기 때문에 항만의 기능은 더욱 중요시되고 있다.

특히, 우리나라는 중공업 및 화학 산업을 중심으로 급격한 산업성장을 이루어왔고, 이러한 산업은 생산과정과 관련하여 수송효율의 향상이나 가용 용지 및 노동력 확보의 용이성 등의 주변 여건을 고려하여 대다수 임해지역에 입지하고 있다. 또한 매립 조성 기술의 발전으로 대다수 산업단지 및 공업지구를 임해지역에 건립하여 이른바 임해공업 지대를 형성해 왔으며, 그 인근의 항만은 공업지대의 생산과정에 기능적으로 융합되어 생산의 장으로서 제조와 물류활동의 효과적인 연계를 통해 경제적 기능을 발휘하고 있는 것이다.

또한 항만은 관련 산업이 물류 및 용역을 제공하는 등 제반 서비스의 생산과 분배의

그림 1.4 홍콩항 콰이청 터미널

장소이기도 하며, 이러한 활동은 경제사회의 물자유통·분배의 원활화, 효율화를 가져오게 할 뿐만 아니라 이와 같은 용역의 생산·판매를 통해 지역경제의 상호교류 및 외국과의 무역증진 등의 여러 효과를 창출하기도 한다. 그림 1.4는 홍콩항 콰이청 터미널(Kwai Chung Container Terminal)의 전경으로서 홍콩이 국제 상업도시로서의 물류와 배급 기능을 지원하는 항만의 대표적인 예이다.

1.2.3 사회적 기능

항만은 무역, 상거래, 공업, 정보, 금융 등의 산업기반을 강화하는 역할을 하며, 직·간접으로 경제 활동의 집적과 인구의 집중을 가져오기도 한다. 이러한 경제적 집적과 인구의 집중은 항만을 중심으로 도시화를 증진시키는 요인이 되고, 이른바 항만도시를 형성하게 한다. 즉, 항만의 주요 기능으로서의 사회적 기능은 항만 배후에 도시를 형성하고, 이러한 도시의 확대를 통해 경제 및 사회적 역할을 하는 것이다.

부산, 인천, 울산, 포항 등 국내 대다수 광역시 및 대도시는 항만을 보유한 항만도시로 산업화와 동시에 도시로서의 경제, 생산의 집적화와 인구의 집중을 통해 대도시로 지속적으로 성장하고 있다.

그러나 과도한 경제·생산의 집적과 인구의 집중으로 인해, 여러 항만도시의 거대화가 한층 가속화되고 있으며, 공해와 인구과밀에 의한 대도시 문제가 야기되고 있다. 즉 직접적으로는 교통사고, 교통 혼잡, 교통 소음 등에 의해 또한 간접적으로는 공공시설의 부족이나 환경위생의 미비, 주택부족 등에 의해서 나타나고 있으며, 이들에 대한 대책으로서 항만의 기능에 따른 도시의 대응이 중요하게 인식되고 있다. 즉, 대도시 항만에서는 시민과 항만을 유기적으로 연결하여 도시와 항만의 기능적인 일체화를 이루는 것이 요구되고 있다.

그림 1.5 부산 북항재개발 계획도

거대도시나 과밀도시에서의 문제 해결 이외에도 항만에서의 매립지 등을 주요 대상으로 녹지·공원 등 레크리에이션의 장이나 시민의 생활공간으로서의 장을 제공하기도 하고, 특히 공해대책이나 재해대책 및 산업입지의 재편성 등에 필요한 도시개조의 거점으로서 개발 등이 이루어지기도 하고 있다.

항만은 이와 같이 도시와 관련하여 그 도시나 문화의 형성, 도시재개발, 시민생활에 대한 기여, 레크리에이션 장의 제공 등 많은 사회적 기능을 갖고 있으며, 지역주민의 복지나 생활 문화의 향상을 이루는 곳으로서의 성격을 갖고 있기도 하다. 그림 1.5는 부산 북항재개발 계획도이며 국제여객터미널을 포함한 친수공간과 해양문화지구, 마리나 시설 등 사회적 기능을 강화한 항만으로 건설할 계획을 가지고 있다.

1.3 항만의 종류

항만은 사용목적, 입지조건, 건설방식, 행정목적, 운영형태, 기타 환경요소 등에 따라 다양하게 분류할 수 있다.

1.3.1 용도에 따른 분류

용도에 따른 분류는 항만의 사용목적에 따라 구분하는 것으로 상업항, 공업항, 어항, 피난항, 관광항, 군항, 항공항 등으로 분류한다. 상업항은 상선에 의한 수출입 화물과 연안화물 및 여객을 주로 취급하는 항으로, 넓은 배후지를 가지고 무역, 물류, 유통 등의 상업적 목적의 항이며 보통 항만이라 하면 상업항을 가리킨다. 공업항은 임해 공업지역에 있는 공장의 생산 원자재 및 제품을 수출입하는 항이다. 어항은 어업의 근거지로서 어선의 정박, 어획물의 양륙, 판매, 유통 등의 목적으로 사용되는 항이며 어선에 필요한 선용품·식료품 등을 보급한다. 피난항은 항해하는 선박이 폭풍우를 피하기 위하여 안전하게 정박할 수 있는 항이며, 관광항은 페리선이나 요트, 모터보트 등과 같은 다양한 종류의 레저선박을 위한 시설을 갖추고 관련서비스를 제공하는 항이다. 군항은 군사적 목적으로 군(軍)에서 사용·관리하는 항으로 해군함정의 기지로 사용하는 것, 육군의 수송기지로 사용하는 것 등이 있다. 항공항은 수상 비행의 정박, 수리, 보급 등으로 이용되는 항이다. 그림 1.6은 프랑스 남부 앙티브(Antibes) 지역 보봉 항(Vauban Port) 마리나 부두(Marina Berth)의 전경으로서 관광항 중의 하나이다.

표 1.1 용도에 따른 항만의 분류

구분	내용
상업항(commercial port)	상업항은 상선에 의한 수출입 화물과 연안화물 및 여객을 주로 취급하는 항
공업항(industrial port)	임해 공업지역에 있는 공장의 원재료 및 제품의 수출입을 주로 취급하는 항
어항(fishery port)	어업의 근거지로서 어선의 정박, 어획물의 양륙, 어선에 필요한 선용품, 식료품 등을 보급하는 항
피난항(harbour of refuge)	선박이 태풍 등의 황천 시에 안전하게 피난하여 정박할 수 있는 항
관광항(recreation port)	페리선이나 요트, 모터보트 등의 선박을 정박, 보관 등을 할 수 있는 항
기타항	군항, 항공항 등

그림 1.6 관광항인 보봉항

1.3.2 위치에 따른 분류

항만은 현재 위치한 입지조건에 따라 구분할 수 있다. 해항(sea port) 또는 연안항(costal port)은 해안에 있는 항으로 대형선이 출입할 수 있으며, 큰 강 하구에 위치한 하구항(estuary port), 내륙 깊숙이 강 중류에 형성되어 있는 하천항(river port), 큰 호수에 위치한 호수항(lake port), 수에즈 및 파나나 운하지역 등에 위치한 운하항(canal port)등으로 분류한다. 그림 1.7은 파나마 운하에 위치한 발보아 항의 전경으로서 대표적 운하항이다.

표 1.2 위치에 따른 항만의 분류

구분	내용
해항(sea port)	해안가에 위치한 항(연안항)
하구항(estuary port)	큰 강 하구에 위치한 항
하천항(river port)	강 중류에 형성되어 있는 항
호수항(lake port)	큰 호숫가에 위치한 항
운하항(canal port)	운하지역에 위치한 항

그림 1.7 운하항인 발보아 항

1.3.3 건설방법에 따른 분류

항만을 구분하는 또 다른 방법으로는 건설방식에 따른 것이 있으며, 이는 자연적인 형태를 그대로 활용한 천연항(natural port)과 항만의 기본 구조에 많은 인공시설물을 추가하여 건설한 인공항(artificial port)으로 크게 구분할 수 있다. 인공항의 경우 기존 연안을 파고 들어가 축조한 굴입항, 매립을 통해 건설한 매립항, 해안에서 바다로 돌출되게 건설한 돌출항 등으로 나눌 수 있다. 그림 1.8은 스리랑카 콜롬보 항 확장공사 개발 계획도이며 콜롬보 항은 인도양을 연결하는 중요한 환적 항으로서 인공시설물로 건설된 인공항이다.

표 1.3 건설방법에 따른 항만의 분류

구분	내용
천연항(natural port)	지형적 조건이 천연의 장소인 갑(cape), 섬, 암초 등에 의해 둘러싸여 이루어져 있는 항
인공항(artificial port)	인공적인 방법으로 지형적인 조건을 갖춘 항

그림 1.8 인공항인 콜롬보 항

1.3.4 국내법에 따른 분류

항만은 항만행정을 위한 국내법인 항만법, 개항질서법, 항만운송사업법 등에 따라 분류할 수 있으며 항만법에 따르면 지정항만[4]과 지방항만[5]으로 구분되며 지정항만은 국민경제와 공공의 이해에 밀접한 관계가 있는 항만으로 무역항 30개, 연안항 25개 등 총55개의 항만으로 구성되어 있다. 무역항은 수출입화물을 수송하는 선박과 여객선이 입출항하는 항만으로 해양수산부가 직접 건설·관리·운영한다. 연안항은 연안화물을 수송하는 선박과 연안여객선 및 어선이 입출항하는 항만으로 해양수산부가 건설하여 시·도지사에게 관리·운영을 일임하고 있다. 또 무역항 중에서 무역항을 체계적이고 효율적으로 관리·운영하기 위하여 수출입 화물량, 개발 계획 및 지역균형발전 등을 고려하여 국내외 육·해상 운송량의 거점으로서 광역권의 배후화물을 처리하거나 주요기간산업 지원 등으로 국가의 이해에 중대한 관계를 가지는 항만은 「국가관리항」으로, 지역별 육·해상운송망의 거점으로서 지역산업에 필요한 화물처리를 주목적으로 하는 항만은 「지방관리항」으로 구분하고 있다.[6] 그림 1.9는 국내최대의 연안항인 부산남항의 전경이다.

표 1.4 국내법에 따른 항만의 분류

구분	내용
무역항(trade port)	국민경제와 공공의 이해에 밀접한 관계가 있고 주로 외항선이 입출항 하는 항
연안항(coastal port)	주로 국내항간을 운항하는 선박이 입출항 하는 항

그림 1.9 연안항인 부산 남항

4) 항만법에 따라 대통령령으로 명칭, 위치, 구역 등을 지정
5) 지정항만 이외의 항만
6) 국토해양부, 한국의 항만, 나누리, 2009, p.32

1.3.5 운영형태에 따른 분류

항만은 운영형태에 따라 분류할 수 있으며 미국항만협회(AAPA)의 분류방법에 따르면 항만당국이 기본 하부구조시설, 일반서비스, 공통적 이해 관련 서비스만 제공하고 민간운영자와 임대차 계약을 통해 일정기간 운영하는 항만으로 항만당국은 최소한의 항만시설만 제공할 뿐 항만운영에는 실질적으로 간여하지 않는 지주항(landlord port)과 전체 또는 상부구조시설이나 화물하역에 필요한 장비들을 항만당국이 제공하고 민간운영자의 직접적인 화물하역에는 개입하지 않는 항만으로 고객이 필요로 하는 항만서비스는 민간운영자가 주도권을 갖고 있거나 또는 독립적 기관이 책임을 지는 도구항(tool port), 항만당국이 일반 서비스뿐만 아니라 항만의 하부구조시설과 상부구조시설 전체를 제공하고 선박과 육상운송 수단 사이의 화물이동까지 책임을 지는 항만이며 서비스(service port)항 이라고도 하는 운영항(operation port) 등으로 구분하고 있다.[7)]

표 1.5 운영형태에 따른 항만의 분류

구분	내용
지주항(landlord port)	항만당국이 기본하부구조시설만 제공하고 임대차 계약을 통해 민간운영자가 항만서비스 제공
도구항(tool port)	항만당국이 상부구조시설이나 하역장비 등을 제공하고 민간운영자가 일부 항만서비스 제공
운영항(operation port)	항만운영자가 상하부시설 및 항만서비스까지 모두 제공

1.3.6 기타목적에 따른 분류

이외에 기타목적 및 자연환경 등에 따라 항만을 구분할 수 있으며 결빙여부에 따라 동항(ice port)과 부동항(ice free port), 조석영향에 따라 감조항(tidal port)과 부감조항(non-tidal port), 개폐여부에 따라 개구항(open port)과 폐구항(closed port), 지질 종류에 따라 사빈항(sandy port)과 암반항(rocky port)으로 구분된다.

7) 하명신 외, 항만물류의 이해, 탑북스, 2011, p.22

표 1.6 기타목적에 따른 항만의 분류

구분		내용
결빙여부	동항(ice port)	결빙의 영향을 받는 항
	부동항(ice free port)	결빙의 영향을 받지 않는 항
조석영향	감조항(tidal port)	조석의 영향을 받는 항
	부감조항(non-tidal port)	조석의 영향을 받지 않는 항
개폐여부	개구항(open port)	조수간만의 차가 없어 항상 열려 있는 항
	폐구항(closed port)	조수간만의 차가 커서 갑문시설을 한 항
지질종류	사빈항(sandy port)	지질을 구성하는 물질이 모래인 항
	암반항(rocky port)	지질을 구성하는 물질이 암석인 항

1.4 항만시설

항만시설이란 항만의 목적을 달성하기 위해 설치된 시설로서, 선박의 출입, 사람의 승선·하선, 화물의 하역·보관 및 처리, 해양친수활동 등을 위한 시설과 화물의 조립·가공·포장·제조 등 부가가치 창출을 위한 시설로서 항만구역에 있는 시설과 항만구역 밖에 있는 시설 중 해양수산부장관이 지정·고시한 시설을 말하며, 크게 그 기능에 따라 기본시설, 기능시설, 지원시설, 항만친수시설, 항만배후시설로 구분한다.[8)]

표 1.7 항만시설의 개념

구 분	내 용
기 본 시 설	항만에 기본적으로 반드시 필요한 시설이며 항만 이용자의 편의를 도모하고 증진시키는 시설로서, 항로 등의 수역시설, 방파제 등의 외곽시설, 안벽 등의 계류시설, 도로 등의 임항교통시설을 말한다.
기 능 시 설	항만기능을 유지하기 위해 필요한 시설이며, 항로표지 등의 항행보조시설, 고정식하역장비 등의 하역시설, 대합실 등의 여객이용시설, 창고 등의 화물유통시설과 판매시설, 급유시설 등의 선박보급시설을 말한다.
지 원 시 설	항만기능을 지원하기 위한 보관창고 등의 배후유통시설, 선박기자재 보관·판매·전시 등을 위한 시설, 화물의 조립·가공·포장·제조 등

8) 항만시설을 사용하려는 자는 관리청(해양항만청, 항만공사) 등의 사용허가를 받거나 임대계약을 체결하여 항만시설을 사용할 수 있다.

	을 위한 시설, 공공서비스의 제공과 시설관리 등을 위한 항만 관련 업무시설 등을 말한다.
항만친수시설	항만지역에 국민의 건강, 휴양 및 정서생활의 향상에 기여하기 위한 시설로서, 유람선 등을 수용할 수 있는 해양 레저용시설, 해양박물관 등의 해양 문화·교육시설, 해양전망대 등의 해양공원시설, 인공해변·인공습지 등 준설토를 재활용하여 조성한 인공시설을 말한다.
항만배후시설	주로 지원시설과 항만친수시설이 모여 있는 지역을 말한다.

1.4.1 수역시설

선박이 항해하는 항로, 하역이나 정박을 하기 위한 정박지, 소형선박이 정박하는 선류장, 그리고 선박이 회전하는 데에 필요한 장소인 선회장 등을 총칭하여 수역시설이라고 한다. 수역시설은 항만의 가장 기본적인 시설로서 이들 시설 없이는 항만이 존재할 수 없다고 해도 지나친 말이 아닐 정도로 중요한 시설이다.[9]

1) 항로

항로는 선박이 항해하는 바다길, 즉 뱃길을 말한다. 항로에는 태평양을 횡단하는 항로처럼 넓은 해역을 자유롭게 항해할 수 있는 비교적 제약이 적은 항로로부터 인공적으로 준설한 폭이 좁은 항로까지 여러 가지 종류가 있다.

항만 내의 항로는 항의 입구부근에 있는 것을 입구항로(entrance channel), 정박지 내에 있는 것을 항내항로(fair way), 안벽 등의 정박 장소에 접근하기 위한 것을 접근항로(approach channel)라 한다.

항로의 폭은 그 항로를 통행하는 대상선박의 길이와 폭 및 통행량과 지형, 기상, 해상, 기타 자연조건을 고려하여 결정하되 통행 시 선박충돌의 위험이 있는 항로에 있어서는 대상선박의 길이 이상으로 하고, 선박충돌의 위험이 없는 항로에 있어서는 대상선박 길이의 1/2 이상이 되도록 정하고 있다. 또한 항로의 깊이는 파랑, 바람, 조류 등에 의한 선박의 트림(trim) 및 화물의 적재상태 등을 고려하여 대상 선박의 만재흘수(draft) 이상의 적절한 깊이로 정하고 있다.

9) 이철영, 항만물류시스템, 효성출판사, 1998, p.51

그림 1.10 선박 항로

2) 정박지

정박지는 선박이 안전하게 정박할 수 있는 수역으로서 검역을 받기 위한 묘박장소인 검역묘지(quarantine anchorage), 선석에 접안하기 위하여 기다리는 정박장소, 그리고 하역을 하기 위한 정박장소 등이 있다.

정박지에 선박을 계류하는 방법으로는 닻에 의한 묘박(錨泊), 계선부표(mooring buoy)에 계류하는 부표계류, 안벽이나 잔교에 계류하는 것 등이 있다. 그리고 검역을 받기 위하여 선박을 정해진 검역묘지에 묘박시키는 것을 원칙으로 하고 있으며, 경우에 따라서는 안벽이나 잔교 등에 계류하여 검역을 받기도 한다.

하역을 하기 위한 정박지를 선석(berth)[10]이라 부르며 안벽, 잔교, 돌핀, 계선부표 등 어디라도 가능하며 부두의 크기를 나타낼 때 사용할 수 있다.

3) 선회장

특수한 항로의 일종으로 항내에서 선박이 방향을 바꿀 수 있도록 만든 장소를 선회장(turning basin)이라 한다. 선박이 부두에 접안하거나 이안할 때 방향을 바꾸는 장소로 예인선의 유무 또는 바람이나 조류 등의 영향을 고려하여 안전한 선회를 할 수 있도록 하고 있으나, 닻이나 예선을 사용하는 경우에는 선박 길이의 1.5~2배의 직경을 가진 원에 해당하는 면적을 확보하는 것이 보통이다.

4) 선류장

소형선박 및 부선(艀船)이 정박할 수 있도록 방파제 등에 둘러싸여 조용한 수면을 유지하는 수역으로 폭풍시에도 안전한 정박이 가능하게 일반적으로 내항(內港) 부분에 설치하는 것이 특징이다.

10) 항내에서 표준 선박1척을 계선시키는 시설을 갖춘 접안장소(약300m)

그림 1.11 선회장

1.4.2 외곽시설

외곽시설은 항내를 외력으로부터 보호하기 위한 시설로서 외해의 파랑을 차폐하여 항내의 정온도를 유지하기 위한 방파제, 모래 등이 항내에 흘러들어와 항만을 메우는 것을 방지하기 위한 방사제, 고조(高潮)시의 피해나 빠른 조류로부터 선석을 지키기 위한 방조제, 하천에서 유입되는 토사를 항내에 쌓이지 못하게 하도록 하는 도류제 등이 있다.

1) 방파제

외해의 파랑을 막아 내항을 보호하는 구조물로 천연항을 제외한 대부분의 인공항에 설치된 중요한 시설로서 기상 또는 해상의 변화에 대처하여 선박의 입출항이나 하역작업을 안전하게 수행할 수 있도록 돌이나 콘크리트 구조물을 해저로부터 수면 위까지 설치하며, 최근에는 해수교환을 원활히 하기 위한 투과식 방파제를 개발하여 사용하고 있으며, 해저로부터 공기를 분출시켜 기포에 의해 파랑을 차폐하는 방식, 해면에 띄우는 방식 등이 연구되고 있다.

2) 방사제

방사제는 해안부근의 물속에 있는 모래의 이동을 방지하기 위해 해안으로부터 먼 바다쪽으로 돌출하여 해안에 직각이 되도록 설치된 구조물로 해수의 흐름을 약화시켜 모래의 이동을 저지함으로써 해안의 침식이나 항만이 모래에 의해 얕아지는 것을 방지하기 위해 설치된다.

그림 1.12 새만금 방파제

3) 방조제

육지가 해면보다 낮거나 높은 조류로 해안에 밀려드는 조수(潮水)를 막기 위해 해안을 따라 설치되는 제방으로 조차(潮差)가 크고 해안의 경사가 완만한 곳이 적당하며 간척지(干拓地)를 활용하여 농지나 기타부지로 이용이 가능하다.

4) 파제제

항내 수면을 잔잔하게 유지하기 위하여 항내에 설치된 방파용 구조물로 소형선박 등의 보호를 위하여 설치된다.

1.4.3 계류시설

선박이 정박하는 데는 닻을 이용하는 방법과 계류시설에 로프나 와이어를 사용하여 계류하는 방법이 있다. 계류시설에는 육지에 접하여 설치된 것과 육안(陸岸)으로부터 떨어진 해역에 설치된 것이 있으며, 전자를 접안시설, 후자를 이안시설이라 한다. 특히 명확한 정의가 있는 것은 아니지만, 이안시설 중 방파제 또는 자연적인 지형에 의해 차폐된 해면에 설치한 돌핀이라든가, 계선부표 등을 시 버스(sea berth)라 부른다.

계류시설 중 접안시설에는 안벽(quay), 잔교(pier), 부잔교(floating pier) 등이 있으며, 이안시설에는 계선부표, 돌핀 등이 있다.

선박이 접안하는 장소를 부두(wharf)라고 부르나, 부두는 선박이 접안하여 화물을 하역 또는 보관하거나 여객이 오르내리는 장소를 모두 합한 것을 말하므로 접안시설은 이른바 부두의 한 부분이 된다.[11]

11) 이철영, 항만물류시스템, 효성출판사, 1998, p.54

그림 1.13 안벽시설

1) 안벽

선박이 계류하여 육상과의 사이에 직접 여객이 승강하고 화물을 하역하기 위한 시설로서 일반적으로 선박이 안벽에 접안할 경우, 충격에 의해 안벽이나 선체가 손상을 입지 않도록 하기 위하여 방충제(fender)와 선박이 바람, 파랑, 조류 등 외력에 견디면서 정지해 있을 수 있도록 계류색을 묶어둘 수 있는 계선주(bitt)를 설치한다.

2) 잔교

잔교(Pier)는 일반적으로 육안(陸岸)에서 직각으로 설치하여 그 양측에 선박을 접안시킬 수 있도록 하거나, 육안(陸岸)에서 떨어진 수심이 적당한 곳에 육안(陸岸)과 나란히 설치하기도 하는 받침기둥 위에 바닥을 깐 구조물로서, 받침기둥으로는 말뚝(나무, 강철, 철근 콘크리트 등) 교각, 원통기둥 등을 사용한다. 잔교는 다른 계선안벽에 비해 구조가 가볍기 때문에 연약지반에도 건설할 수 있고, 반사파가 없어서 항내 정온도를 유지할 수 있으며, 선박이 접이안하기 쉬운 이점이 있는 반면, 선박 접이안시의 충격에 약하고 황천 시 파랑이 바닥을 밀고 올라오는 등의 단점이 있다.

그림 1.14 잔교

그림 1.15 부잔교

3) 부잔교

육안(陸岸)으로부터 어느 정도의 거리를 두고 부잔교(pontoon)이라고 하는 나무, 쇠, 콘크리트 등으로 만들어진 상자모양의 부유체를 닻으로 고정하여 육안과 다리로 연결하도록 한 것을 말하며 파도, 흐름이 약한 조용한 장소에 설치한다. 안벽, 잔교 등과 비교할 경우, 부잔교는 조차(潮差)가 크고 연약지반이며 수심이 깊은 곳에서는 싼 건설비로 건설할 수 있다는 이점이 있다. 그러나 대형선에는 부적합하고 파랑으로 인해 손상을 받기 쉬우며 하역능력이 적다는 결점이 있다.

4) 계선부표

정박지에 있어서 해저에 앵커 된 선박 계류용의 부표로서 석유류의 하역, 목재 하역, 거룻배 하역 등에 이용되는 것 외에 단순한 선박의 계류를 위해 설치하는 구조물로서 계선부표(mooring buoy)라 한다. 계선부표는 팽이형의 부표에 닻을 묶어 닻으로 고정한 것으로 선박이 계류할 경우에는 선박의 닻줄을 12.5~25m 정도로 내어서 계류 링에 접속하거나, 소형선의 경우에는 로프를 사용하기도 한다. 그리고 대형 유조선의 계선부표는 부표와 해저 파이프를 통해 선박의 탱크와 육상의 탱크가 연결될 수 있도록 설치되어 있다. 부표는 닻에 비해 선박의 점유면적이 작으며 묘박지 정리에 유효하다. 또 닻을 사용하기가 부적당한 지질 또는 깊은 수심을 가진 항만에 설치된다.

그림 1.16 계선부표

그림 1.17 돌핀

1.4.4 임항교통시설

항만과 배후지역을 연결하는 도로, 철도, 교량, 궤도, 운하 등의 항만 교통시설을 말한다.12)

표 1.8 항만시설의 구분

구분	시설	세부내용
기본시설	수역시설	항로, 정박지, 선회장, 선류장 등
	외곽시설	방파제, 방사제, 방조제, 파제제, 갑문, 호안
	계류시설	안벽, 물양장, 잔교, 돌핀, 선착장, 램프 등
	임항교통시설	도로, 교량, 철도, 궤도, 운하 등
기능시설	항행보조시설	항로표지, 신호, 조명, 항무통신 관련 시설 등
	하역시설	하역장비, 화물이송시설, 배관시설 등
	여객이용시설	대합실, 여객승강용 시설, 소화물 취급소 등
	화물유통판매시설	창고, 컨테이너장치장, 사일로, 화물터미널 등
	선박보급시설	급유시설, 급수시설, 얼음 생산공급시설 등
	공해방지시설	방음벽, 방진망, 수림대 등
	항만시설용 부지, 관제·홍보·보안시설 등	
지원시설	선박기자재, 선용품 등을 보관·판매·전시 시설 등	
	화물의 조립·가공· 장 등을 위한 시설 등	
	공공서비스·시설관리 등 항만 관련 업무용 시설 등	
항만친수시설	해양레저용 기반시설, 해양박물관, 해양공원시설 등	
항만배후시설	항만배후부지의 보관창고, 집배송장, 복합화물터미널, 정비고 등	

12) 국토해양부 「한국의 항만」 나누리, 2009.

1.5. 항만의 운영

최근에 효율적인 항만운영이 국가 경쟁력을 제고시킨다는 사실이 인식되면서 항만에 선진화된 운영전략을 수립하고 투자수익의 극대화라는 기업경쟁방식을 도입하여 경제성 제고와 효율성 확보에 중점을 두고 있다. 이를 위해 항만운영은 정보화, 무인화, 자동화 시스템을 갖추고 경쟁력 확보에 앞장서고 있으며, 항만운영에 직접 참여하길 원하는 민간 요구의 증대로 항만민영화를 적극 추진하고 있다.[13]

선진국에서는 이미 오래전부터 항만운영에 있어 기업경영방식을 도입하였고 결과적으로 높은 생산성을 실현해가고 있다. 우리나라를 비롯한 선진 외국의 주요 항만은 포트오소리티가 항만운영관리주체로서 항만을 운영하는 경우가 대부분이며 각국의 역사적 배경, 정치적 환경, 사회적인 분위기, 경제적 여건, 환경적인 요소로 인해 이러한 포트오소리티의 형태는 국가별, 항만별로 각각 다르다. 특히 포트오소리티의 관리주체는 중앙정부, 지방정부, 공사, 공기업, 지방공공단체, 민관공동기업, 민간기업 등 매우 다양하다.

항만관리체계는 임대운영제도가 활성화되어 있어 항만관리주체가 부두를 직접 운영하기 보다는 임대하여 운영하고 있다. 즉 항만의 기본시설에 대한 소유권은 국가나 지방자치단체 등 공공기관이 가지고 있으나, 실제의 운영은 민간 또는 공공의 사업자가 행하여 항만의 효율성 및 생산성을 제고시키고 있다.[14]

1.5.1 선박의 입출항

선박이 출입하는 과정을 입항 또는 출항이라고 부른다. 입항이란 말 그대로 선박이 항구에 들어오는 과정이고 출항은 반대로 선박이 항만을 나가는 것이다. 우리나라에는 부산항과 인천항을 포함한 30개의 무역항에서 내·외국적의 선박이 상시 입·출항할 수 있다. 입출항 선박은 지방해양항만청에 신고해야 하지만 총톤수가 5톤 미만인 선박, 해양사고구조에 종사하는 선박, 기타 지방해양항만청의 허가를 받은 선박은 입출항 신고가 면제된다.

선박은 입항 전에 항만시설사용허가서, 예선사용신청서, 도선지정사용신청서, 입항보고서, 선원명부, 승객명부 등을 지방해양항만청과 세관에 신고하고, 이를 받은 지방해양항만청 또는 예선·도선사업자는 항만시설사용허가, 예선 및 도선 지정을 한다.

이때 선사의 대리점은 본선 입항예정일(시간) 및 양적하 되는 컨테이너에 관한 적하목록, bay plan 등 선적정보를 파악하여 터미널운영업체에 통보한다. 아울러 선사는 화

13) 상게서, p.49
14) 김상열 외, 해운·항만산업의 미래신조류, 효민, 2009, p.43

그림 1.18 선박 입항 장면

주에게 화물도착 통보를 한 후, bay plan은 하역업체에게 제출하고 적하목록(창고 배정 포함)은 세관에 제출한다. 배정 적하목록은 운송업체, ODCY, 터미널 등에 보내 수입컨테이너화물의 양화작업, 화물반입, 내륙수송에 따른 운송 등을 준비한다.

출항의 경우에는 세관, 지방해양항만청, 출입국관리사무소, 검역소 등 행정기관에 출항보고서, 적하목록, 선원명부, 항만시설이용신고서, 승객명부 등을 EDI 또는 서류로 제출해야 수속이 종료 된다. 이때 화주는 수출화물에 대한 신고를 통해 수출면장을 취득한 후, 선사에게 선적예약을 할 수 있다. 그 다음 운송회사와 운송일정 등을 협의하여 공(空)컨테이너를 인수하고 컨테이너에 수출화물을 적입한 후 운송한다.

반면에 선사는 선적예상목록 및 선박스케줄을 하역업체에게 통보해야한다. 선사로부터 선적예상목록과 선박스케줄을 확인한 하역업체는 반입계와 gate log를 확인하여 CY에 장치하였다가 하역작업을 수행하게 된다.

1.5.2 도선과 예선

도선(導船)이란 항만·운하·강 등의 일정한 도선구(導船區)에서 선박에 탑승하여 해당 선박을 안전한 수로로 안내하는 것을 말한다. 따라서 도선사는 해당 항만의 정보, 선박 조종성능, 해류의 움직임, 바람의 유형 등을 완벽하게 숙지하고 동시에 국토해양부장관의 면허를 갖고 있어야 한다. 만일 도선이 잘못됐을 경우 좌초나 충돌 등의 안전사고뿐만 아니라 기름 유출 등 대형 해양오염사고가 발생하기 때문이다.

도선사는 면허의 종류에 따라 2종 도선사와 1종 도선사로 구분되며, 도선구는 인천, 대산, 군산, 목포, 여수, 통영, 마산, 부산, 울산, 포항, 동해, 제주, 평택, 당진 등 13개가 있으며, 이중 11개는 강제도선구이며, 통영과 제주는 임의도선구이다.

예선(曳船)은 선박이 부두 및 계류시설에 이·접안할 때 항만시설 보호와 선박안전을 위해 앞에서 끌어주고 뒤에서 밀어주는 선박을 가리킨다. 우리나라의 예선업은 항만법

그림 1.19 도선과 예선

령에 따라 등록제로 관리된다. 예선은 전방향추진기를 장착하고 소화설비시설을 갖춘 선령 12년 이하의 조건을 갖춘 자기소유예선(국적 취득조건부 나용선 또는 자기소유로 약정된 리스예선 포함)이어야 한다. 항만별로 예선보유 기준이 다르지만 현재 전국에 등록된 예선업체는 54개이며, 이들이 운영하는 예선은 총 184척에 달한다.

예선료는 예선사업자, 이용자 단체 및 전문가가 협의를 통해 결정되며, 통상 기본요금과 할증요금으로 구성된다. 기본요금은 예선의 정계지 출발-작업부두-예선의 정계지 귀환에 소요된 시간에 따라 마력별로 상이한 요금이 적용된다. 기본 시간은 1시간이며, 30분 단위로 초과 요금을 산정하고 할증요금은 야간할증 30%, 공휴일 할증 30%, 위험물 적재선박 할증 30%. 소화구난구조작업 할증 등으로 구성된다.[15]

1.5.3 항만시설의 사용

항만시설은 주로 항로와 정박지 등의 수역시설, 방파제와 갑문 등의 외곽시설, 안벽과 선착장 등의 계류시설, 도로와 철도 등의 임항교통시설 그리고 여객시설, 화물보관 및 처리시설, 기타 시설 등을 포함한다.

과거의 항만시설은 주로 자연적 입지조건에 기반한 천연항이 대부분이었으며 인공항이 있더라도 정박 및 편의를 제공할 수 있는 단순한 기반시설 위주로 그 규모나 사용이 많지 않았기 때문에 항만시설의 유지·관리의 필요성과 부담이 없었다. 산업이 발전하면서 교역량의 급격한 증가로 규모의 경제에 따라 대형화된 선박을 수용할 수 있는 인공적인 항만 또는 항만시설이 필요하게 되고 그 규모나 사용이 거대해지면서 항만시설의 유지·관리 및 보수 ·확장에 대한 부담이 급증하게 되었고, 항만시설 사용에 대한 허가와 사용료가 필요하게 되었다.

항만시설을 사용하려는 자는 관리청(지방해양항만청, 항만공사)등의 사용허가를 받거

15) 국토해양부, 한국의 항만, 나누리, 2009, p.69

나 임대계약을 체결하여 항만 시설을 사용할 수 있으며, 관리청은 항만시설 사용자에게 무역항의 항만시설 사용 및 사용료에 관한 규정(해양수산부장관 고시)에 따라 사용료를 징수한다. 종전에는 전국 30개 무역항의 항만시설에서 발생하는 항만시설사용료를 국가가 징수하였지만 항만공사(port authority)제도가 도입된 후, 부산항, 인천항, 울산항에서는 해당 항만공사가 사용료 요율 등을 정하여 해양수산부장관에게 신고하고 항만시설 사용료를 징수하고 있다.

무역항의 항만시설 사용 및 사용료에 관한 규정은 13종의 항만시설사용료의 종류와 요율을 정하고 있다.

표 1.9 항만시설사용료의 구분[16)]

구 분		징수대상시설	부담주체
선 박 료	선박입출항료	수역시설 중 항로·선회장, 외곽시설, 항행보조시설	선주
	접 안 료	외곽시설 중 선박의 계류가 가능한 시설, 계류시설	선주
	정 박 료	수역시설 중 정박지·선류장	선주
	계 선 료	지방청장이 지정한 계선장	선주
화 물 료	화물입출항료	수역시설, 임항교통시설, 화물 보관처리시설 중 화물장치장	화주
	화물체화료	화물보관·처리시설	이용자
여객터미널이용료	국제여객터미널 이용료	여객이용시설 중 대합실·여객승강용 시설	이용자
	연안여객터미널 이용료	여객이용시설 중 대합실·여객승강용 시설	이용자
전용사용료		창고 및 야적장사용료, 건물·부지 등 사용료, 싸이로 및 냉장창고 등 특수창고의 사용료, 에프런 사용료, 수역점용료	이용자

16) 상계서

표 1.10 항만시설사용료 징수액[17] (단위 : 백만원)

구 분	2002	2003	2004	2005	2006	2007
합 계	335,718	339,573	359,327	387,266	378,146	406,604
선 박 료	132,526	130,626	137,176	138,473	142,320	151,155
화 물 료	59,504	52,277	56,049	57,170	57,929	64,068
여객터미널이용료	720	645	859	1,095	1,434	1,708
전용사용료	142,680	147,548	164,683	188,988	174,627	183,975
수역이용료	429	462	497	562	694	649
기 타	309	3,015	63	978	1,142	5,049

1.5.4 화물의 하역과 운송

선사로부터 입수한 선박 및 접안스케줄과 선적정보를 바탕으로 하역작업을 진행하는 하역업체의 주 업무와 운송과정을 살펴보면 본선입항 후 컨테이너 전용부두 또는 일반부두에 접안하여 하역작업을 개시하는 하역업체들은 전용부두에서 컨테이너크레인으로 작업을 진행하고, 일반부두에서는 크레인으로 작업을 수행한다. 본선에서 하역된 컨테이너는 일정 구역에 양화된 후 구내이송을 거쳐 CY에 장치되거나 직·반출되어 내륙으로 수송된다.

FCL컨테이너는 본선하역 후 전용부두 CY에 장치된 후 철도, 도로에 의해 직·반출되거나, 도로, 철도, 연안수송 등 내륙수송을 거쳐 화주 문전까지 수송된다. LCL컨테이너는 대부분 항만 또는 ODCY내 CFS에서 devanning되어 개별 LCL 화물별로 트럭을 이용하여 내륙 수송된다.

수출되는 경우, ODCY, 철도CY 등에서 반입된 컨테이너가 CY에 장치되었다가 마샬링야드로 구내이송 된 후 본선 하역작업을 실시한다. 일부 컨테이너는 도로 또는 철도로 직·반입되어 마샬링야드로 이송된 후 선적된다. FCL컨테이너의 대부분은 화주문전에서 통관이 완료되어 보세 운송되고, LCL화물은 부두 내 CFS 또는 ODCY CFS에서 통관이 완료된 후 컨테이너에 적재되어 셔틀수송 또는 구내이송으로 선적된다.

---

17) 상게서

그림 1.20 하역 작업

1.5.5 부두운영회사

부두운영회사(TOC : Terminal Operation Company)는 정부 또는 정부가 관리권을 위임한 단체로부터 단위 부두별로 선석, 에이프런, 야적장, 창고, 하역시설 등을 일괄 임대받아 운영 할 수 있는 권리를 가지게 된 민간업체를 말한다.

부두운영회사로 선정된 회사에서는 전용으로 임대받은 부두에 현대화된 하역장비를 설치하고 선석과 야적장 등을 일괄 운영함으로서 부두운영의 생산성을 제고하고 영업이익을 극대화하며, 정부는 수익자 부담원칙에 따라 부두운영회사에 임대료를 징수하고 이를 항만재투자 재원으로 활용한다.

정부는 1996년 11월 노·사·정 합의를 거쳐 국가 공용부두에 민간의 기업경영방식 도입하여 항만생산성제고 및 항만이용자에 대한 서비스 향상을 도모하기 위해 부두운영회사제[18]를 1997년 최초 도입한 이래 매년 확대되어 현재 전국 11개 무역항, 65개 부두 45개 부두운영회사가 운영하고 있다.

도입 당시에는 하역 능력 등을 기준으로 업체를 평가하고, 전문가 위원회를 개최하여 TOC를 선정하였으나, 1997년 이후, 신설되는 부두의 경우에 업체 제한 없이 화물유치 및 시설투자 계획을 중심으로 심사, 선정하고 있다.

항만별로 지방해양항만청과 TOC 간 임대계약(통상 5년)을 체결하며, 임대료는 부두별 특성·능력을 반영한 선석당 임대료와 무역항 사용료 규정에 따른 창고·야적장 사용료 등으로 구분하여 매년 물가 상승률과 연계하여 산정한다.[19]

---

18) 단위 부두별로 선석, 에이프런, 야적장, 창고, 하역시설 등을 일괄 임대하여 전용사용하게 하고, 부두운영회사는 전용으로 임대받은 부두에 현대화된 하역장비를 설치하고, 선석과 야적장 등을 일괄 운영함으로써 부두의 생산성을 향상시키기 위한 제도

19) 국토해양부, 한국의 항만, 나누리, 2009, p.72

표 1.11 항만별 TOC 운영현황[20)]

항 별	계	부산	인천	평택	여수	광양	마산	울산	군산	포항	목포	동해
부 두 (Terminal)	65	6	12	4	3	5	2	13	9	8	2	1
운영회사 (Operator)	45	6	11	4	3	1	2	6	5	4	2	1

1.5.6 컨테이너터미널 운영사

컨테이너터미널 운영사는 정부 또는 정부가 관리권을 위임한 단체로부터 컨테이너터미널의 모든 시설 등을 일괄 임대받아 운영 할 수 있는 권리를 가지게 된 운영업체를 말한다.

컨테이너터미널의 임대 형태는 터미널 사정에 따라 조금씩 달라지며, 대부분 운영사들이 안벽, 컨테이너크레인, 컨테이너야드 등 모든 시설을 임대하여 운영하지만 선박 입항기간 중에만 안벽과 컨테이너크레인을 임대하여 사용하는 경우도 있다. 또한 터미널을 선사가 운영하는 경우도 있으며 전문적인 하역회사가 운영하는 경우도 있다.

컨테이너 전용 터미널은 1978년 부산항 자성대부두를 시초로 지속적으로 개발되어 현재에는 부산·광양·인천항 등 7개 항만에 20개부두 65개 선석이 있으며 연간 하역능력은 2,064만TEU이다.

그림 1.21 한진해운 신항만

20) 상게서

표 1.12 부산항 컨테이너터미널 운영사

구 분	부 두 명	선석	하역능력	운 영 사
북 항	자성대	4(5만t) 1(1만t)	1,700천TEU	한국허치슨(주)
	신선대	5(5만t)	2,000천TEU	씨제이대한통운부산컨테이너터미널
	감 만	4(5만t)	1,560천TEU	세방부산터미널, 인터지스
	신감만	2(5만t) 1(5천t)	780천TEU	동부부산컨테이너터미널(주)
	우 암	1(2만t) 2(5천t)	300천TEU	우암터미널(주)
신 항	신항1부두	3(5만t)	1,380천TEU	부산신항국제터미널(주)
	신항2부두	6(5만t)	2,730천TEU	부산신항만(주)
	신항3부두	2(5만t) 2(2만t)	1,600천TEU	한진해운신항만(주)
	신항4부두	2(5만t) 2(2만t)	1,600천TEU	현대부산신항만(주)
	신항5부두	4(5만t)	1,920천TEU	㈜비엔씨티

1.5.7 글로벌 터미널 운영사

과거 선사들은 운송비의 약 30%가 발생하는 항만에서 운송비용을 절감하고 효율적인 화물처리와 화주에게 안정적인 서비스를 제공하기 위하여 국내외 항만에 컨테이너 부두를 확보·운영하였으나, 현재는 대규모 자본과 터미널 운영의 노하우(know-how)를 가지고 자사 또는 타사의 물동량을 처리하기 위해 세계적으로 컨테이너 터미널을 전문적으로 운영하고 있으며 이들을 글로벌 터미널 운영사(GTO: Global Terminal Operator)라고 한다.

전통적으로 터미널 운영회사는 한 항만 또는 대부분 한 국가에서만 터미널을 운영해 왔으며, 대부분의 터미널 운영회사들이 아시아, 유럽, 북미 등과 같은 하나의 특정 시장에 얽매여 있었고 해외시장은 단일 사업과 단일 지역에만 투자하였다.

1990년대에 들어 등장한 글로벌 터미널 운영사(GTO: Global Terminal Operator)는 세계를 무대로 글로벌 경영을 전개함으로써 전세계 주요 항만에 항만 네트워크를 구축하고 있다. 이들의 항만 경영전략은 결국 항만을 통해 세계적인 물류네트워크를 구축하겠다는 것으로 요약할 수 있는데 전 세계를 커버할 수 있는 다양한 지역과 다양한 사업으로 진출하고 있다.

표 1.13 GTO의 유형[21)]

구 분	내 용	비 고
GSTO : 하역전문형 (Global Stevedores' Terminal Operator)	HPH, PSA,DPW, Eurogate, SSA Marine, ICTSI, etc	Profit
GCTO : 선사형 (Global Carriers' Terminal Operator)	CMA-CGM, HJS, HMM, MSC, K-Line, etc	Cost
GHTO : 혼합형 (Global Hybrid Terminal Operator)	APMT, COSCO/COSCO Pacific, NYK, OOCL, etc	Cost

그림 1.22 허치슨(Hutchison) 터미널

1.6 항만운송(관련)산업

항만운송이란 항만 안에서 이루어지는 해상 및 육상 운송을 말한다. 항만운송사업법에 따라 하주 또는 선박운항자의 위탁을 받고 운송된 화물을 선박에서 인수 또는 화주에게 인도하는 것뿐만 아니라 선적화물을 적하, 양하할 때 화물의 용적 또는 중량의 계산 및 증명하는 일 등을 포괄적으로 포함한다.

이는 항만운송사업과 항만운송관련 사업으로 구분되는데 전자에는 항만하역사업, 검수사업, 감정사업, 검량사업이, 후자에는 항만용역업, 선박급유업, 컨테이너수리업 등이 있다.

이러한 항만운송(관련) 사업을 하고자 하는 자는 항만운송사업 법상 등록 또는 신고 기준에 적합한 시설 및 자본금 등의 요건을 갖춘 후 해양수산부(지방해양항만청)에 등록 또는 신고하면 된다.

21) KMI, 「우리나라 항만물류기업의 경쟁력 제고방안」 한국해양수산개발원, 2008.

표 1.14 항만운송사업의 구분[22)]

구 분	사 업 명	사 업 내 용
항만운송사업	항만하역사업	화주나 선사의 요구에 의해 항만 내에서 선박과 화주 사이에 화물을 인수·인도하는 사업
	검수사업	선적화물의 양·적하 시 화물의 개수의 계산 또는 인도·인수를 증명하는 사업
	검량사업	선적화물의 양·적하 시 화물의 용적 또는 중량의 계산 또는 증명
	감정사업	선적화물 및 선박에 관련된 증명, 조사 및 감정을 행하는 사업
항만운송관련사업	항만용역업	통선, 경비, 줄잡이, 선박청소, 선박급수 사업
	물품공급업	선박에 물품, 음식 제공 등을 하는 사업
	선박급유업	선박에 연료유를 공급하는 사업
	컨테이너수리업	컨테이너를 수리하는 사업

1.6.1 항만하역사업

항만에서 화물의 적·양화, 보관, 장치, 운송 등 선박 또는 화주로부터 인도 및 인수하는 행위 등을 영위하는 사업으로 취급할 수 있는 화물의 범위에 따라 일반하역사업과 한정하역사업으로 구분한다. 일반하역사업은 이용자별, 취급화물별, 항만시설별로 사업범위를 제한하지 않는 사업을 말하며, 한정하역사업은 그 사업범위가 한정되는 사업을 말한다.

그림 1.23 항만 하역

22) 국토해양부 「한국의 항만」 나누리, 2009.

그림 1.24 검수사

1.6.2 검수사업

선적화물을 적화 또는 양화하는 경우에 그 화물 개수의 계산 또는 수도를 증명하는 사업으로 검수에 종사하는 사람을 검수사(tallyman or checker)라 한다. 검수는 화주 측과 선박회사 측이 각각 그 대리인으로서 위탁을 받아 검수사가 행하며, 이것을 조회·확인하고 화물의 정확한 수도 증명을 한다. 수도의 증명을 하는 업무는 공정성을 기해야 하며, 이 방면의 지식과 숙련된 기술이 있어야 하므로 검수사는 국가기관의 자격을 얻어 등록을 한다.

1.6.3 검량사업

선적화물을 적화 또는 양화하는 경우에 그 화물의 용적 또는 중량의 계산 또는 증명하는 사업으로 검량에 종사하는 사람을 검량사(sworn measurer)라고 한다, 검량사에 의하여 화물의 중량·용적의 산정을 하고 용적중량증명서가 발행되며, 용적중량증명서는 선박회사와 화주와의 사이에 수도화물의 중량용적 및 수량의 증명이 되고 선적지시서(S/O: shipping order)와 선하증권(B/L: bill of lading) 등에 기재될 뿐만 아니라 운임과 선적비용 계산의 기초가 된다.

그림 1.25 검량사

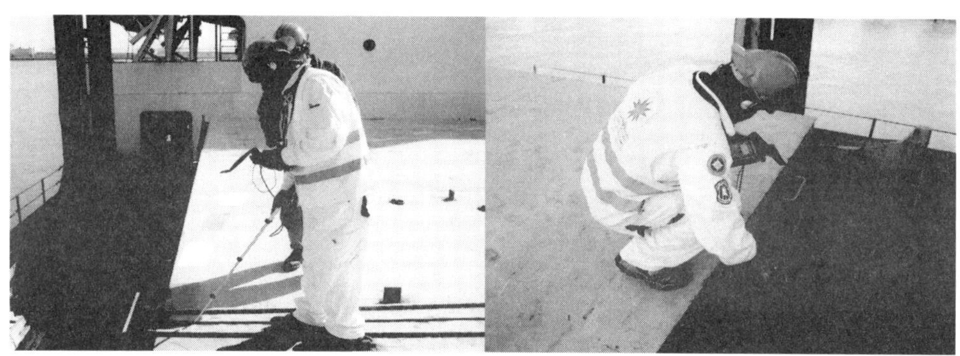

그림 1.26 감정사

1.6.4 감정사업

선적화물의 적재에 관한 증명조사 및 감정을 하는 사업으로 감정에 종사하는 사람을 감정사(surveyor)라고 한다, 감정사는 그 방면에 대한 고도의 지식과 경험이 있어야 하며 감정업무로는 화물상태의 검사, 창구검사, 적부검사, 흘수검사, 화물 손해검사, 선박기계 등의 가격감정, 컨테이너 검사 등이 있다.

1.6.5 항만용역업

항만용역 사업에는 통선으로 본선과 육지간의 연락을 중계하는 행위, 본선의 경비 또는 본선의 이안 및 접안을 보조하기 위하여 줄잡이(line handling) 역무를 제공하는 행위, 선박의 청소·오물제거, 소독, 폐물수집, 폐유수집, 화물고정, 도장(塗裝) 또는 경미한 선박수리 등을 행하는 행위, 선박용 청수를 공급하는 행위, 기타 국토해양부장관이 정하는 행위 등을 영위하는 업종이 있다.

그림 1.27 줄잡이 용역

그림 1.28 선박급유

1.6.6 물품공급업

물품공급업이라 함은 본선 또는 선원이 필요로 하는 선용품(船用品)과 선식(船食), 기타의 물품공급이나 선원의 의류 등을 세탁하는 사업으로서 보세 수입물품 등 수입물품을 공급대상으로 하는 수입물품 공급업과 수입물품이 아닌 물품을 공급대상으로 하는 국내물품 공급업으로 구분한다.

1.6.7 선박급유업

선박에 사용되는 연료유를 공급(bunkering)하는 사업이다.

1.6.8 컨테이너수리업

운송 또는 하역작업에서 컨테이너가 파손되는 경우 이를 수리하는 사업이다.

그림 1.29 컨테이너수리

표 1.15 항만운송사업의 현황[23)]

구분	계	부산	인천	여수	마산	울산	동해	군산	목포	포항	제주	평택	대산
일반하역	235	39	23	21	46	16	18	8	21	8	14	15	6
한정하역	134	13	25	11	21	35	5	3	6	5	-	3	7
검수업체	57	6	3	8	7	6	1	5	6	3	-	9	3
검량감정	51	-	-	-	-	-	-	-	-	-	-	-	-
사업소수	167	21	21	36	18	21	5	15	4	16	-	5	5
용 역 업	341	133	21	10	51	21	20	16	8	7	6	28	20
물품공급	1,495	813	139	138	91	133	48	19	15	32	-	52	15
선박급유	392	103	19	53	96	19	11	14	14	9	3	17	34
컨·수리	68	30	13	11	-	6	-	2	2	-	-	4	-

1.7 항만의 변화

항만의 기능이 지속적으로 변화하고 있다. 기존의 항만은 단순한 하역장소 또는 해상운송 및 육상운송 화물의 중계지로 간주되었다. 그러나 해상물동량 증가와 선박 대형화에 따른 대형항만의 등장으로 각 대륙의 지역거점 항만을 중심으로 화물의 단순 중계기지로부터 대규모 화물수송능력뿐만 아니라 기업에 필요한 유통·물류 및 유통가공 기능 등을 두루 갖춘 종합물류 부가가치 항만으로 변화하고 있다.

1960년대 이전의 제1세대 항만은 브레이크벌크화물을 주 처리 대상으로 노동력과 자본을 통해 단순 화물처리, 보관, 항해지원기능을 수행하였고, 1960~70년대의 제2세대에는 자본력의 증대를 통해 일반 벌크화물까지 취급하게 되었다. 1980년대 이후의 제3세대 항만에서는 기술과 노하우를 사용하여 벌크뿐 아니라 단위화된 컨테이너화물을 주로 처리하는 항만으로 발전하였다. 최근 1990년대 이후에는 정보기술을 사용하여 화물의 상당부분을 단위화 하게 되었고 항만이 단순한 항만기능만이 아닌 종합물류공간의 개념을 포괄하도록 진화하고 있다.[24)]

23) 상게서
24) 곽규석 외, 항만운영관리론, 박영사, 2009, p.388

그림 1.30 1960년대 이전의 하역작업

1.7.1 제1세대 항만

1960년대 이전의 항만은 단순히 육상운송과 해상운송을 연결시켜주는 장소로서의 기능을 수행하였다. 그 당시 항만은 대개 운송과 거래활동으로 분리되어 선박과 해안으로 화물의 단순하역 기능만을 수행하였고 항만에 대한 투자는 주로 화물의 단순하역에 직접 필요한 접안시설의 건설에 집중하였으며, 항만사용자들의 많은 요구사항들 또한 제대로 충족하지 못하였다.

특히 항만이 지역적인 특성으로 인하여 독점적인 입장에 있을 때에는 항만이용자의 요구를 무시하거나 항만의 중요 정책결정에 있어서 이해관계자인 운송업자나 화주의 참여를 제한하였다. 이러한 사고와 제한된 활동은 결과적으로 항만조직을 고립시키고 항만활동의 범위를 제약하게 되었으며 항만마케팅에 대한 인식이 결여되어 고객을 유치하기 위한 적극적인 노력과 서비스가 이루어지지 않았다.[25]

1.7.2 제2세대 항만

1960년대 이후의 제2세대 항만은 이전의 항만에 비해 더욱 다양한 역할을 수행하였으며, 화물의 부가가치를 창출하기 시작하는 시기로서 항만을 운송과 산업활동 및 교역활동의 중심으로 생각하고 전통적인 화물의 하역 외에 교역 및 생산활동에 필요한 서비스를 제공하였다. 그 결과 항만활동의 영역도 화물의 포장, 상표부착, 화물의 지역별 분배 등 관련서비스 분야까지 확대되었고 항만구역 내 또는 항만배후지역의 산업시설과 항만을 포함하는 도시와 연계되어 발전되는 시기였다.

또한 항만활동이 그 지역에서 공급되는 용지, 전력, 용수, 노동력, 육상운송로와의 연계 등에 의존하는 바가 크기 때문에 관련자치단체와도 협조관계를 유지하였으며 특히, 대형화주나 대규모 운송업자에게 항만구역 내에 전용시설을 건설할 수 있도록 한 시기이며 항만서비스 이용자인 운송업자 및 화주와 보다 긴밀한 협조관계를 유지하였다.

---

25) 하명신 외, 항만물류의 이해, 탑북스, 2011, p.263

그림 1.31 1970년대 하역작업

1.7.3 제3세대 항만

제3세대 항만은 1980년대에 들어와서 세계교역이 확대되고 컨테이너운송의 발전과 국제복합운송의 발달로 항만을 생산 및 물류의 유기적인 네트워크의 중요한 연결점으로 인식하기 시작한 시기이다.

많은 국가들이 항만구역 내 또는 항만인접지역에 수출가공단지를 개발하였고 원자재나 반제품을 외국으로부터 수입해서 이를 완제품으로 만들어 세계각지로 재수출하여 항만산업의 부가가치를 높이는데 크게 기여하였다.

특히, 항만의 정책결정자, 관리자, 운영자는 항만의 개발과 운영에 대하여 종래와는 크게 다른 시각과 사고를 가지고 적극적이고, 능동적인 자세로 항만을 개발하고 운영하였다. 이에 따라 교역 및 운송업이 보다 활성화되고, 그 과정에서 새로운 소득이나 부가가치를 창출하는 새로운 사업이 개발되었으며 항만서비스는 과거 항만의 전통적인 서비스에 종합물류 및 배분서비스 기능이 추가되어 더욱 특별하게 변화하고 통합되었고 재래식 서비스는 발전된 현대장비 및 정보기술에 의해 대체되었다.

그림 1.32 CY 장치작업

1.7.4 제4세대 항만

세계 주요항만이 상업주의적 물류중심항만(Hub Port)으로서 위치를 차지하기 위하여 환적화물유치를 통한 부가가치 창출에 적극적이고 공공성이 희박한 상업적인 항만으로 발전한 시기이다. 제3세대 항만에 이어 다양한 고객의 욕구에 만족할 수 있도록 항만이 종합물류기지로 정착하고 있으며, 특히 정보화, 전산화 및 자동화를 통하여 경쟁력을 향상 시키고 세계 주요항만과 연계하여 국제물류거점 확보를 위한 마케팅 전략을 수립하고 있는 현재의 중심항만(Hub Port)을 말한다.

또한 국가간, 항만간, 터미널간 경쟁이 치열해지고 지방자치단체의 항만운영에 관한 참여가 대폭 증대되었으며 이는 포트오소리티(port authority)제도 도입으로 글로벌 터미널 운영사(GTO: Global Terminal Operator)가 세계 각국의 터미널을 운영하게 되는 한편, 항만운영효율을 극대화하기 위한 지능형 항만이 구축되는 시기이다.

이에 따라 제4세대 항만에서는 항만 내 선박의 운항, 화물의 하역과 보관, 기타 전통적인 항만서비스의 기능들이 현대화된 장비와 고도로 자동화된 컴퓨터 시스템과 숙련된 노하우에 의하여 보다 정확, 신속, 안전하게 이루어지고 있으며, 수송, 보관, 집배송, 하역, 포장 등의 전형적 물류기능뿐만이 아니라 단순가공, 최종제품조립, 통관, 서류처리와 포워딩업무를 포함하여 수출입 관련한 화주가 요구하는 서비스는 모두 제공해 주는 것을 목표로 하고 있다.

1.7.5 미래의 항만

과거의 항만은 선박이나 화물의 접안과 보관, 통관과 수송기능을 담당하는 터미널기능이 주된 역할이었다. 그러나 선박의 크기와 선형(船型)의 변화, 화물취급기술의 발전(규격화, 컨테이너화, 냉동·냉장화물, 특수화물 등), 운송형태의 발전(국제복합일관운송체제의 발전, 통합물류관리의 진전 등), 항만시설의 변화 요구(종합화물유통기지화 등)에 따라 항만의 기능은 더욱 진화되고 있다. 즉 생산, 유통, 거주가 동시에 이루어지는 종합항만공간화로 거듭난 것이다.

그림 1.33 AGV

국제물류관리체계의 변화와 함께 오늘날의 항만기능은 더욱 복잡해지고 다양화되어 종합화물 유통기능, 산업공간 기능, 생활공간 기능, 국제물류 촉진 기능을 갖추게 되었다. 또한 공급사슬(Supply chain)의 중심연결고리로 산업·생활공간이 되는 동시에 부가가치물류(Value Added Logistics)를 제공하는 종합물류기능을 수행하고 있다.

따라서 미래의 항만은 다기능(Multi-function) 항만으로 고부가가치 창출형 항만클러스터, 항만 및 주변공간 복합다기능화, 차세대 선도형 항만 및 유비쿼터스 항만시스템, 초고효율화·친환경 항만인프라 구축 등이 주요 이슈가 될 것으로 전망된다.

항만 패러다임도 IT기반의 e-port 에서 유비쿼터스 기반의 u-port로 변화되어 경제, 문화, 환경, 교통, 정보허브로서 미래배후도시와 결합된 복합개념으로 발전할 것이다. 즉, 터미널에서 유비쿼터스 기술을 접목한 고효율의 자동하역 시스템, 양현하역 안벽구조, 고단적재 시스템, 무정차게이트, 지능형 터미널 운영시스템 등 차세대·최첨단의 항만 기술이 적용된 U 기반 스마트 항만이 출현할 것이다.

그리고, 항만기능의 컨버전스화의 진행이다. 항만기능이 도시기능과 결합되어 물류기능 외에 자원순환형, 레저·마리나, 재개발 등이 결합된 복합다기능화가 빠르게 확산되고 있다. 이로 인해 항만기능의 극대화, 도시기능으로의 전환, 새로운 도시성장 동력 확충 등 다양한 방향으로 항만공간이 재탄생하게 된다. 따라서 미래항만은 정보, 친환경, 친수, 도심기능이 총 망라된 울트라 항만(ultra port)로 발전되어 미래의 지속가능한 창조공간으로 거듭나게 될 것이다.[26)]

그림 1.34 미래의 항만의 개념도

26) 국토해양부, 한국의 항만, 나누리, 2009, p.17

표 1.16 항만의 발전단계

구 분	제1세대	제2세대	제3세대	제4세대
해당시기	1960년대 이전	1960년대 이후	1980년대 이후	1990년대 이후
주요화물	벌크화물	벌크화물	벌크화물 단위화물 컨테이너화물	벌크화물 단위화물 컨테이너화물
주요활동	단순하역 항행지원	화물가공 관련산업연계	화물정보제공 부가가치창출	마케팅강화 서비스향상
항만특성	재래식·보수적 운송수단변환	항만확충 운송거점 수출입거점	복합운송거점 종합물류센터 항만기계화	중심항만 종합물류기지 항만자동화
조직특성	독립적 공영화 제한적	이용자와 협력 공영화 배후도시 성장	단위통합 민영화 지자체와 협력	세계화 환경관리
생산특성	화물흐름 단순서비스 저부가가치	화물가공 결합서비스 부가가치 개선	화물정보제공 서비스팩키지 고부가가치	화물경쟁심화 서비스 향상 고부가가치
결정요인	노동/자본	자본	기술/노하우	정보기술

2장

항만하역장비

2.1 컨테이너터미널 하역장비
2.2 일반터미널 하역장비
2.3 하역용구 및 도구

2.1 컨테이너터미널 하역장비

2.1.1 컨테이너크레인(Container Crane : C/C)

컨테이너크레인은 컨테이너화물의 적양화 작업을 위해 특별히 설계된 크레인으로서 부두의 에이프런(Apron) 상에 설치된 레일 위를 주행하며 유압으로 신축하는 스프레더를 사용하여 컨테이너의 적·양화 작업을 전문적으로 수행하는 장비이다. 흔히 갠트리크레인(Gantry Crane)이라고 불리고 있으나 갠트리크레인은 주행하는 다리가 달려 있는 받침장치 위를 트롤리 혹은 지브크레인이 가로로 주행하는 크레인의 총칭이다.

따라서 컨테이너크레인을 나타내는 말로는 갠트리크레인(Gantry Crane)이라는 명칭은 적절치 못하며 Container Crane 혹은 Quay Crane, RMQC(Rail Mounted Quayside Crane) 등이 올바른 표현이다.

컨테이너크레인은 컨테이너 전용선이 대형화됨에 따라 이에 실려 있는 컨테이너를 처리하기 위하여 같은 크기로 대형화 되어 가고 있는 추세이며 1984년 3천 TEU급 선박에 대응한 Panamax형에 이어 Post-Panamax형, Super Post-Panamax형 및 Mega Max형 등으로 대형화되면서 고속처리능력도 갖게 되었다. 이는 선박의 적재열수 증가에 따른 것이며 컨테이너 터미널 안벽에서의 시간당 처리물량을 증가시켰다.

그림 2.1 컨테이너 크레인

컨테이너크레인의 크기는 일반적으로 해측 도달거리(Outreach)가 60 m 이상인 컨테이너선 적재열수 20열 이상을 처리할 수 있는 크레인을 Super Post-Panamax 형으로 분류하며 70 m이상인 컨테이너크레인은 Mega Max형 등으로 분류하고 있다.

또한 컨테이너크레인의 하역능력 및 성능에도 많은 변화가 발생하였는데 일반적인 스프레더의 정격하중은 40.6톤인데 비하여 칭다오항, 로테르담항에는 정격하중이 70톤인 크레인이 설치되었고 톈진의 크레인은 권상속도가 부하 시 분당 90 m, 무부하 시 분당 220 m에 이르고 있다.

현재 국내를 비롯한 대부분의 터미널에서 운용되고 있는 컨테이너크레인은 싱글 트롤리형으로 최근 들어 하역생산성을 증가시키기 위해 Twin-Lift, Tandem-Forties가 가능한 스프레더를 장착한 장비가 운용되고 있으나, 이들 장비 역시 기본적으로 1회 선회방식을 취하고 있어 향후 선박 대형화에 대응하기에는 부족한 점을 가지고 있다.

이에 따라 생산성 향상을 위한 개선된 작업방식을 가지는 다양한 개념의 컨테이너크레인 개발이 추진되고 있고 기존 컨테이너크레인의 처리능력 한계를 극복하기 위하여 듀얼 호이스트, 듀얼 트롤리, 상하 이동 거더, 섀시 가이드 설치 등의 첨단 기술이 속속 적용되고 있으며 최근에는 40피트 컨테이너 3대를 동시에 양화작업 할 수 있는 Triple(중국 Mawan 터미널)장비가 도입되는 등 터미널 경쟁력 강화를 위한 장비개선 전략이 진행 중이다.

1) 주요동작

① 주행(travelling) : 컨테이너크레인이 에이프런에 설치된 레일을 따라 안벽과 평행하게 좌·우측으로 이동하는 동작을 말한다.

② 횡행(traversing) : 적화 시에는 운전석을 붐을 따라 육상의 트레일러 섀시에서 해상의 선박까지 이동하는 것을 말하며, 양화 시에는 해상의 선박에서 육상의 트레일러 섀시까지 이동하는 동작을 말한다.

③ 권상/권하(Hoisting) : 트롤리에 설치된 와이어로프를 이용하여 스프레더에 착상된 컨테이너를 올리고 내리는 동작을 말한다.

2) 주요제원

① 아웃 리치

해상측 레일 중심에서 해상측 정지 로타리 리미트 스위치(rotary limit switch)까지의 거리이며 13열(35m), 16열(45m), 18열(50m), 20열(55m), 22열(60m) 로 구분한다.

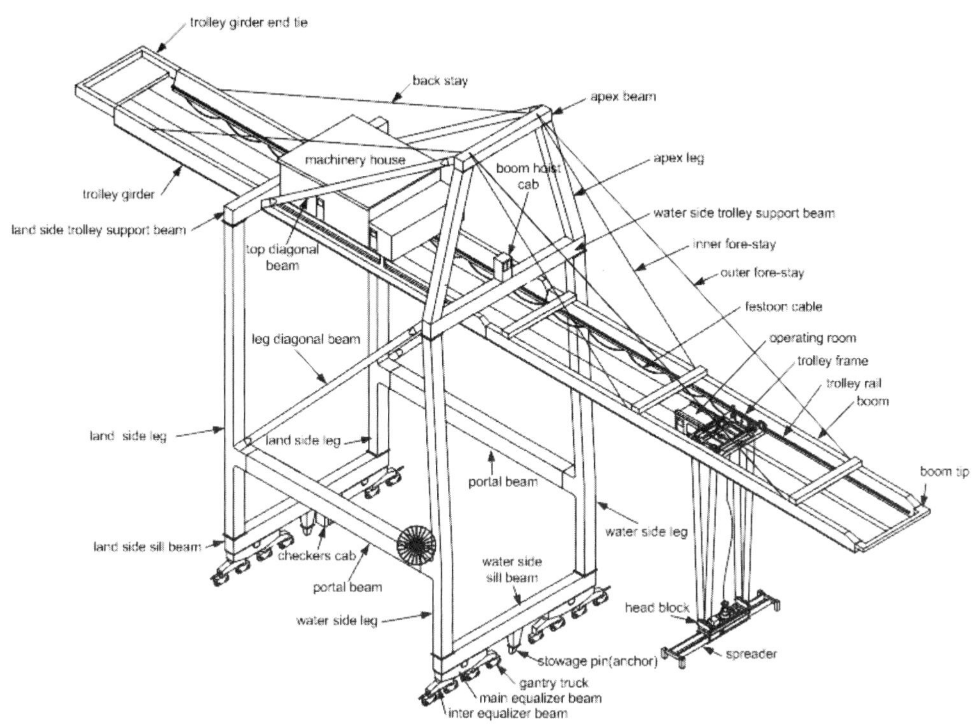

그림 2.2 컨테이너 크레인의 구조

② 스팬
해상측 레일 중심에서 육상측 레일 중심까지의 거리이며 파나막스급(13열)은 16 m, 포스트 파나막스급(16열 이상)은 30.5 m 로 구분한다.

③ 백 리치
육상측 레일 중심에서 육상측 정지 로타리 리미트 스위치까지의 거리이며 약 15 m 이상이다. 선박의 해치 카바를 작업하는 동안 보관하고 스프레더의 수리, 리프팅 빔(lifting beam) 등을 교체할 수 있는 공간이다.

④ 호이스트
지상에서는 권상 정지 로타리 리미트 스위치까지의 거리이며 해상에서는 와이어 로프 전부 풀림(empty drum)까지의 거리이다. 피더형식은 20 m, 파나막스는 30 m, 포스트 파나막스 형식은 35 m 정도이다.

⑤ 총 호이스트
최대권상 높이에 스프레더가 홀드 내로 최대로 내려갈 수 있는 거리를 더한 거리이며 선박의 홀드에서 약 15 m 정도 더 내려갈 수 있다.

⑥ 포탈 빔 클리어런스(portal beam clearance)
지상에서 포탈 빔 사이의 공간 거리이며 13.5 m이상이다.
사) 갠트리 오프닝(gantry opening)
좌우측 포탈 프론트 레그 사이의 공간 거리이며 최소거리는 40피트 15 m, 45피트 16.5 m, 50피트 18 m 이다.

⑦ 휠 베이스
좌측 보기의 중심에서 우측 보기 중심까지의 거리로 약 15~17 m 이다.

⑧ 버퍼간 거리(buffer to buffer)
좌측 버퍼의 끝단에서 우측 버퍼 끝단까지의 거리이며 27 m 이내 이다.

⑨ 트롤리 스팬(trolley span)
좌측 트롤리 레일 중심에서 우측 트롤리 레일 중심까지의 거리이며 약 7 m 이다.

⑩ 트롤리 휠 베이스(trolley wheel base)
앞쪽 트롤리 휠의 중심에서 뒤쪽 트롤리 휠 중심까지의 거리이며 약 6~7 m 정도이다.

⑪ 파킹 포지션(parking position)
하역작업이 종료된 후 트롤리의 정지위치로 운전자가 통로를 통해 빠져 나올 수 있는 위치이다. 거리는 포탈 프론트 레그 중심에서 육지측으로 4~8 m 정도이다.

표 2.1 컨테이너 크레인의 크기에 따른 제원

<table>
<tr><th colspan="3">항목 / 형식</th><th>피더</th><th>파나막스</th><th>포스트 파나막스</th></tr>
<tr><td colspan="3">처리능력</td><td>13열 미만</td><td>13열</td><td>16~22열</td></tr>
<tr><td colspan="3">정격하중</td><td>40톤</td><td>40~50톤</td><td>40~50톤</td></tr>
<tr><td colspan="3">스프레더 형식(ISO)</td><td>20, 35, 40, 45</td><td>20, 35, 40, 45</td><td>20, 35, 40, 45</td></tr>
<tr><td rowspan="4">주요거리</td><td colspan="2">인양 높이</td><td>20 m</td><td>30.5 m</td><td>35 m</td></tr>
<tr><td colspan="2">스팬</td><td>14~30 m</td><td>30.5 m</td><td>30.5 m</td></tr>
<tr><td colspan="2">아웃 리치</td><td>30 m</td><td>42 m</td><td>65 m</td></tr>
<tr><td colspan="2">백 리치</td><td>10 m 이하</td><td>15 m 이하</td><td>25 m</td></tr>
<tr><td rowspan="5">운동 속도</td><td rowspan="2">호이스트</td><td>정격속도</td><td>35 m/min</td><td>60 m/min</td><td>120 m/min</td></tr>
<tr><td>무부하속도</td><td>70 m/min</td><td>130 m/min</td><td>200 m/min</td></tr>
<tr><td colspan="2">트롤리</td><td>120 m/min</td><td>180 m/min</td><td>220 m/min</td></tr>
<tr><td colspan="2">갠트리</td><td>45 m/min</td><td>45 m/min</td><td>45 m/min</td></tr>
<tr><td colspan="2">붐 호이스트 속도</td><td>5 min/way</td><td>5 min/way</td><td>5 min/way</td></tr>
<tr><td rowspan="2">최대 풍속</td><td colspan="2">운전시</td><td colspan="3">최대 16 m/sec</td></tr>
<tr><td colspan="2">계류시</td><td colspan="3">최대 70 m/sec</td></tr>
</table>

그림 2.3 보기

3) 주요장치

① 보기

보기(Bogie)는 컨테이너크레인의 주행 장치로 해측 및 육측 컬럼에 부착되어 있으며, 크레인의 다리마다 차륜이 붙어 있어서 운전실에서 조작이 가능하다. 네 개의 다리에 다리 1개소 당 6개 또는 8개의 차륜이 있고 2개의 모터가 차체를 구동한다. 크레인은 모터가 회전하는 방향에 따라 급전점을 중심으로 하여 좌우로 이동이 가능하며 주행운전은 운전실의 조작반에 설치된 스위치로 운전이 가능하다.

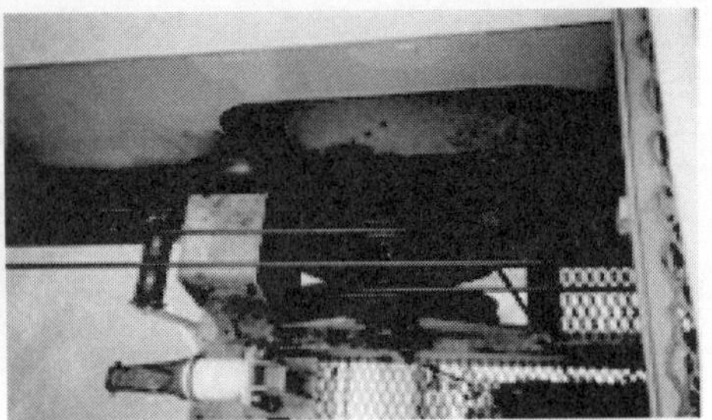

그림 2.4 트롤리

② 트롤리

트롤리(Trolley)는 컨테이너크레인의 횡행장치로서 트롤리 프레임(Trolley Frame)은 강판 및 형광의 용접 구조물로서 4개의 차륜으로 받쳐서 있으며 트롤리 거더(Girder) 및 붐에 설치된 횡행 레일 위로 이동한다. 헤드블록, 스프레더 및 하중은 트롤리 프레임 상에 설치된 8개의 시이브에 걸려 있는 주권상 와이어로프에 의하여 들어 올려 진다. 운전실은 트롤리 프레임 아랫면에 있는 트롤리와 같이 횡행하게 된다.

③ 헤드블록

헤드블록(Head Block)은 스프레더를 달아매는 리프팅 빔(Lifting Beam)으로서 헤드블록 아래 면에는 스프레더 윗면의 소켓(Socket)을 잡는 수동식 트위스트 록(Twist Lock)이 4개가 있으며 윗면에는 스프레더 급전용 케이블 튜브와 스프레더에 유압을 보내는 유압 유니트를 장치하고 있다.

④ 스프레더

스프레더(Spreader)는 컨테이너 하역을 위해 20 ft, 40 ft, 45 ft 등으로 신축하는 텔레스코픽(Telescopic) 장치를 갖추고 있으며 컨테이너 크기에 따라 스프레더를 조정하여 하역작업을 한다. 트위스트 록, 텔레스코픽, 플리퍼 장치 등을 갖추고 있다.

그림 2.5 헤드블록

그림 2.6 스프레더

⑤ 트위스트 록

트위스트 록(Twist Lock)은 컨테이너 네 모서리에 설치된 콘 구멍에 삽입되어 컨테이너를 잡아 들어 올리는 역할을 하며 솔레노이드 밸브로 작동된다, 컨테이너 낙하를 방지하기 위해 유압조정으로 낙하를 방지할 수 있다.

⑥ 텔레스코픽

텔레스코픽(Telescopic)은s 컨테이너 크기에 따라 스프레더를 알맞은 크기로 조정할 수 있는 기능으로 고정판을 사용하여 20 ft, 40 tt, 45 ft 등의 길이를 결정하며, 운전실의 조작반에는 컨테이너 종류별로 표시등이 점등하여 운전자가 식별이 가능하도록 되어 있다.

⑦ 플리퍼

플리퍼(Flipper)는 스프레더를 컨테이너 위에 정확하게 착상시키기 위한 가이드로서 스프레더를 컨테이너에 근접시킬 때 트위스트 록이 컨테이너의 네 모서리에 잘 삽입될 수 있도록 안내판 역할을 하며, 운전실에는 표시등이 점등되어 플리퍼가 상승 또는 하강상태를 알려준다.

그림 2.7 플리퍼

그림 2.8 케이블 릴

⑧ 케이블 릴

케이블 릴(Cable Reel)은 컨테이너크레인에 전원을 공급하기 위해 전선을 감아놓은 장치로 릴을 크레인의 주행방향에 따라 정방향, 역방향으로 돌려 크레인의 이동거리 만큼 릴에 감긴 케이블을 조절하여 전원을 공급하는 장치이다. 또한 크레인 하부에 케이블 장력 조정장치가 부착되어 안전하게 주행동작이 이루어 질 수 있도록 설계되어 있다.

⑨ 틸팅 디바이스

틸팅 디바이스(Tilting Device)는 스프레더의 틸팅 장치는 접안된 컨테이너선의 트림(Trim)이나 리스트(List), 스큐 (Skew)에 맞추어 스프레더를 틸팅시키는 장치로서 붐 선단에 장치되어 있다. 스프레더를 조정할 필요가 있을 때 조정 가능한 각도는 본선의 경사 방향으로 ±3°로 되어 있다.

전기식 유압식

그림 2.9 틸팅 디바이스

그림 2.10 Anchor

⑩ 앵커

앵커(Anchor)는 장시간 계류 및 기상 등에 의해 크레인 폭주에 의해 생기는 사고를 미연에 방지하기 위한 크레인 계류장치로서 실 빔(Sill Beam) 중앙에 해상과 육상에 각각 1조를 설치하여 크레인이 이동하지 못하도록 고정시키고 풍속 70 m/s이하의 바람에서 견딜 수 있도록 설계되어 있으며, 주행선로에 설치된 앵커 소켓(Anchor Socket) 위치에 앵커를 넣어 폭풍에 의한 크레인의 폭주를 방지할 수 있다. 또 작업을 중단하거나 또는 작업을 마치고 운전기사가 잠시라도 자리를 비우고 크레인을 떠나는 경우에는 반드시 앵커를 이용하여 크레인을 계류시켜야 한다.

⑪ 타이다운

타이다운(Tie Down)은 폭풍 시에 크레인이 전도되지 않고 견딜 수 있도록 전도를 방지하는 장치로서 크레인의 각 다리 부분에 두 줄씩으로 하여 모두 8줄을 부착하고 있으며 크레인 다리부분의 아이플레이트(Eye Plate)와 주행로 기초에 매설된 기초 금속을 체인 및 턴버클(Turn Buckle)로 연결하여 고정시킨다. 작업 시에는 주행 장치와는 연계되어 있지 않으므로 작동 전에 반드시 풀고 작업해야 한다.

그림 2.11 Tie Down

Wheel Brake Type

Rail Clamping Type

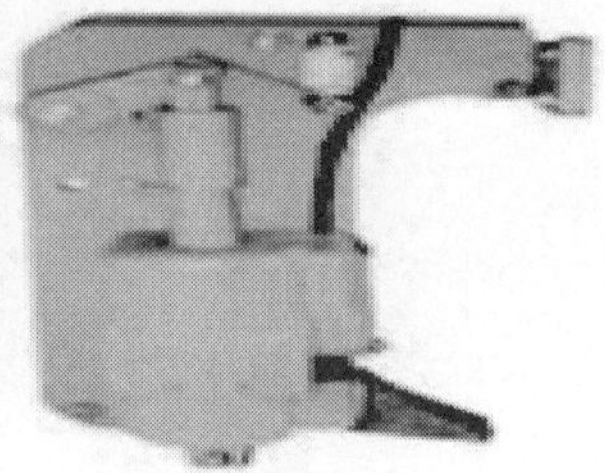
Wheel Chock Type

그림 2.12 Rail Clamp

⑫ 레일클램프

레일 클램프(Rail Clamp)는 크레인이 작업 중 풍속에 의해 밀리는 것을 미연에 방지하기 위한 장치이며 주행레일을 클램프로서 물고, 마찰에 의해 고정하는 장치를 말한다. 레일 클램프의 풀림은 유압장치로, 잠김은 스프링의 장력에 의해 작동된다.

⑬ 호이스트

호이스트(Hoist)는 컨테이너의 권상과 권하를 주목적으로 설치된 장치로서 직류모터와 직류 마그네트 브레이크가 장치되어 있으며 권상 작동기로 모터의 정회전과 역회전에 의해 와이어 로프 드럼을 회전시켜 헤드블록(Head Block)에 장착된 스프레더와 함께 컨테이너를 착상할 수 있는 장치이다.

그림 2.13 Hoist 장치

그림 2.14 붐 기복장치

⑭ 붐 기복장치
기복장치는 기계실에 장치되어 있으며 모터의 정회전과 역회전에 의해 와이어로프를 사용하여 붐을 권상·권하 하는 장치이다. 이 작용은 붐(Boom) 권하속도가 정격속도의 115%에 이르게 되면 과속도 검출 리미트 스위치가 동작을 시작하여 비상용 밴드 브레이크가 작용하면서 붐 기복 드럼을 직접 제동한다.

⑮ 붐 래치장치
붐 래치(Boom Latch) 장치는 크로스 타이 빔(cross tie beam)의 해상쪽에서 돌출한 2조의 붐 래치 빔 선단에 각 한 조의 훅을 장치하여 유압 혹은 와이어 드럼에 의하여 작동시킨다. 작업을 중단할 때 붐을 상승시켜 훅에 고정시키고 붐 부양용 와이어로프에 하중을 주지 않게 하는 장치이다. 붐을 상승시켜 고정할 때는 유압으로 작동하고 붐 하강 시에는 자기중량으로 내려온다.

그림 2.15 Boom Latch

그림 2.16 충돌감지센서

⑯ 감지센서

컨테이너크레인의 충돌 감지센서는 좌우측에 각 1조씩 설치되어 주행 시 위험요인을 감지하여 충돌을 예방하는 주행충돌 감지센서, 전후방에 각 1조씩 설치되어 횡행 시 위험요인을 감지하여 충돌을 예방하는 횡행충돌감지센서, 아웃리치 붐의 좌우측에 각 1조씩 설치되어 선박과 충돌을 감지하는 아웃리치 붐 충돌감지센서 등이 있다.

⑰ 기타장치

권상권하 시 스프레더 추락을 방지하는 과속방지장치, 권상 시 장애물에 의해 스프레더와 컨테이너가 걸리면 와이어로프의 손상을 방지하기 위한 장치로 안티스내그(anti-snag)장치, 스프레더의 흔들림을 억제하는 장치로 안티스웨이(anti-sway)장치 등이 있다.

4) 관련 용어

컨테이너 크레인과 관련된 용어는 다음과 같다.

① 주행(travel motion) : 컨테이너 크레인 전체를 이동시키는 운동
② 횡행(traverse motion) : 트롤리를 해상 측, 육상 측으로 이동시키는 운동
③ 호이스팅 하중(hoisting load) : 크레인의 구조 및 재료에 따라 가할 수 있는 최대의 하중
④ 정격하중(rated load) : 권상하중에서 권상장치의 중량을 뺀 하중
⑤ 싸이클 타임(cycle time) : 작업시작을 기점으로 완료될 때까지의 시간
⑥ 아웃리치(outreach) : 해상 측 레일 중심에서 트롤리가 해상 측으로 최대로 나갈 수 있는 거리
⑦ 스팬(span) : 양 레일의 중심까지 거리

⑧ 휠 베이스(wheel base) : 같은 레일 위에 있는 차륜 또는 차륜군의 중심간 거리
⑨ 양정(lift) : 호이스트 기구의 수직 이동거리
⑩ 정격속도(rated speed) : 정격하중에서 각 동작별 최고속도
⑪ 자기 브레이크(magnetic brake) : 전자석에 의해 동작하는 브레이크
⑫ 유압 브레이크(hydraulic brake) : 유압에너지에 의해 동작하는 브레이크
⑬ 기계 브레이크(mechanical brake) : 기계적인 에너지에 의해 동작하는 브레이크
⑭ 수동 브레이크(hand brake) : 손으로 동작하는 브레이크
⑮ 브레이크 륜(brake disk): 브레이크를 거는 원통 또는 원판
⑯ 브레이크 디스크(brake disk) : 원판의 옆면을 제동하는 브레이크 륜
⑰ 감속기(gear reducer) : 치차를 이용한 속도 변환기
⑱ 버퍼(buffer) : 충격을 완화시키는 장치
⑲ 드럼(drum) : 와이어 로프 등을 감는 원통체
⑳ 후크(hook) : 끝이 걸이 모양의 화물을 다는 기구
㉑ 스프레더(spreader) : 컨테이너 등 지붕을 다는 호이스팅 장치
㉒ 트롤리(trolley) : 컨테이너를 매달고 컨테이너 크레인 붐 위를 주행하는 이동체
㉓ 차륜(wheel) : 바퀴
㉔ 고정장치(locking equipment) : 컨테이너 크레인 및 각부의 이동방지 장치
㉕ 일주방지장치 : 폭풍이 불 때 컨테이너 크레인의 일주를 방지하는 장치
㉖ 전도방지장치 : 폭풍이 불 때 컨테이너 크레인의 뒤집힘을 방지하는 장치
㉗ 레일 클램프(rail clamp) : 레일에 쐐기마찰을 주어 컨테이너 크레인의 일주를 방지하는 장치
㉘ 끌어당김 장치(luffing gear) : 지브 등을 기복시켜 컨테이너를 수평으로 이동시키는 장치
㉙ 선회장치(slewing gear) : 선회운동을 시키는 장치
㉚ 로드 셀 장치(load cell equipment) : 최대하중을 제한하는 장치
㉛ 모멘트 리미트(moment limit) : 전복 모멘트를 제한하는 장치
㉜ 운전실(operator cab) : 운전자에 의하여 컨테이너 크레인을 조작하는 곳
㉝ 기계실(machine house) : 구동부 및 수배전 시설이 설치된 곳
㉞ 전기실(electric room) : 전기(전장품) 등의 시설이 설치된 곳
㉟ 거더(girder) : 가로 건너질러 하중을 받는 보 또는 구조물
㊱ 메인 거더(main girder) : 하중을 주로 받는 거더
㊲ 보조거더(auxiliary girder) : 하중을 보조적으로 받는 거더
㊳ 지브(jib) : 화물을 다는 팔

2.1.2 트랜스퍼 크레인

트랜스퍼크레인(Transfer Crane : T/C)은 컨테이너크레인과 연계 작업을 할 수 있는 컨테이너 하역 전용 크레인으로서 높은 하역능률을 발휘할 수 있도록 설계, 제작된 크레인이다. 컨테이너 야드에 설치되어 야드에 운반되어진 컨테이너를 적재 또는 반출하는데 사용되는 장비로서 지면에서 몇 단 높이 까지 컨테이너를 적재할 수 있어 컨테이너 야드의 활용도가 높은 장비이다. 타이어식(Rubber Mounted Gantry Crane : RTGC)과 레일식(Rail Mounted Gantry Crane : RMGC)의 두 종류로 나눌 수 있으며 부두운영자가 하역시스템의 특성에 따라 채택 사용하며 우리나라 주요 컨테이너 부두에서 많이 사용하고 있다. 일반적으로 기존 컨테이너 터미널에서는 타이어식(RTGC)을 주로 사용했으나 현재 개발된 터미널이나 계획된 터미널에서는 레일식(RMGC) 또는 자동적재크레인(Auto Transfer Crane : ATC)을 사용하고 있다.

1) 주요내용

① 설치 장소 : 컨테이너 터미널 야드(CY : container terminal yard)

② 작업범위 : 컨테이너가 적재되어 있는 야드에서 트레일러 위까지 이동 작업

③ 장비크기 : 4단 6열, 5단 6열 등

④ 사용동력 : 타이어 형식은 엔진에서 전기(발전전기), 레일 형식은 전기

2) 주요장치

① 기계식 동요방지 방식을 채용하여 트롤리(Trolley) 횡행에서 생기는 컨테이너의 동요를 감소시키고 위치 맞춤을 용이하게 한다.

RTGC

RMGC

그림 2.17 Transfer Crane

② 컨테이너 하역에 필요한 동작은 전부 트롤리 부의 운전실에서 조작이 가능하다. 주권상 횡행 및 횡행의 제어는 컨테이너 크레인과 같이 워드 레오날드 시스템(Ward Leonard System)을 채택하고 있으며 원활한 기동과 정지가 가능하다.

③ 20', 30', 35', 40'의 신축형 스프레더를 가지고 있으며, 한 대로서 ISO 1A(40'), 1B(30'), 1C(20') 및 Sea Land(35') 컨테이너 하역이 가능하며 스프레더는 컨테이너크레인, 스트래들 캐리어 등과 교환성을 가지고 있다.

④ 스프레더 소선회장치를 장비하고 있으며, 새시의 Skew(비틀림)에 스프레더를 용이하게 맞출 수 있다.

⑤ 전동 유압식 레일 크램프를 장치하고 있으며, 작업 시 예측할 수 없는 돌풍에 의한 크레인의 폭주를 방지한다.(풍속 35 m/sec : 철도 크레인)

⑥ 기타 작업의 안전을 유지하기 위하여 여러 가지 리미트 스위치 인터 록(Inter Lock) 비상정지 스위치를 장치하고 있어 만약의 사태에 대비하고 있다.

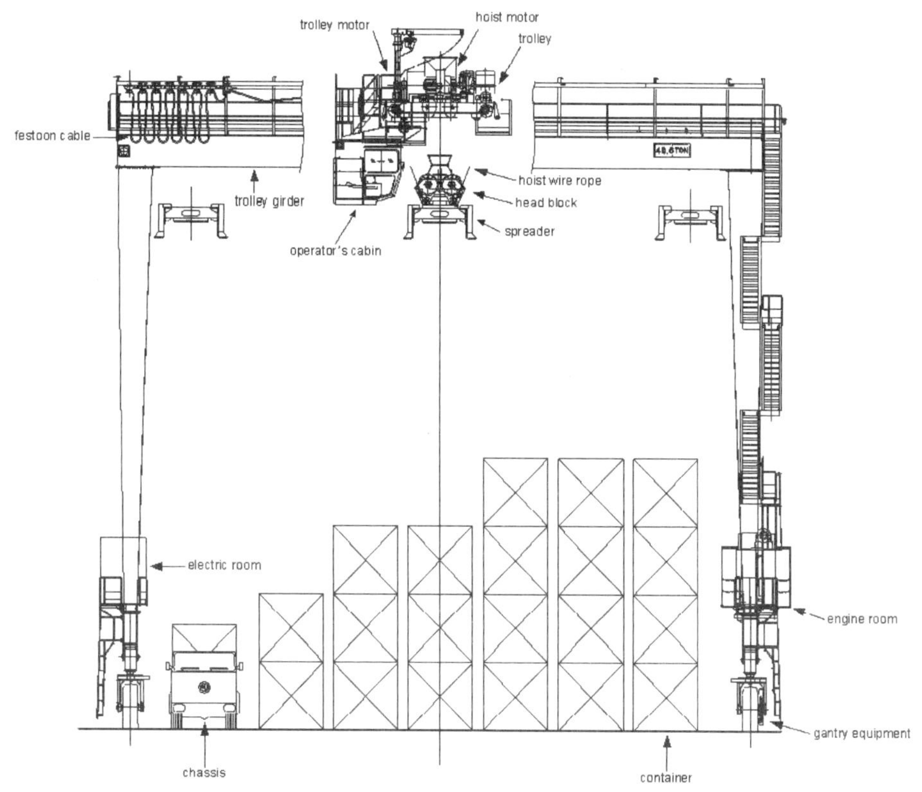

그림 2.18 Transfer Crane 의 구조

그림 2.19 야드 트랙터

2.1.3 야드 트랙터

야드 트랙터(Yard Tractor : Y/T)는 컨테이너터미널 내에서 반출입 되는 컨테이너의 부두이송을 담당하는 장비이다. 컨테이너를 트레일러 위에 얹을 때에는 트레일러가 거의 수평이 되어야 하고 이동할 때에는 앞 다리가 지면에 끌리지 않도록 트레일러 앞부분이 높아져야 한다. 야드 트랙터에 부착된 트레일러는 앞부분 다리가 고정 형이며 트랙터에 트레일러를 부착한 다음 턴 테이블 부분을 높여 주행한다.

턴테이블의 높이는 약 400 mm까지 조절할 수 있으며 터미널 내부에서는 트레일러의 앞 다리를 자주 올렸다 내렸다 해야 하기 때문에 유압으로 작동되는 레이크 장치를 사용한다. 그러나 육상 트레일러에서는 레이크의 변화를 자주 할 필요가 없기 때문에 트레일러에 수동 랜딩 기어가 부착되어 있다.

또한 야드 트레일러는 네 모서리와 중간에 컨테이너가 잘 들어가도록 안내 역할을 하는 셀 가이드(Cell Guide) 형태의 안내판이 부착되어 있는 반면에 육상 트레일러에는 컨테이너의 코너 캐스팅(Coner Casting)에 맞는 콘이 부착되어 있다.

2.1.4 스트래들 캐리어

스트래들 캐리어(Straddle Carrier : S/C)는 양측의 측면 지주 사이에 컨테이너를 끼워 들어 올린 다음 양화 또는 적화할 수 있는 구조물의 프레임을 가지고 있으며 운송과 하역기능을 갖도록 고무바퀴가 달린 육상 운송장비에 컨테이너를 취급할 수 있도록 스프레더를 부착한 것이다. 컨테이너의 길이가 상당히 긴 관계로(최소 40피트) 앞뒤의 길이가 길다. 컨테이너의 탈 부착은 스프레더의 트위스트 록(Twist Lock)에 의해 수행된다. 스프레더의 신축(Telescopic)과 상하운동 방식은 로터리 액츄에이터(Rotary Actuator)를 사용한 체인 스프로켓(Chain Sprocket) 구동 방식을 채택하고 있다.

스트래들 캐리어는 운송과 하역(적재)기능을 갖추고 있기 때문에 야드의 트랜스퍼 크레인이나 야드 섀시가 필요 없게 된다. 즉 컨테이너 크레인에서 컨테이너를 지면의 레인(Lane)에 내려놓는 방식으로 트랜스퍼 크레인 운송방식에서 야드 트레일러 위에 실어주는 방식보다는 그 작업이 용이하고 생산성이 높은 반면, 고가의 본 장비가 야드 트레일러만큼 많이 필요하고 야적 효율이 낮으며 장비의 고장이 잦고 터미널 건설비용이 높아지는 단점을 가지고 있다.

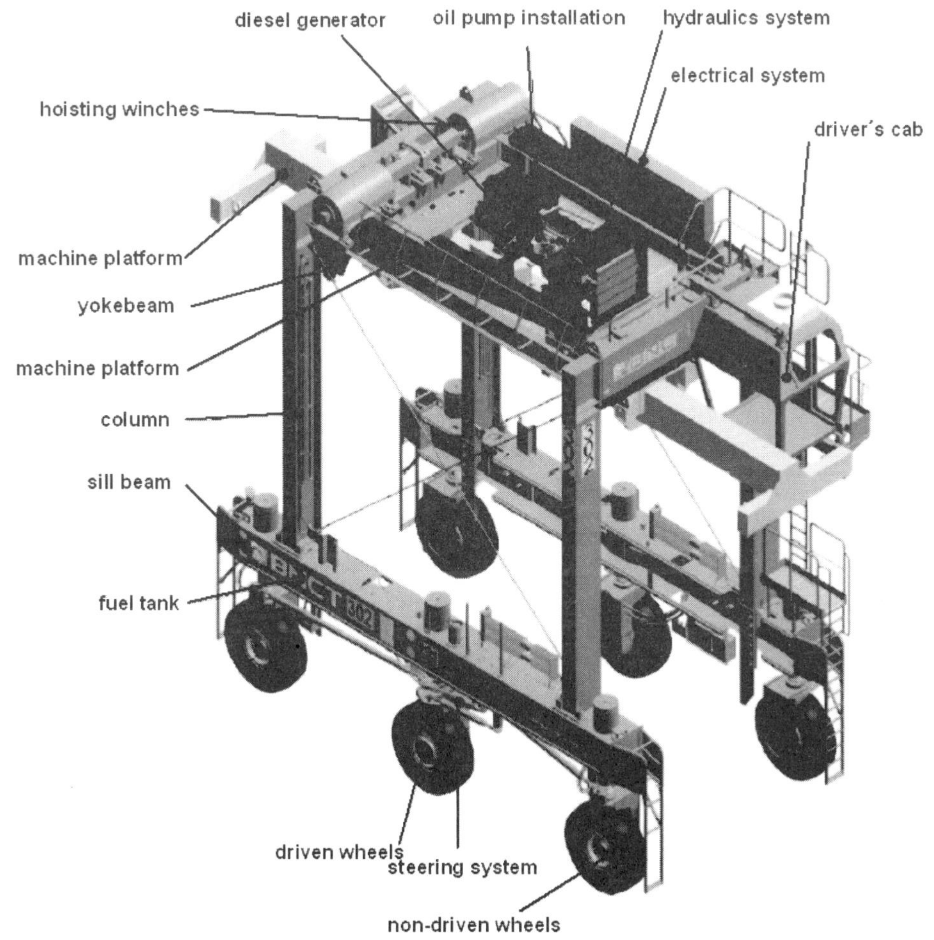

그림 2.20 스트래들 캐리어

그림 2.21 Reach Stacker

2.1.5 리치스태커

리치스태커(Reach Stacker : R/S)는 CY 등에 야적되어 있는 컨테이너를 취급하기 위해 제작된 것이며 주로 컨테이너의 야적, 섀시에 적재, 짧은 거리이송 등에 사용된다. 리치스태커는 약간의 공간만 허용되면 언제나 어디서나 차량적재나 야적작업 등이 가능하고 자유롭게 이동할 수 있어서 작업 융통성면에서는 일정한 궤도를 따라 이동하는 트랜스퍼크레인 보다는 뛰어나다

리치스태커는 운반차량에 붐과 스프레더를 부착한 기중기와 같은 형태이며 컨테이너 리프트 트럭(Container Lift Truck)과 다른 점은 마스트 대신에 붐을 부착하여 장비 앞 컨테이너 최소 3열(Row)까지의 컨테이너를 작업할 수 있다.

2.1.6 컨테이너 리프트 트럭

컨테이너 리프트 트럭(Container Lift Truck)은 탑 핸들러(Top Handler), 컨테이너 핸들러(Container Handler)의 일종으로 랙(Rack) 또는 프론트 앤드 톱픽 로더(Front-end Topic Loader)라고도 하며, 컨테이너 야드에서 주로 공 컨테이너의 야적, 차량 적재, 단거리 이송 등에 사용된다.

일반 지게차의 마스트에 랙이라는 신축 빔을 부착하고 빔 양끝에 콘(Cone)을 설치하여 컨테이너를 취급할 수 있도록 되어있다. 붐 형식이 아니기 때문에 둘째 열 이상의 컨테이너는 취급할 수 없고 제일 앞 열만을 취급할 수 있다.

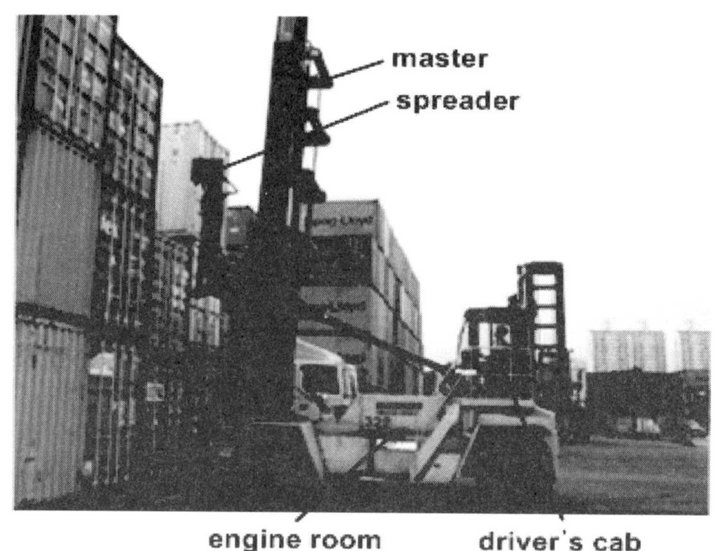

그림 2.22 컨테이너 리프트 트럭

마스트에 신축 빔 대신에 스프레더를 부착하면 톱 핸들러(Top Handler) 장비가 된다. 주요 장치로는 일반적인 지게차와 같으며 여기에 독특하게 신축 빔을 부착한 형태이다.

2.2 일반터미널 하역장비

2.2.1 뉴마틱 쉽 언로더

뉴마틱 쉽 언로우더(Pneumatic Ship Unloader)는 레일 위를 주행, 선회하면서 붐에 설치된 노즐(Nozzel)로 양곡을 흡입하여 빈데크(Bin Deck)까지 이송할 수 있으며 각종 컨베이어(Conveyor)를 설치하고 있는 최신형 양곡 하역장비이다.

구조는 하부 프레임(Lower Frame)에 주행장치 및 차륜을 장착하고 있으며 선회장치의 턴테이블(Turn Table)까지 4각 수직형 빔의 용접 구조물로 제작되어 있고 운전실에서 주행, 붐의 상하, 선회 및 흡입의 모든 조작을 할 수 있다. 턴테이블에는 2개의 붐을 각각 다른 선회장치를 이용한 구조로 내접기어 및 피니온 기어를 가지고 있는 입형 유성 감속장치의 구동 방식을 채택하고 있다.

뉴마틱 쉽 언로더는 타 기종의 크레인과는 달리 전기에 의하여 루트 부로워(Root Blower)를 작동시켜 공기를 발생시키고 진공도를 형성하여 선창 내에 곡물을 붐에 장치된 노즐로 흡입하여 컨베이어로 양화 하는 양곡하역 장비이다.

그림 2.23 뉴마틱 쉽 언로더

2.2.2 쉽 언로더

쉽 언로더(Ship Unloader)는 석탄하역 전용 크레인(Coal Handling)으로 스택커/리크레이머와 연계작업을 형성하는 장비로서 그 구조와 기능은 갠트리 크레인과 동일한 사각 수직의 실 빔(Seal Beam) 용접 구조물로 조립되어 있다.

기계실내에 설치된 호이스트, 크로스(Close)의 동작을 하는 각 드럼을 구동시켜 와이어로프를 통하여 메인트롤리에 장착된 그라브 버킷(Grab Bucket)을 호이스팅 혹은 크로싱(Closing) 하여 석탄 등을 해상으로부터 육상으로 양화하는 장비이다.

버킷에 의하여 호퍼(Hopper)에 투입된 석탄을 피더(Feeder) 및 벨트 컨베이어로부터 트랜스퍼 컨베이어까지 보내어지고 다시 스택커/리크레이머까지 보내어 지도록 하거나 각종 벨트를 이용하지 않고 화차에 석탄을 적화하는 장치를 하고 있는 특수 크레인의 일종이다.

그림 2.24 Ship Unloader

그림 2.25 Stacker/Reclaimer

2.2.3 스태커/리클레이머

스태커/리클레이머(Stacker/Reclaimer)는 쉽 언로더와 연계되어 석탄화물을 전용으로 하역하는 콜 핸드링(Coal Handling)으로서 선박으로부터 쉽 언로우더에서 양화된 석탄은 트랜스퍼 컨베이어와 콜렉터 컨베이어(Collector Conveyor)를 거쳐 도착하며, 야적장에 야적을 할 경우에는 스태커(Stacker)로서 운전이 되어 석탄은 트리퍼 슈트(Tripper Chute), 투 웨이 슈트(Two Way Chute) 및 붐 컨베이어(Boom Conveyor)를 경유하여 야드에 운반된다. 또한 야적 되어 있는 석탄을 반환하여야 할 경우에는 리클레이머(Reclaimer)로서 운전이 되어 석탄은 야적작업의 역동작으로 바케트 휠(Bucket Wheel), 붐 컨베이어, 디스차지 슈트(Discharge Chute)를 경유하여 콜렉터 컨베이어로 이동되어 프로우 컨베이어(Flow Conveyor)를 거쳐 운송차에 석탄을 싣도록 로딩 호퍼(Loading Hopper : 저탄기)로 보내는 장치를 가진 특수 장비이다.

2.2.4 레벨 러핑 크레인

레벨 러핑 크레인(Level Luffing Crane)는 수평인입식 크레인이라고도 하며 영어 약자를 따서 L·L·C 라고도 한다. 레일 위를 주행 및 선회하면서 붐 지브(boom jib)의 선단에 설치된 와이어에 매달린 후크(hook) 빔에 15 ~ 40 ton용의 후크를 화물의 중량이나 형태 크기 및 길이 등에 따라서 용이하게 교체하면서 일반 잡화물을 양화 또는 적화할 뿐 아니라 컨테이너 화물도 양·적화 할 수 있는 최신형 다목적 하역장비이다.

그림 2.26 레벨 러핑 크레인

2.2.5 스크랩 핸들링 크레인

스크랩 핸들링 크레인(Scrap Handling Crane)은 고철하역용 크레인으로서 Jib Crane과 동일한 사각 수직의 실 빔 용접구조물로 조립된 Tower Base Frame 상부에 기계실, 전기실 및 운전실을 가지고 있으며 전면에는 Boom을 후면에는 Balance Weight를 장치하고 하부에는 360° 를 선회할 수 있는 선회장치를 가지고 있다. 크레인의 조작은 운전실 내에서 원격 조정할 수 있으며 붐 기복, 주행, 선회 동작을 하고 주권상 장치의 Hoist Hook에 Orange Peel Grab 및 Lifting Magnet를 장착하여 고철 등을 하역한다. 구동시의 동력은 AC 380 V, 주권상 정격하중은 12.5 ton을 동시에 하역할 수 있는 고철하역 장비이다.

그림 2.27 스크랩 핸들링 크레인

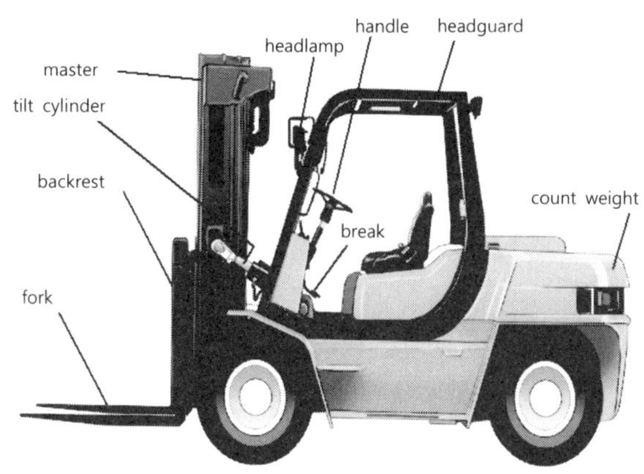

그림 2.28 지게차

2.2.6 지게차

지게차(Fork Lift)는 터미널의 CFS 등에서 화물을 싣거나 내리는 하역전용 장비로 지게차라고도 한다. 앞쪽에 장착되어 틸팅 되는 마스트가 있고 이 마스트를 따라 상하로 움직이는 포크로 화물을 처리한다. KS 규격에 의하면 포크리프트란 '포크 등을 상하시키는 마스트를 갖춘 동력부착 하역운반 차량'으로 정의하고 있다. 정확한 명칭은 포크리프트 트럭(Fork Lift Truck)이며 통상 포크리프트(Fork Lift)라 한다.

2.3 하역용구 및 도구

2.3.1 컨테이너

컨테이너(Container)는 물건을 담을 수 있는 모든 용기를 의미하며, 화물을 단위화(unitization)하여 능률적이고 경제적으로 수송하는 상자형 용기를 말한다. 국제표준화기구(ISO)에서는 프레이트 컨테이너(freight container), 미국규격협회(ANSI)에서는 카고 컨테이너(cargo container) 라고 하며 사용되는 재료에 따라 또는 취급화물의 종류에 따라 그 종류가 다양하다.

해상운송에 컨테이너가 본격적으로 사용된 것은 제2차 세계대전 때 미군이 군수물자를 효율적으로 운송하기 위해 컨테이너를 최초로 사용하였으며, 상업적으로 사용된 것은 미국의 Sea Land 사가 1957년 휴스톤과 뉴욕항 사이의 연안운송에서 시작되었고, 1966년 4월 대서양 항로에 풀컨테이너선 서비스를 시작하였다. 1967년에는 미국 Matson 사가 극동-북미항로에 풀컨테이너선을 투입함으로써 태평양 항로에서 컨테이너가 운송되기 시작하였다. 국내에는 미국 United Sates Lines 이 1969년 미군화물을 운송할 때 최초로 사용되었고, 1970년 Sea Land 사의 컨테이너선이 부산항에 입항함으로써 국내에서 컨테이너 사용이 본격화 되었다.

1) 컨테이너의 정의

국제표준화기구(ISO)의 총회에 내놓은 규격 안에 의하면 컨테이너는 화물수송용의 용기이고 다음의 요건을 구비해야 한다.

① 장기간 반복사용에 견디는 충분한 강도를 가질것
② 상품수송 도중에 내부의 화물을 바꿔쌓지 않고 각종 수송수단에 걸쳐서 화물을 수송할 수 있도록 특별히 설계되어 있을 것
③ 하나의 수송수단에서 다른 수송수단으로 환적할 경우 쉽게 하역이 가능한 장치를 갖추고 있을 것
④ 내용적이 1㎥ 이상일 것

2) 컨테이너의 분류

① 크기에 따른 분류

컨테이너는 20 ft, 40 ft, 45 ft 등이 주로 사용되고 있으며, 국제적으로 유통되는 컨테이너는 국제표준기구(International Organization for Standardization)의 ISO 표준규격에 의해 그 종류 및 제원이 정해져 있다. 이 중 20ft 컨테이너를 물동량의 산출을

표 2.2 컨테이너의 크기에 따른 규격

구분	길이	폭	높이
20 ft	6.096 m(20 ft)	2.438 m(8 ft)	2.262 m(8.6 ft)
40 ft	12.192 m(40 ft)	2.438 m(8 ft)	2.262 m(8.6 ft)
45 ft	13.716 m(45 ft)	2.438 m(8 ft)	2.262 m(8.6 ft)

위한 표준적인 단위로 삼고 있으며, TEU(Twenty-foot Equivalent unint)라 하여 컨테이너 선박의 적재능력의 표시기준이 되기도 한다.

② 재질에 다른 분류

ⓐ 철재 컨테이너(Steel Container)

컨테이너의 외판 및 구조재가 강판 및 강재로 만들어져 있으며 용접으로 조립된다. 전체 구조가 용접으로 조립되어 수밀성이 높으면서 파손 시 보수가 용이한

것과 재질인 철이 알루미늄의 약 60% 밖에 되지 않아 저렴한 것이 장점이다. 그러나 해수에 의한 염분 부식이 빠르고 자체 중량이 무거우며 수리 시 도장 비용과 시간이 소용되는 단점이 있다. 내용 년 수는 사용 조건에 따라 일정하지 않으나 동일 조건에서는 알루미늄 보다 짧다.

(b) 알루미늄 컨테이너(Aluminium Container)

알루미늄과 철강재로 제작된 컨테이너로서 컨테이너의 외관 및 구조재는 알루미늄 합금으로 만들어져 있고 4각의 모서리 끼움쇠(Corner fitting)와 앞, 위의 틀은 철강재로 되어있다. 알루미늄 컨테이너는 기본적으로 가벼우며 내구성이 비교적 크다는 장점이 있다. 그러나 제작비용이 매우 비싸고 바닷물에 부식이 되기 쉽다. 또한 강도가 약하여 약한 충격에도 파손될 수 있는 단점이 있다.

(c) 강화프라스틱 컨테이너(Fiber Glass Reinforced Plastic Container)

강화 플라스틱(Plastic)을 유리섬유로 보강하여 베니어합판의 표면에 접착제로서 붙여 만든 컨테이너로서 판의 두께가 작고 (20㎜내외) 내부용적이 크다. 또한 충격 및 방열성이 좋아 일반 잡화와 특정한 화물용으로 사용되고 있다. 특수 화물 적재를 목적으로 제작되는 Tank Container 또는 냉동 컨테이너의 제작에 주로 사용된다. 강도가 강하고 내 부식성 및 마모성이 강하다는 이점이 있지만 다소 자체 무게가 무거운 단점이 있다.

③ 용도에 따른 분류

(a) 일반화물용 컨테이너(Dry Cargo Container)

액체화물 이외의 또는 온도 조절을 필요로 하지 않는 일반잡화를 수송하는 가장 보편적인 컨테이너로 전(全) 컨테이너의 대부분을 차지하고 있다. 전후 방향의 한쪽 끝에 2개의 문(Door)이 있고 각각의 문은 약 270도 개폐가 가능하다. 대상화물이 일반화물이므로 문의 주위에는 합성고무의 일종인 Neoprene 등으로 포장되어 있어 내장화물을 비, 바람으로부터 보호할 수 있다.

그림 2.29 Dry Cargo Container

그림 2.30 Reefer Container

(b) 냉동 컨테이너(Reefer Container)

생선이나 고기류 등의 온도의 조절이 필요한 화물을 운송하기 위하여 설계된 단열재의 컨테이너를 말한다. 즉 단위 냉동화물 뿐만 아니라 온도변화에 민감한 화물이나 일정한 온도가 필요한 화물 (과실, 야채 등 보냉을 위한 식료품, 전자부품 등)의 수송에 이용되고 있다. 냉동 컨테이너는 컨테이너선과 냉동 장치장의 전원과 연결되는 플러그가 장치되어 있다. 통상 섭씨 영상 26에서 영하 28까지 냉각시킬 수 있는 냉동설비를 장비하고 있어서 수송 과정을 통하여 기기를 작동해서 지정 온도를 유지할 수 있게 되어 있다. Reefer Container, Refrigerated Container로 불리며 일본에서는 Refcon이라고 불리어 지기도 한다.

(c) 오픈 탑 컨테이너(Open Top Container)

기계류, 철강제품, 판유리 등 중량화물 운송에 적합한 컨테이너로서 천정을 개방할 수 있도록 캔버스 덮개로 되어 있다. 화물을 적하할 때는 크레인을 이용하여 위쪽으로 하역할 수 있는 것이 특징이다. 천정이 없기 때문에 강도가 감소되지 않도록 Spreader Bow가 설치되어 있는 것이 보통이다.

그림 2.31 Open Top Container

그림 2.32 Flat Rack Container

(d) 플랫랙 컨테이너(Flat Rack Container)

일반 컨테이너의 천장과 측벽을 제거한 모양으로 양측벽을 제거할 수 있도록 되어 있다. 주로 높이와 가로가 컨테이너의 표준보다 초과된 화물에 이용된다. 따라서 기계류, 강재, 원목 등의 중량화물을 전후좌우 또는 상방에서 지게차로 하역할 수 있다.

(e) 탱크 컨테이너(Tank Container)

식품, 유류 및 화학제품 등 액체화물을 운송하기 위한 탱크를 갖춘 컨테이너를 말한다. 그 구조로서는 일반용, 위험물용, 고압가스용 및 독극물용 등이 있는데 고압, 저압 및 보온용의 가열장치를 갖춘 것도 있다.

그림 2.33 Tank Container

그림 2.34 Pen Container

(f) 기타 컨테이너

살화물, 분립체 운송에 적합하도록 설계된 드라이 벌크 컨테이너(Dry Bulk Container), 컨테이너 내외의 공기를 교체할 수 있도록 설계된 통기·환기 컨테이너(Vented/Ventilated Container), 동물 생피 수송 전용 컨테이너인 하이드 컨테이너(Hide Container), 옷걸이가 설치된 의류수송 전용 컨테이너인 가먼트 컨테이너(Garment Container), 살아있는 소, 말, 가축 등을 운송할 수 있는 펜 컨테이너(Pen Container) 등이 있다.

2.3.2 파렛트

한국산업규격의 물류 용어 편에서는 파렛트(Pallet)를 '하역 운반장비에 의한 물품의 취급을 편리하게 하기 위해 물품의 싣는 면을 가진 것'으로 해설하고 있다. 즉 파렛트(Pallet)란 화물의 수송 및 보관에 있어서 그 하역작업 및 운반작업을 합리화하기 위한 화물적재판(깔판)을 말한다.

기존의 파렛트는 주로 보관용으로만 사용되어 그야말로 깔판 역할만 해왔으나 근래에는 유닛로드시스템(Unit Load System)의 도입으로 그 중요성이 강조되고 있다. 또 포장간소화의 유효한 수단으로서 포장도구의 일종으로도 사용되고 있다. 따라서 그 기능과 용도가 점차 다양화되고 있다.

1) 파렛트 규격

파렛트 규격의 표준화는 2차 대전후 ISO가 유럽주도로 운영됨에 따라 1,200 ㎜ 시리즈를 표준 파렛트로 지정하였으나, 미국, 일본, 호주 등에서 ISO 규격이 컨테이너의 적재함 내치수 규격과 맞지 않기 때문에 ISO 6780을 개정해야 한다는 의견을 제시하면서 현재 6종류로 정해졌다.

표 2.3 국내 및 국제 파렛트 규격

구분	규격	사용범위
일관운송용(KS)	1,100 mm × 1,100 mm	식품, 제약, 가정, 화장품
구내용(KS)	800 mm × 1,100 mm	제지, 출판업
	900 mm × 1,100 mm	주류업계(맥주)
	1,100 mm × 1,300 mm	중화학, 섬유, 자루용
	1,100 mm × 1,400 mm	중화학, 섬유, 전자
	1,200 mm × 800 mm	유로파렛트
	1,200 mm × 1,000 mm	냉장, 냉동식품
(ISO 6780)	1,140 mm × 1,140 mm	
	1,100 mm × 1,100 mm	
	1,067 mm × 1,067 mm	
	1,200 mm × 800 mm	
	1,219 mm × 1,016 mm	
	1,200 mm × 1,000 mm	

2) 파렛트 종류

KS A 1104(1986) 상의 분류에서는 파렛트를 형태에 따라 16개, 형식에 따라 7개로 분류하고 있다.

① 사용재료에 의한 분류

(a) 목제 파렛트

가격이 저렴하고 적재나 하역 시 미끄럼 방지효과와 보수가 용이하여 가장 많이 사용되고 있다. 그러나 쉽게 파손되고 장소가 습한 경우 부패하기 쉽다. 합판제 파렛트는 접착공법으로 가공방법에 따라 난연성, 방부성, 방충성 등으로 가공이 가능하며 화물손상 방지효과가 있다.

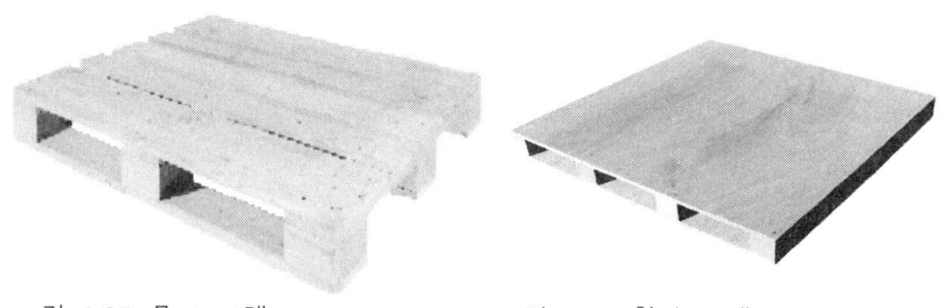

그림 2.35 목재 파렛트

그림 2.36 합판 파렛트

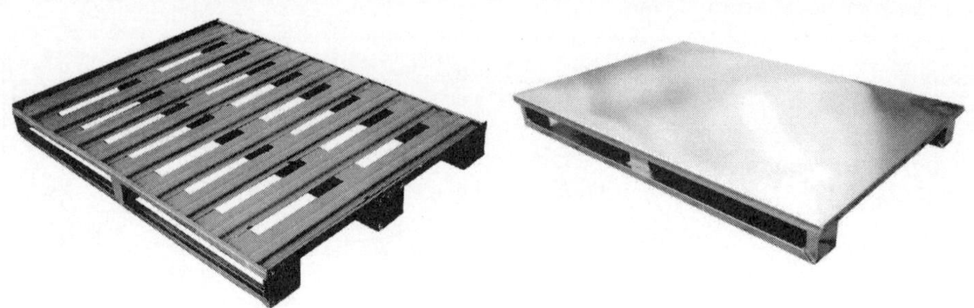

그림 2.37 철재 파렛트 그림 2.38 알루미늄 파렛트

(b) 철제 파렛트

철제 파렛트는 무겁고 견고하여 중량물 하역에 많이 사용되고 특히 항만하역에 많이 사용되고 있다. 보수가 곤란하고 하역 시 잘 미끄러지는 단점이 있다. 경량의 알루미늄 파렛트는 고가이며 식료품 및 의약품 파렛트로 사용되고 있다.

(c) 플라스틱 파렛트

플라스틱 파렛트는 순플라스틱 파렛트와 철심을 넣어서 제조한 플라스틱 파렛트가 있다. 우천 시나 습기가 많은 화물을 다루어도 부패되지 않으며 위생적이며 오래쓸 수 있다. 그러나 가격이 비싸고 폐기 시 공해를 유발하는 단점이 있다.

(d) 종이 파렛트

종이를 압축해서 만든 것과 골판지로 만든 것이 있으며 일회용으로도 사용한다.

② 형식에 의한 분류

(a) 2방향 차입식 파렛트(Two-Way Pallet)

차입구가 상대하는 2방향에만 있는 파렛트

그림 2.39 플라스틱 파렛트 그림 2.40 종이 파렛트

② 형식에 의한 분류

(a) 2방향 차입식 파렛트(Two-Way Pallet)
차입구가 상대하는 2방향에만 있는 파렛트

(b) 4방향 차입식 파렛트(Four-Way Pallet)
차입구가 전후좌우의 4방향에 있는 파렛트

(c) 부분적인 4방향 파렛트(Partial Four-Way Pallet)
호크 등을 차입하기 위해 받침을 도려내여 보조적으로 차입구를 만든 4방향 파렛트

(d) 단면형 파렛트(Single-Decked Pallet)
전재판이 윗면에만 있는 파렛트

(e) 편면 사용형 파렛트(Non-Reversible Pallet)
적재판이 양면에 있지만 적재면이 한면뿐인 파렛트

(f) 양면 사용형 파렛트(Reversible Pallet)
적재판이 양면에 있지만 적재면이 양면에 있는 파렛트

(g) 날개형 파렛트(Wing Pallet)
윗면이 돌출된 파렛트를 말하며 한쪽날개형과 양쪽날개형이 있다.

Two-Way Pallet

Four-Way Pallet

Partial Four-Way Pallet

Single-Decked Pallet

Reversible Pallet

Wing Pallet

그림 2.41 형식에 의한 분류

그림 2.42 Flat Pallet

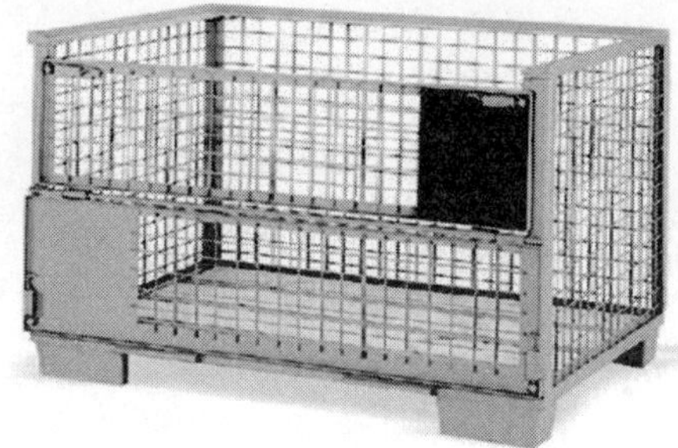

그림 2.43 Box Pallet

③ 형태에 의한 분류

(a) 평 파렛트(Flat Pallet)

상부 구조물이 없고 호크 등의 차입구를 가진 파렛트이다.

(b) 상자형 파렛트(Box Pallet)

상부 구조물로서 적어도 3면의 수직 측판(밀폐, 투시, 망 등)을 갖는 파렛트를 말하며 그 구조에는 고정식, 조립식, 접는식이 있고, 뚜껑이 달린 것도 있다.

(c) 사일로 파렛트(Silo Pallet)

주로 분립체 화물에 사용되며 밀폐상 측면과 뚜껑을 가지며 하부에 개폐장치가 있는 상자형 파렛트이다.

(d) 탱크 파렛트(Tank Pallet)

주로 액체 화물에 사용되며 밀폐된 상측면과 뚜껑을 가지며 상부 또는 하부에 출입구가 있는 상자형 파렛트이다.

그림 2.44 Silo Pallet

그림 2.45 Tank Pallet

그림 2.46 Roll Pallet

그림 2.47 Skid Pallet

(e) 롤 파렛트(Roll Pallet, Wheeled Pallet)
바퀴가 달린 평 파렛트이다.
(f) 스키드 파렛트(Skid Pallet)
기계장치 또는 중량화물 등을 적재한 그대로 입구에서 입구까지 일관해서 사용되는 파렛트로서 단면형 파렛트 또는 바닥에 침목을 받친 단순한 형태로도 사용된다.
(g) 시트 파렛트(Sheet Pallet)
주로 푸시풀장치 부착 포크리프트 트럭에 의해 하역되는 시트 모양의 팔레트이다.
(h) 롤박스 파렛트(Roll Box Pallet)
바퀴가 달린 상자형 파렛트이다.

그림 2.48 Sheet Pallet

그림 2.49 Roll Box Pallet

그림 2.50 Post Pallet

그림 2.51 Cold Roll Box Pallet

(i) 기둥 파렛트(Post Pallet)

기둥을 가진 팔레트를 말하며 기둥에는 고정식, 조립식, 접이식이 있으며 연결테두리를 한 것도 있다.

(j) 콜드 롤 상자형 파렛트(Cold Roll Box Pallet)

보냉식의 롤 상자형 파렛트이다.

(k) 플래턴 파렛트(Platen Pallet)

평판모양의 파렛트로서 주로 항공기 탑재용 파렛트로 많이 사용된다.

그림 2.52 Platen Pallet

2.3.3 하역도구

1) 와이어 로프(Wire Rope)

와이어로프는 양질의 탄소강이 와이어를 드로잉 가공한 인장강도가 130~180 ㎏/㎟의 소선(素線)을 여러 가닥 꼬아 합쳐서 스트랜드(strand)를 만들고, 이것을 기름을 매긴 마심(麻心) 또는 소선으로 구성된 스트랜드 주위에 여러 가닥 꼬아 합쳐서 만든 로프를 말한다.

2) 체인(Chain)

체인에는 롱링(Long Ring)과 쇼트링(Short Ring) 2가지 종류가 있다. 롱링 체인은 토핑 리프트 와이어를 고정하기 위한 리프트 체인과 체인 블록에 사용하고 쇼트링 체인은 체인 스토퍼나 닻 등에 사용되고 있다. 체인의 링은 연강을 단점이나 전기용접 등으로 제작하여 용접부분의 강도는 다른 부분보다 약하다.

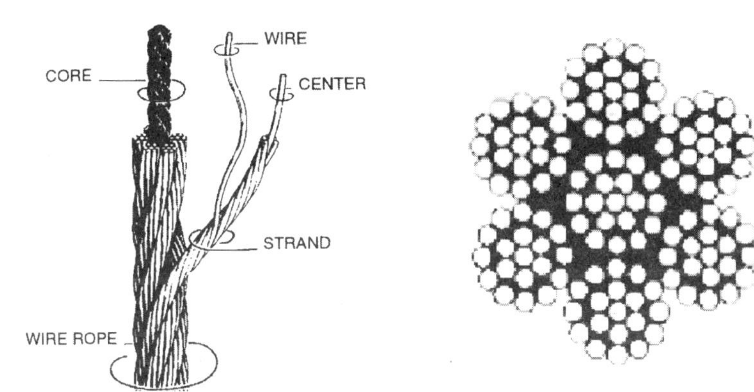

그림 2.53 Wire Rope 의 구조

그림 2.54 Chain

그림 2.55 Shackle

3) 샤클(Shackle)

샤클은 로우프, 체인, 훅, 링 등을 연결할 때 사용한다. 샤클은 형태에 따라 굽은 샤클과 곧은 샤클로 구별할 수 있고 샤클 볼트 또는 샤클 핀의 머리모양으로 종류를 구별할 수 있다. 샤클의 크기는 샤클의 본체 또는 핀의 직경으로 호칭한다. 샤클은 사용 중에 볼트(핀)이 빠지거나 부러져 사고를 일으키는 경우가 많으므로 균열, 나사산의 마모, 분할 핀 등에 특히 주의해야 한다.

4) 훅(Hook)

훅은 보기 쉬운 위치에 안전하중, 시험하중을 각인해야 하고 안전하중은 슬링을 거는 위치에 따라 변한다. 훅은 사용 전에 유해한 변형 여부, 마손 또는 부식량이 원치수 초과 여부, 균열 여부 등을 점검하여 불량한 것은 사용해서는 안 된다. 또한 훅의 구부러진 부분은 계속해서 사용하면 경화되므로 풀림하여 사용해야 한다.

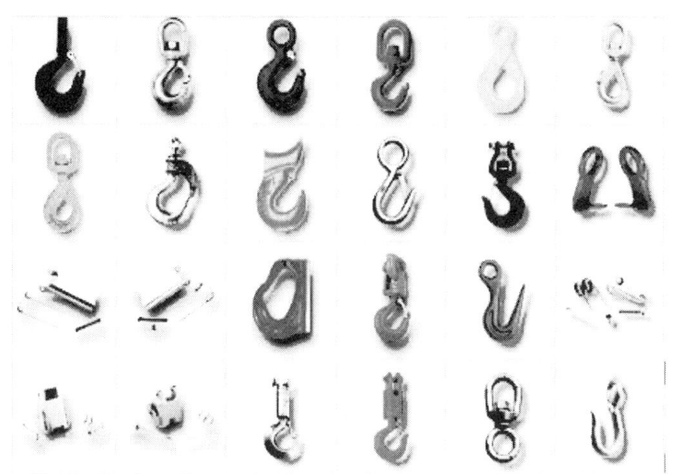

그림 2.56 Hook

5) 슬링(Sling)

하역 시 화물을 싸거나 묶어서 훅에 매다는 용구를 슬링이라 한다. 하역 작업 시 효율적인 슬링을 이용하여 안전사용하중에 가까운 화물을 달아 올림으로써 하역능률을 현저히 높일 수 있다. 슬링은 체인 슬링, 와이어 슬링 , 로프 슬링과 같은 일반슬링과 훅 부착 슬링, 집게 슬링, 자동차용 슬링과 같은 특수 슬링이 있다.

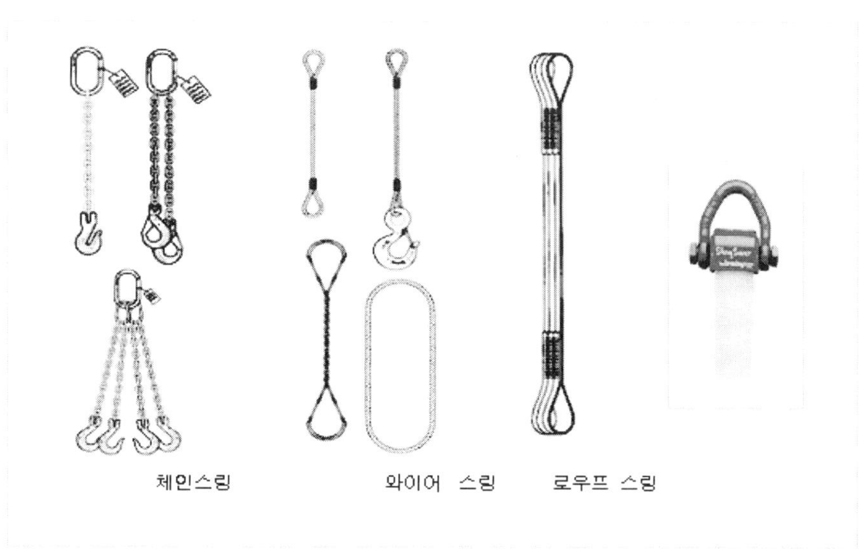

그림 2.57 Sling

3장

항만하역시스템

3.1 컨테이너화물의 흐름
3.2 컨테이너터미널 주요작업
3.3 컨테이너터미널 하역시스템

3장

항만하역시스템

3.1 컨테이너화물의 흐름
3.2 컨테이너터미널 주요작업
3.3 컨테이너터미널 하역시스템

3.1 컨테이너화물의 흐름

컨테이너는 선박, 육상트레일러, 화물열차, 피더선 등에 의해 컨테이너터미널에 반입되어 일정기간을 컨테이너 야드에서 장치된 후에 또 다시 선박, 트레일러, 화물열차, 피더선 등에 의하여 터미널 밖으로 반출된다.

수출 컨테이너의 경우, 게이트(Gate)를 통하여 반입된 컨테이너 중 FCL(Full Container Load)화물은 CY(Container Yard)의 수출컨테이너 장치장에 보관되고 LCL(Less than Container Load)화물은 터미널 내에 위치한 CFS(Container Freight Station)에서 화물을 공 컨테이너에 적입(Vanning) 한 후 이송되어 수출컨테이너 장치장에 보관되며, 공 컨테이너는 공 컨테이너 장치장에 보관된 후 해당 선박이 입항하면 선적된다.

수입 컨테이너의 경우, 선박에서 양화 된 컨테이너 중 FCL(Full Container Load) 화물은 수입컨테이너 장치장에 보관되며, LCL(Less than Container Load) 화물은 CFS(Container Freight Station)로 이송되어 적출(Devanning)되며, 적출(Devanning) 된 공 컨테이너와 선박에서 양화 된 공 컨테이너는 공 컨테이너 장치장으로 이송되어 보관된 후 수화주의 반출요청이 있을 때 게이트(Gate)를 통하여 반출된다.

3.1.1 수출 컨테이너

수출 컨테이너는 육상트레일러, 화물열차, 피더선 등에 의하여 컨테이너 터미널에 도착한다.

육상트레일러를 이용하여 터미널에 도착한 컨테이너는 게이트(Gate)에서 반입 될 컨테이너를 장치할 장소를 부여받아 지정블록으로 간 후 트랜스퍼크레인(T/C), 리치스택커(R/S) 등에 의해 하차되어 장치·보관된다. 화물열차에 의해 운송되어진 컨테이너는 철송 크레인에 의하여 야드트랙터(Y/T)로 상차된 후 지정된 블록으로 이송하여 트랜스퍼크레인(T/C), 리치스택커(R/S) 등에 의해 하차되어 장치·보관된다. 피더선에 의하여 운송된 컨테이너는 본선 양화장치 또는 컨테이너크레인에 의해 야드트랙터(Y/T)로 양화된 후 지정된 장치장으로 이송되어 장치·보관된다.

컨테이너 장치장에 장치·보관 되어 있던 컨테이너는 해당 선박이 입항하여 선박에 선적한 후에 해상운송 된다. 일반적으로 수출컨테이너의 경우, 선적될 선박명, 선적일시, 양화항 등의 정보를 미리 알 수 있기 때문에 장치 계획수립 시 부터 본선 적하계획에 의해 장치할 수 있으므로 수입 컨테이너의 경우보다는 장치 단적수를 높게 할 수 있다. 또한 장치일수도 수입 컨테이너의 경우보다는 짧다.

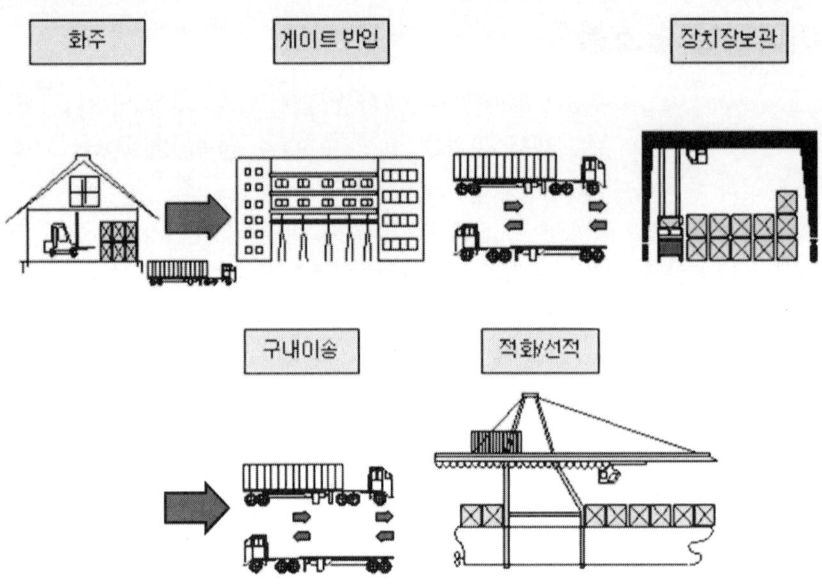

그림 3.1 수출 컨테이너 흐름도

3.1.2 수입 컨테이너

수입 컨테이너는 선박에 의해 정해진 일정에 맞추어 입항하여 컨테이너터미널의 선석을 배정 받은 후 컨테이너크레인에 의해 하역된다. 미리 계획된 야드장치계획에 따라 야드트랙터(Y/T) 또는 스트래들캐리어(S/C)로 지정된 장치장으로 이송되어 장치·보관된 후에 화주 또는 그 대리인의 반출요청이 있을 때 터미널 밖으로 반출된다.

화주의 반출요청은 임의로 발생되므로 장치장 내에서의 작업을 줄이기 위하여 가능한 한 컨테이너 장치 단적수를 낮게 하여야 한다.

수입 컨테이너 중 특수 컨테이너는 화물의 특성상 샤시 위에 그대로 실어놓은 상태로 있다가 반출되며, 냉동 컨테이너는 터미널 내 냉동 컨테이너지역에 장치되어 그곳에 설비되어 있는 전원에 연결하여 냉동상태를 유지한 후 반출되는데 화물의 특성상 일반 컨테이너보다 장치기간이 짧다. 또한 공 컨테이너는 터미널의 공 컨테이너 장치장에 장치되었다가 일정기간 동안 보관 후 해당선박이 입항하면 선적된다.

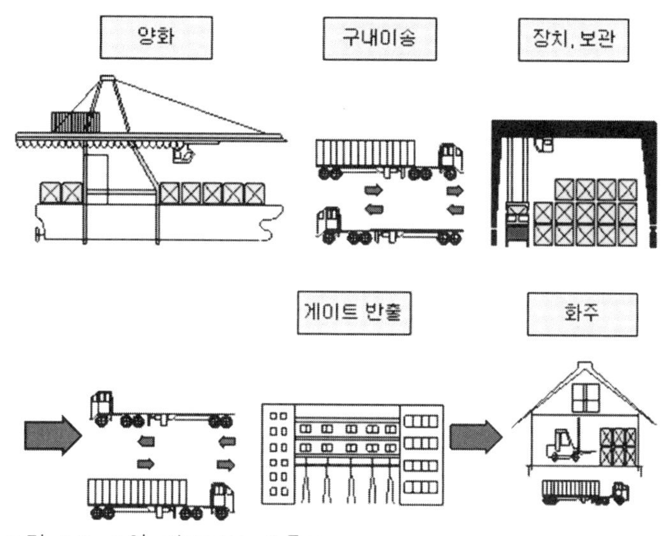

그림 3.2 수입 컨테이너 흐름도

3.1.3 환적컨테이너

환적 컨테이너는 해상운송에 의해 터미널에 도착한 후 환적화물 장치장에 보관되었다가 환적 컨테이너를 싣고 가는 선박이 입항을 하면 적화되어 터미널을 떠나게 된다. 터미널에 도착한 선박이 컨테이너를 양화한 후 다시 선적할 선박이 도착할 때까지 시간이 많이 소요되므로 수입 컨테이너보다는 보관 및 장치기간이 상대적으로 길다.

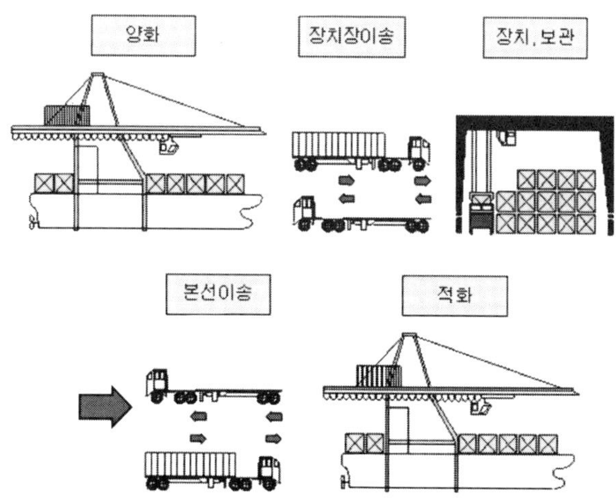

그림 3.3 환적 컨테이너 흐름도

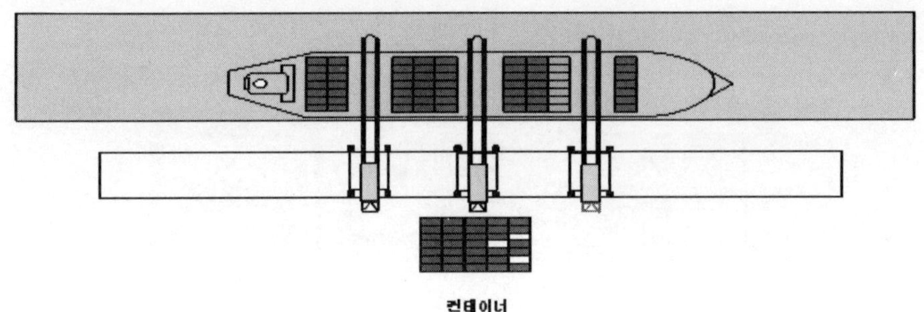

그림 3.4 선내이적 컨테이너

3.1.4 선내이적컨테이너

선내이적(Overstow) 컨테이너는 다른 컨테이너터미널에서 양화되는 컨테이너로서 선내의 다른 컨테이너의 양·적화를 위하여 잠시 이적되는 컨테이너이다.

3.2 컨테이너터미널 주요작업

컨테이너터미널의 주요작업은 크게 게이트를 통한 컨테이너의 반출입 작업인 인수인도작업, 컨테이너크레인을 이용하여 선박과 육상간의 적양화 작업을 수행하는 본선작업, 선측의 컨테이너크레인과 야드 장치장 사이의 이송작업인 부두이송작업, 컨테이너야드에서 장치작업과 구내이적작업을 포함하는 CY작업, 컨테이너 화물의 적출입 작업을 주로 수행하는 CFS작업 등으로 구분할 수 있다.

3.2.1 인수인도작업

인수인도 작업은 컨테이너터미널의 게이트(Gate)를 통과하는 컨테이너에 대한 반출입 작업을 말한다. 인수인도 작업이 이루어지는 게이트는 육상운송과 해상운송의 분기점이라고 할 수 있으며 육상운송업자와 컨테이너터미널이 상호 컨테이너에 대한 관리책임을 전환하는 곳이다.

1) 인수작업

인수작업은 컨테이너가 게이트를 통해 터미널에 도착할 때 시작되며 사전에 입수한 컨테이너의 화물내역 등 적화작업 계획에 필요한 정보와 터미널 내부 관리에 필요한 정보가 입력되면 EIR(Equipment Interchange Receipt)이 발행되어 터미널 측과 운송인 사이에 컨테이너 인수를 확인한다. EIR이 발행될 때 사전 장치 계획이 수립된 컨테이너는 컴퓨터에 의해 장치할 위치가 자동으로 지정되며, 컨테이너를 야드 내 지정된 장치장으로 운송하면 야드 내의 하역장비인 트랜스퍼크레인, 리치스택커 등을 사용하여 컨테이너를 하차하여 장치장에 적재한다.

① 보안점검 및 지정된 주차지역의 터미널입구에 차량을 정차한다.
② 운전자는 정식인수절차를 위하여 차량을 게이트로 이동한다.
③ 운전자는 I/D 카드 확인 장치에 발급된 I/D로 반입 가능 여부를 확인한다.
④ I/D 카드 확인 후 자동적으로 컨테이너 인수증이 발급된다.
⑤ 검수원에 의해 컨테이너에 대한 검수를 실시한다.
⑥ 운전자는 컨테이너 인수증에 기재된 장치장으로 컨테이너를 이동한다.
⑦ 트랜스퍼크레인 기사는 해당 컨테이너를 정해진 장치장에 적재한다.
⑧ 적재를 마친 차량은 게이트로 이동한다.
⑨ 보안절차를 마친 후 빈 운송차량은 터미널 정문을 통해 나간다.

2) 인도작업

인도작업은 육상트레일러가 컨테이너를 운송하기 위해 공차상태로 게이트를 통해 컨테이너 터미널에 도착할 때 시작되며 사전에 운송차량의 정보를 입수하여 게이트에서의 통과시간을 단축시킨다. 공차상태인 육상트레일러가 인도할 컨테이너가 장치된 장치장으로 이동하면 야드 내에 장치되어 있는 컨테이너를 하역장비를 이용하여 육상트레일러 위에 상차한 후 게이트를 통해 컨테이너를 화주에게 인도하는 작업으로 운송인은 지정된 장치장에서 컨테이너를 싣고 게이트로 이동하면 게이트에서는 컨테이너 점검 후 컨테이너 상태, 발행번호 인도일시 등을 기록한 EIR을 발행 한다.

① 터미널 입구에 컨테이너를 싣지 않은 빈 차량을 정차한다.
② 운전자는 정식인도절차를 위하여 차량을 게이트로 이동한다.
③ 운전자는 I/D 카드 확인장치에 기 발급된 I/D로 반출 가능 여부 확인한다.
④ I/D 카드가 확인 되면 자동적으로 컨테이너 인도증이 발급된다.
⑤ 운전자는 컨테이너 인수증에 기재된 장치장 위치로 이동한다.
⑥ 트랜스퍼크레인 운전자는 반출 컨테이너를 운송차량에 상차한다.
⑦ 상차 후 차량은 반출을 위해 게이트로 다시 이동한다.
⑧ 검수원에 의해 컨테이너에 대한 검수를 실시한다.
⑨ 보안절차를 마친 후 컨테이너 운송차량은 터미널 정문을 통해 나간다.

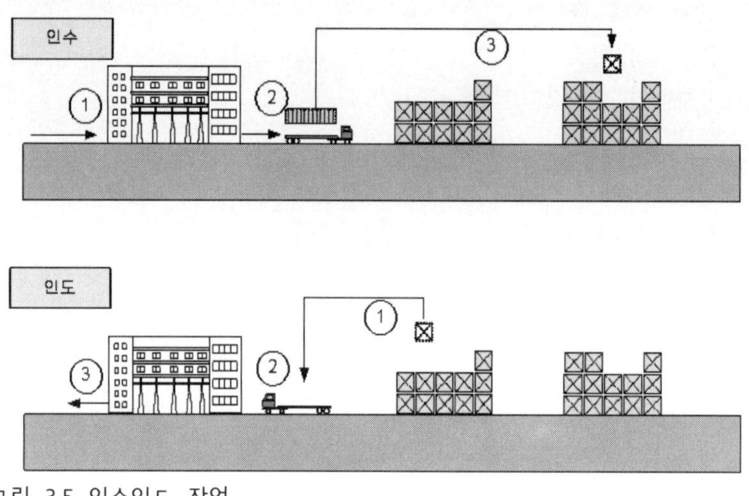

그림 3.5 인수인도 작업

3.2.2 본선작업

본선작업은 컨테이너터미널에서 육상출입구 게이트에서의 인수인도 작업과 동일하게 해상쪽의 출입과정으로 컨테이너크레인을 사용하여 해상 측 선박과 육상 측 야드트랙터 간의 컨테이너 하역작업을 말한다. 본선작업은 적·양화 계획에 의해 사전계획으로 지정된 선박별, 장비별, 선창별 작업순서에 따라 순차적으로 이루어지는게 원칙이나, 작업여건에 따라서 계획 및 순서를 변경하여 작업이 이루어 질수도 있다.

본선작업의 형태는 선형에 따라 LO/LO(lift on/lift off) 방식, RO/RO(roll on/roll off) 방식, FO/FO(float on/float off) 방식 등으로 분류할 수 있다. 그 중에서 LO/LO 방식의 하역작업은 부두나 선박에 설치된 컨테이너 크레인을 이용하여 컨테이너를 본선의 선창 내에 수직방향으로 20ft 또는 40ft의 셀 가이드(cell guide)통하여 본선에 적재하거나 갑판 상에 적재하는 방식이다.

LO/LO 방식에서 컨테이너크레인의 하역사이클은 양화작업일 경우 횡행(본선) ⇨ 권하(스프레더) ⇨ 착상(컨테이너) ⇨ 권상(컨테이너) ⇨ 횡행(육지) ⇨ 권하(컨테이너) ⇨ 컨테이너 착상해제 ⇨ 권상(스프레더) ⇨ 횡행(본선)이며, 적화작업일 경우 횡행(육지) ⇨ 권하(스프레더) ⇨ 착상(컨테이너) ⇨ 권상(컨테이너) ⇨ 횡행(본선) ⇨ 권하(컨테이너) ⇨ 컨테이너 착상해제 ⇨ 권상(스프레더) ⇨ 횡행(육지) 순으로 이루어진다.

본선작업은 컨테이너터미널 작업의 핵심이며 본선작업 시 문제발생으로 인하여 작업이 중단되면 터미널 내에서의 컨테이너 흐름이 중단되어 입항한 선박은 불가피하게 체항비용이 증가하게 된다.

1) 양화작업

① 컨테이너크레인의 운전실을 본선 쪽으로 횡행한다.
② 컨테이너를 적재한 지점으로 스프레더를 권하한다.
③ 스프레더를 컨테이너 위에 정확하게 착상하여 잠금장치를 잠근다.
④ 스프레더에 매달린 컨테이너를 권상한다.
⑤ 컨테이너를 육지 쪽으로 횡행하면서 권하한다.
⑥ 컨테이너를 컨테이너크레인의 스팬사이에 위치한 부두이송장비에 내린다.
⑦ 부두이송장비에 컨테이너 상차 후 스프레더의 잠금장치를 열고 권상한다.
⑧ 다시 컨테이너 적재지점인 본선으로 돌아간다.

2) 적화작업

① 컨테이너크레인의 운전실을 육지 쪽으로 횡행한다.
② 스팬사이에 위치한 컨테이너 착상 지점으로 스프레더를 권하한다.
③ 스프레더를 컨테이너 위에 정확하게 착상하여 잠금장치를 잠근다.
④ 스프레더에 매달린 컨테이너를 권상한다.
⑤ 컨테이너를 본선쪽으로 횡행하면서 권하한다.
⑥ 컨테이너를 본선의 적재지점에 내린다.
⑦ 본선 적재지점에 정확히 적재한 후 스프레더의 잠금장치를 열고 권상한다.
⑧ 다시 컨테이너가 대기하고 있는 육지 쪽으로 횡행한다.

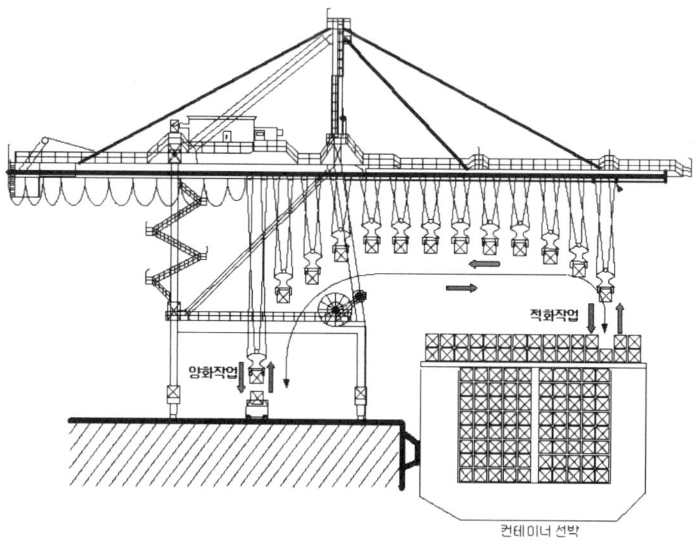

그림 3.6 본선작업

3.2.3 부두이송작업

부두이송작업은 컨테이너를 안벽의 컨테이너크레인에서 야드 장치장까지 이송하거나 또는 야드 장치장에서 안벽의 컨테이너크레인까지 이송하는 것을 말한다.

1) 양화 시 부두이송 작업

① 운전자는 본선작업 장소로 이동한다.
② 컨테이너 상태와 ID를 확인한 후 야드트랙터에 상차한다.
③ 일정한 방향의 통로를 따라 지정된 야드 장치장으로 이동한다.
④ 컨테이너 ID를 확인한 후 트랜스퍼크레인으로 장치장에 적재한다.
⑤ 다시 본선작업장소로 돌아간다.

2) 적화 시 부두이송 작업

① 운전자는 야드 장치장의 적재장소로 이동한다.
② 컨테이너 ID를 확인한 후 트랜스퍼크레인으로 야드트렉터에 상차한다
③ 일정한 방향의 통로를 따라 본선작업장소로 이동한다.
④ 야드트랙터는 컨테이너 크레인 아래 지정된 장소에 위치한다
⑤ 컨테이너 ID와 상태를 확인한다
⑥ 본선 적재를 위해 컨테이너를 들어올린다.
⑦ 다시 지정된 야드 장치장으로 돌아간다.

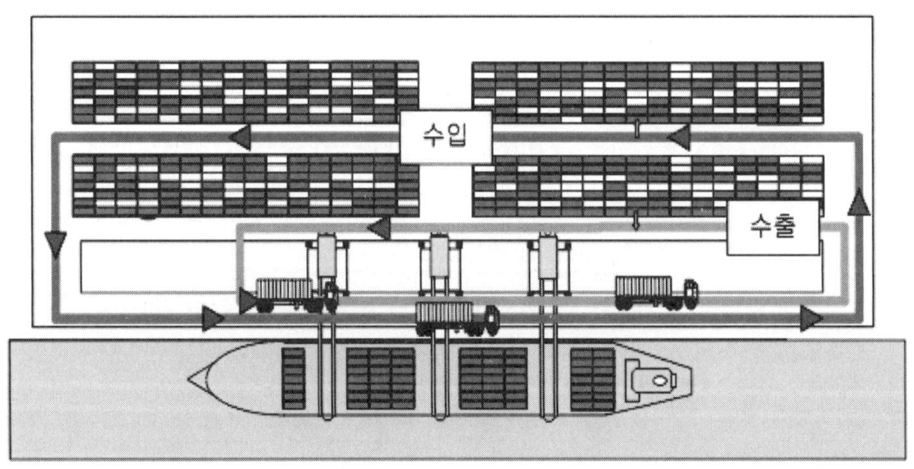

그림 3.7 부두이송작업

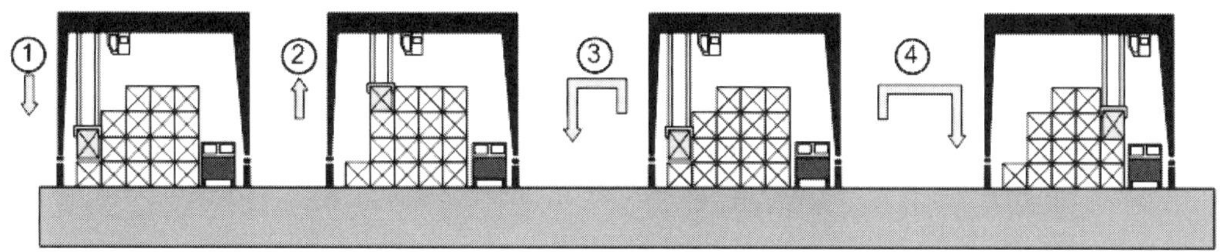

그림 3.8 CY 작업

3.2.4 CY 작업

1) 보관작업

컨테이너 야드 작업은 주로 본선이나 게이트에서 도착한 컨테이너의 일시 보관 및 장치작업으로 보관된 컨테이너의 장치작업, 반입 컨테이너의 하차작업, 반출 컨테이너의 상차작업 등을 말하며, 컨테이너는 트랜스퍼크레인 및 리치스태커 등에 의해 육상트레일러나 야드트랙터 섀시 위에 상하차 된다.

① 컨테이너 장치장에 장치작업
② 반출컨테이너의 상차작업
③ 하적단 컨테이너의 인출작업
④ 단적 위치조정 작업

2) 구내이적작업

컨테이너 야드 작업에서 보관 및 장치작업이외에 구내 이적작업이 있으며 구내 이적작업의 주요내용은 다음과 같다.

① 수입 컨테이너의 해체를 위해 CFS구역으로 컨테이너를 이동하는 작업
② CFS에서 해체된 공 컨테이너를 지정된 보관구역에 반환하는 작업
③ LCL 화물의 컨테이너 적입을 위해 공 컨테이너를 CFS지역으로 운송하는 작업
④ CFS에서 적입된 컨테이너를 CY구역으로 이송하는 작업
⑤ CY에서 세관 및 검역소 등으로 컨테이너 이송작업
⑥ 컨테이너를 정비구역으로 이송하거나 정비 완료된 컨테이너를 장치구역 반환작업

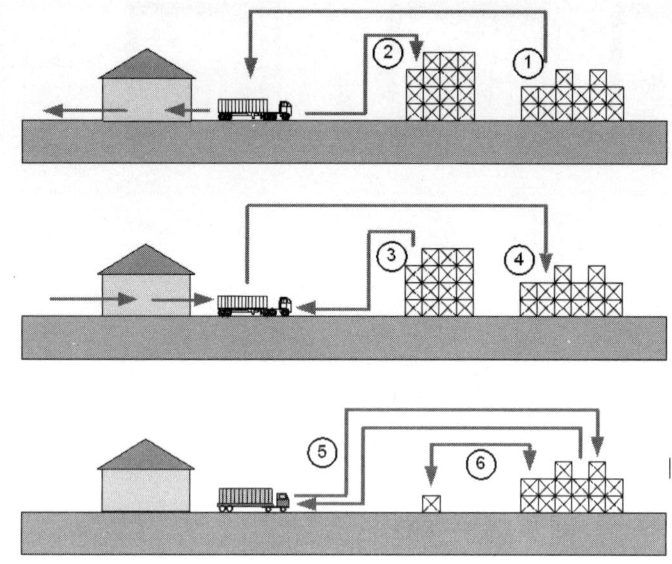

그림 3.9 구내이적작업

3.2.5 CFS 작업

CFS 작업은 컨테이너터미널 내에 위치한 CFS(Container Freight Station)에서 운송된 화물의 분류 및 혼재작업, 화물 인수 및 인도작업, 컨테이너 화물 적출 및 적입작업, 수화인에게 화물인도 전에 일시 보관작업 등을 말한다.

1) 수출화물작업

① 화물의 인수, 검수 작업
② 화물을 보관장소로 이동 및 혼재작업
③ 통관을 위한 화물제시 작업
④ 공 컨테이너 반입작업
⑤ 공 컨테이너 검사 및 청소 작업
⑥ 컨테이너에 화물 적입(Vanning) 작업
⑦ 컨테이너 적재화물 안전확보 작업
⑧ 컨테이너 봉인 및 표시부착
⑨ 컨테이너 반출작업

2) 수입화물작업
① 컨테이너 화물 인수 작업
② 화물 적출(Devanning)작업
③ 화물 일시보관 작업
④ 통관을 위한 화물제시 작업
⑤ 공 컨테이너 청소작업
⑥ 공 컨테이너 반출작업
⑦ 육상운송수단에 화물적재 작업

3.3 컨테이너터미널 하역시스템

컨테이너터미널에서 사용되는 하역시스템에는 섀시 시스템, 스트래들캐리어 시스템, 컨테이너리프트트트럭 시스템, 트랜스퍼크레인 시스템, 복합시스템 등으로 구분 할 수 있으며, 이외에도 컨테이너터미널의 생산성 향상과 하역장비의 효율적인 운용을 위하여 자동화 시설 및 첨단 장비 등을 도입하는 등 각 터미널의 특성에 따라 적합한 하역시스템을 사용하고 있다.

3.3.1 섀시 시스템

섀시 시스템(Chassis System)은 컨테이너를 섀시 트레일러 위에 적재된 상태로 대기시켜 필요할 때 바로 수송이 가능하도록 하는 방식으로 수입 컨테이너의 경우 컨테이너크레인을 이용하여 본선으로부터 야드 트랙터가 이끄는 섀시 위에 상차하여 지정된 장치장까지 운송한 후, 섀시에 상차된 채로 장치하고 수화주의 반출 요청 시, 섀시에 상차된 컨테이너를 수화주의 육상트랙터에 의하여 반출한다. 수출 컨테이너의 경우는 섀시에 상차된 컨테이너를 컨테이너 야드에 반입하여 장치하였다가 야드트랙터에 의해 선측으로 이송하여 컨테이너만 본선에 적재하는 방식이다.

섀시 시스템은 토지 이용률이 매우 낮고, 장비 보유비용도 적게 들며, 트럭기사나 야드트랙터 운전자들이 직접 컨테이너를 선박에 인도하거나 선박으로부터 인수하기 때문에 소요 노동력도 낮은 편이다. 또한 컨테이너가 섀시에 놓여있기 때문에 하역을 위해 부두이송 되는 동안 손상의 요인이 되는 다른 장비들과 부딪칠 기회가 거의 없어 손상률이 극히 낮은 편이다. 그러나 컨테이너를 1단밖에 장치하지 못함에 따라 방대한 면적과 수천대의 섀시와 많은 트랙터가 필요하므로 지가가 저렴한 지역에서 선사가 섀시를 제공하거나 터미널을 임차하여 전용으로 운영하는 경우에만 가능한 방식이다.

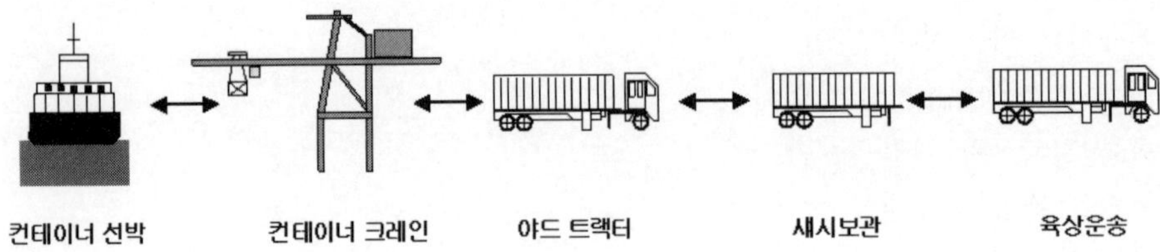

그림 3.10 Chassis System

1) 섀시 시스템의 장점
   ① 장비보유 비용이 적게 든다
   ② 소요 노동력이 적게 든다
   ③ 컨테이너 손상률이 낮다
   ④ 장치작업을 신속하게 할 수 있다.

2) 섀시 시스템의 단점
   ① 토지 이용율이 낮다
   ③ 야드 내 장치효율이 낮다
   ③ 이동거리가 길어진다.
   ④ 야드 트랙터 및 섀시가 많이 필요하다.
   ⑤ 작업순서 변경이 어렵다.

3.3.2 스트래들 캐리어 시스템

스트래들캐리어 시스템(Straddle Carrier System)은 컨테이너터미널 내에서 컨테이너의 장치작업과 부두이송작업 모두 스트래들캐리어로 작업하며 컨테이너를 양각(兩脚) 사이에 끼우고 자유로이 운송할 수 있는 장비이다. 보수비용이 많이 드는 단점이 있으나 기동성이 풍부하고 작업의 유연성을 가지고 있는 것이 특징이다.

스트래들캐리어 시스템은 컨테이너를 양각 사이로 들어 올려 선측과 장치장의 부두이송작업을 수행하며 장치장에서는 지면 또는 다단으로 장치하였다가 컨테이너를 반출할 때에 다시 스트래들캐리어를 이용하여 섀시 위에 올려놓는 장치작업을 수행하는 방식이다.

또한 섀시 시스템에 비하여 야드 내에서의 장치효율과 토지이용효율이 높으며 컨테이너 터미널 내에 작업량이 급증할 경우에 이를 해결할 수 있는 탄력성, 이동성, 융통성 등이 많다는 장점이 있다. 그러나 잦은 고장으로 인한 장비보수 비용과 시간이 많이 들며 장비와 컨테이너의 파손율이 높은 단점이 있다.

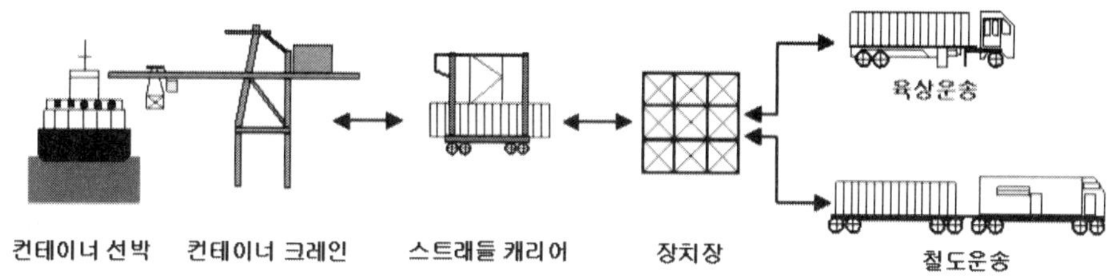

그림 3.11 Straddle Carrier System

스트래들캐리어 시스템은 직접이송방식과 연계방식으로 나누어지며, 직접이송방식은 컨테이너 장치작업과 부두이송작업 모두 스트래들캐리어로 작업하는 방식이며 연계방식은 장치작업은 스트래들캐리어가 담당하고 부두이송작업은 야드트랙터를 이용하는 방식을 말한다.

1) 스트래들캐리어 시스템 장점
   ① 장치작업과 부두이송 작업을 동시에 할 수 있다
   ② 작업의 탄력성, 이동성, 유연성이 좋다.
   ③ 야드 내 장치효율이 높다.
   ④ 토지 이용율이 높다.

2) 스트래들캐리어 시스템 단점
   ① 장비보수 시간과 비용이 많이 든다
   ② 장비와 컨테이너의 파손율이 높다.

3.3.3 컨테이너 리프트 트럭 시스템

컨테이너 리프트 트럭 시스템(Container Lift Truck System)은 스트래들캐리어 시스템 방식과 같이 컨테이너터미널 내에서 컨테이너의 장치작업과 부두이송작업 모두 컨테이너 리프트트럭으로 작업하는 방식을 말한다. 컨테이너 리프트트럭은 마스트에 랙이라는 신축 빔을 부착하고 빔 양 끝에 콘을 설치하여 컨테이너를 취급하며 장치장에서는 지면 또는 다단으로 장치하였다가 컨테이너를 반출할 때에 다시 리프트트럭을 이용하여 섀시 위에 올려놓는 장치작업을 수행하는 방식이다.

컨테이너 리프트 트럭은 컨테이너터미널 내에서 컨테이너의 이동을 신속하게 할 수 있으며 유지비가 적게 들며 다른 장치장비와 함께 사용할 수도 있다. 그러나 붐 형식이 아니기 때문에 컨테이너를 앞 열부터 차례로 취급해야 하는 단점이 있다.

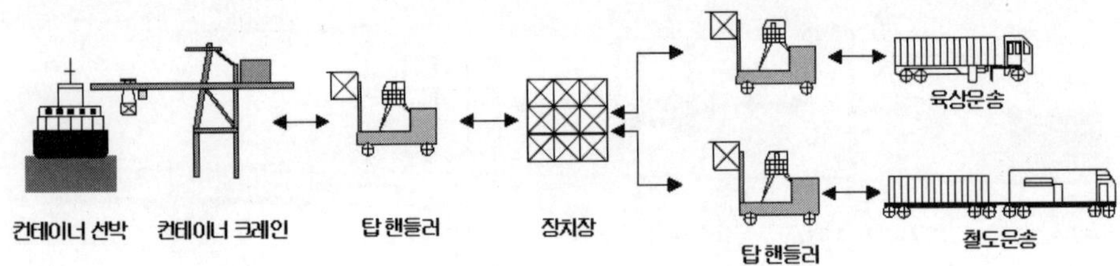

그림 3.12 Container Lift Truck System

1) 컨테이너 리프트 트럭 시스템 장점
   ① 장치작업과 부두이송 작업을 동시에 할 수 있다
   ② 야드 내 어느 곳에서나 쉽게 운영할 수 있다.
   ③ 유지비가 적게 든다.

2) 컨테이너 리프트 트럭 시스템 단점
   ① 컨테이너 처리시 선택의 폭이 적다.
   ② 장치작업 시 작업시간이 오래 걸린다.

3.3.4 트랜스퍼 크레인 시스템

트랜스퍼 크레인 시스템(Transfer Crane System)은 컨테이너를 선측에서부터 장치장까지는 야드트랙터가 이송하고 장치장에서는 3~5단 적재가 가능한 트랜스퍼크레인으로 컨테이너를 장치하고 반입 및 반출 하는 방식으로 트랜스퍼크레인은 타이어나 레일차량에 의해 일정한 전후 방향으로만 이동한다.

또한 트랜스퍼크레인 시스템은 좁은 면적의 컨테이너 야드를 가진 터미널에서 컨테이너 장치장을 최대로 활용할 때 가장 적합하며, 일정방향으로만 이동하기 때문에 전산화에 의한 완전 자동화가 가능하다.

1) 트랜스퍼크레인 시스템의 장점
   ① 토지 이용율이 높다.
   ② 야드 내 장치효율이 높다.
   ③ 무인 자동화가 가능하다.

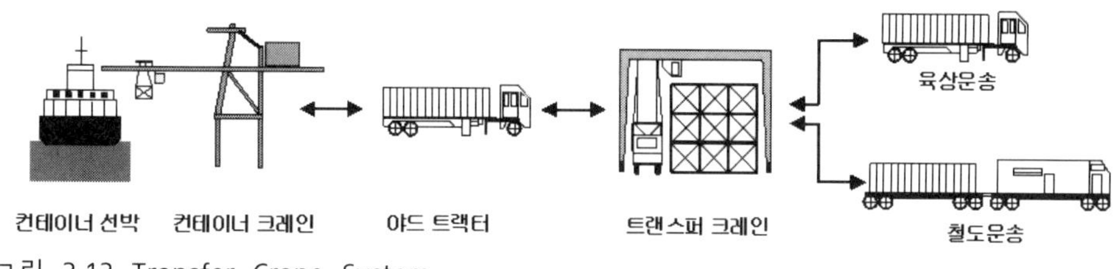

그림 3.13 Transfer Crane System

2) 트랜스퍼크레인 시스템의 단점
① 물동량이 증가하면 대기시간이 길어진다.
② 저단작업 시 작업 시간이 길어진다.

3.3.5 복합 시스템

복합 시스템(Combination System)은 야드트랙터, 스트래들 캐리어, 컨테이너리프트 트럭, 트랜스퍼크레인 등을 컨테이너 터미널 실정에 맞게 혼합하여 사용하는 것을 말한다. 즉, 부두이송작업은 야드트랙터나 스트래들캐리어를 이용하고 장치작업은 트랜스퍼크레인 등의 장비를 적절하게 이용하여 터미널 하역시스템의 효율성을 높일 수 있다.

4장

미래형 항만 자동화

4.1 컨테이너 하역시설
4.2 컨테이너 하역장비
4.3 컨테이너 하역시스템

4.1 컨테이너 하역시설

4.1.1 양현하역터미널

양현하역터미널은 기존의 일자형 부두가 선박 한쪽 면에서만 컨테이너크레인을 배치하여 수행하는 하역작업의 생산성 향상을 위해 선박의 양쪽에서 하역할 수 있도록 건설된 터미널을 말한다.

양현하역 터미널은 초대형 컨테이너선 입항 시 보다 많은 안벽크레인을 투입할 수 있어 선박의 재항시간을 단축시켜 줄 뿐만 아니라, 기존 형태의 선석에서 일직선상에서만 하역작업이 수행 될 때에 비해 화물을 장치장으로 이송하는 차량의 혼잡도도 획기적으로 줄일 수 있다는 장점을 지닌다. 그러나 안벽 폭의 유연성이 없어서 초대형선이 아닌 3,000 TEU급 내지 5,000 TEU급 선박이 접안하여 하역할 경우나, 동시에 2척 이상을 수용 할 경우의 하역작업 시, 길이나 폭 측면에서 어려움이 발생한다.

세계 최초로 건설된 네덜란드 암스테르담항의 Ceres Paragon 터미널(1999년~2003년)의 경우, 초고속하역이 가능한 길이 400 m, 너비 57 m의 양현하역 선석(indented berth)을 갖추고 있으며. 선석의 해저 면은 안벽 쪽 수심이 14.7 m이고 중앙 수심은 22 m로서 역삼각형 형태로 굴착 시공되어 대형선박이 터그보트(tugboat)의 도움을 받아 전진하여 접안하거나 후진하여 이안할 때 바닷물이 선석 안팎으로 쉽게 빠져나갈 수 있게 되어 있다.

22열의 초대형 컨테이너선이 접안할 경우 최대 9기의 안벽크레인이 선박의 양 측면에서 하역작업을 수행할 수 있어 시간당 하역생산성 300개의 달성이 가능하다. 컨테이너크레인은 작업 중 서로간의 충돌을 방지하기 위한 시스템을 갖추고 있으며, 이 중 5기는 양현선석이 아닌 일반선석으로 이동이 가능하도록 하여 터미널 운영의 유연성을 높였다.[27)]

그림 4.1 양현하역 터미널

27) 류광렬 외, 해운항만산업의 미래신조류, 효민, 2009, p.85

그림 4.2 부유식 터미널

4.1.2 부유식 터미널

부유식 터미널(floating terminal)은 지상에서 건조한 구조물을 해상에서 조립하여 사용하거나 이를 계류시설에 연결하여 사용하는 방법 등이 있으며, 해상터미널뿐만 아니라 해상공항, 해상물류기지, 석유비축기지, 테마파크 등 그 용도가 매우 다양하다. 특히, 친환경적이고 사용부지 취득이 쉬우며 지진에 강하고 공사기간이 짧은데다 또 폐기할 경우도 분해하여 다른 용도로 재활용이 가능한 장점이 있다.

또한 항내 수역에서 부두와 약간 떨어져 수심이 비교적 깊은 곳에 부유식 구조물을 건설하면 신규 부두건설 수요를 충족시키고 기존부두의 효율도 크게 향상 시킬 수 있어서 효과적이다. 이부유식 구조물에는 환적용 컨테이너크레인, 이송장비 및 리마샬링(remarshaling) 시설 등 효율적인 부두 운영시스템을 갖추어 둘 수 있고, 또 이동식으로 만들게 되면 선박의 접·이안을 용이하게 하고 부두의 효용성도 더욱 높일 수 있다. 캐나다 알래스카의 발데스(Valdes)항 부유식 터미널은 바지(Barge)위에 크레인을 설치하여 운영하는 형태로서 연약지반 뿐 아니라 지진에 의한 지반 불안정을 고려하여 설계 시공되었다.

4.1.3 MHP(Modular Hybrid Pier)

MHP는 미 해군에서 제안한 부유식 터미널의 일종으로 모항 전략의 변화나 폐기된 해군기지 교체 등에 쉽게 대응이 가능하고 유지관리 비용이 낮으며 다양한 형태의 선박이 접안할 수 있다는 조건을 갖춘 신개념 터미널이다.

MHP는 길이 325 ft 폭 88 ft의 모듈 여러 개를 결합한 부유식 이중 데크 구조물로서 몇 개의 모듈을 결합하느냐에 따라 다양한 길이의 해상항만을 구성할 수 있다. 모듈 제작은 공장에서 이루어지므로 고품질을 유지할 수 있고 현장시공을 최소화 할 수 있다. 상부 데크는 팔 길이가 짧은 크레인이 그 위에서 작업할 수 있게 되어 있으며 하

그림 4.3 Floating Double-Deck Pier

부 데크는 적재 공간뿐 아니라 선박과 선원을 위한 여러 시설과 테러 공격에 대비하기 위한 격실까지 갖추고 있다.

부유식 구조물이기 때문에 조석간만의 차이가 큰 해역에서의 활용이 가능하고 큰 지진이 발생하더라도 시설물에 대한 피해가 거의 발생하지 않도록 설계되어 있다. 보통 부두를 신설하는 것에 비해 10%의 비용으로 건설이 가능하다는 장점이 있다.

4.1.4 하이브리드 안벽

하이브리드 안벽은 부두가 이동하면서 선박의 하역작업을 할 수 있는 부유식 구조물로서 기존의 부두시설은 고정되어 있어 선박의 한쪽 면만을 이용해 하역을 해야 하지만 하이브리드 안벽은 부두기능과 함께 이동기능도 갖추고 있어 선박이 접안하면 선박의 다른 측면으로 이동하여 효율적인 양현하역이 가능하다.

현재 한국해양연구원에서는 양현하역과 환적용 모두로 활용이 가능한 두 가지 유형의 하이브리드 안벽을 개발 중에 있다. 그 하나는 15,000 TEU 초대형 컨테이너선 대응인 길이 400 m, 폭 160 m의 가변식 하이브리드 안벽이고, 다른 하나는 6,000 TEU급 일반 컨테이너선 대응인 길이 350 m, 폭 160 m의 가동식 하이브리드 안벽이다.

가변식 하이브리드 안벽은 옆으로 이동시켜 선박이 편리하게 입출항하게 할 수 있고, 초대형선이 입항하지 않을 때에는 2대의 중대형선이 동시에 접안하여 작업할 수 있도록 가변적 배치가 가능하다. 가동식 하이브리드 안벽은 기존 항만의 적하역 효율을 극대화하기 위하여 개발되고 있는 것으로 전후 두 선석 정도의 범위 내에서 이동이 가능하여 작업 대상 장치장과 가장 가까운 위치에 선박을 접안시키고 효율적으로 양현하역이 이루어질 수 있게 한다.

그림 4.4 Hybrid Quay-Wall

4.2 컨테이너 하역장비

4.2.1 Dual Trolley Container Crane

터미널의 생산성은 안벽의 생산성이 크게 좌우한다. 최근 들어 그 수가 늘어나고 있는 10,000TEU급 초대형 선박을 24시간 내에 서비스하기 위해서는 시간당 약 300개의 처리능력이 요구 될 것으로 전문가들은 예측하고 있다. 현재 대부분의 터미널에서 컨테이너크레인 1대가 시간당 평균 약 30개 안팎의 컨테이너를 처리하고 있음을 감안하면 1척의 선박을 서비스하는데 약 10대의 크레인이 동시 작업을 해야 하겠지만, 크레인의 물리적 크기나 안전거리 등을 고려한다면 그것이 용이한 일이 아님을 쉽게 짐작할 수 있다. 이에 따라 한꺼번에 여러 개의 컨테이너를 들 수 있는 컨테이너크레인들이 등장하고 있다.

트윈리프드(Twin-lift) 스프레더(Spreader)는 20피트 컨테이너 두 개를 동시에 들거나 아니면 40피트 컨테이너 한 개를 들 수 있다. 탠덤리프트(Tandem-lift) 스프레더(Spreader) 는 40피트 컨테이너 두 개를 아래위 혹은 나란히 들 수 있게 되어있다.

그림 4.5 Twin Lift Spreader

그림 4.6 Tandem Lift Spreader

안벽 크레인의 경우 작업 대상인 선박이 물위에 떠 있는 관계로 항상 조금씩 움직이기 때문에 완전 자동화는 어렵다. 자동화 컨테이너 터미널인 독일 함부르크항의 CTA(Container Terminal Altenwerder) 터미널의 경우, 반자동화된 듀얼트롤리(Dual Trolley) 컨테이너크레인을 사용하고 있다. 이 크레인에는 두 개의 트롤리가 있어서 중간의 래싱 플랫폼(Lashing Platform)을 버퍼(Buffer)로 하여 동시에 작업하기 때문에 단일 트롤리 크레인에 비해 시간당 생산성이 훨씬 높다.

선박으로부터 컨테이너를 집어 올리거나 선박에 컨테이너를 내리는 작업은 수작업으로 운전되는 해측 트롤리에 의해 이루어지지만, 선박 위의 일정 높이부터 래싱 플랫폼까지의 운전 및 컨테이너 작업은 자동으로 이루어진다. 래싱 플랫폼에서는 컨테이너 연결 잠금, 장치인 콘(cone)을 제거하거나 컨테이너 번호를 확인하는 등의 작업이 사람에 의 이루어지고, 래싱 플랫폼과 육측의 무인운반차량(AGV: Automated Guided Vehicle) 사이의 컨테이너 운반 및 취급은 완전히 자동화 된 육측 트롤리에 의해 이루어진다. 래싱 플랫폼에는 40피트 컨테이너를 두 개까지 놓을 수 있는 공간이 확보되어 있다.

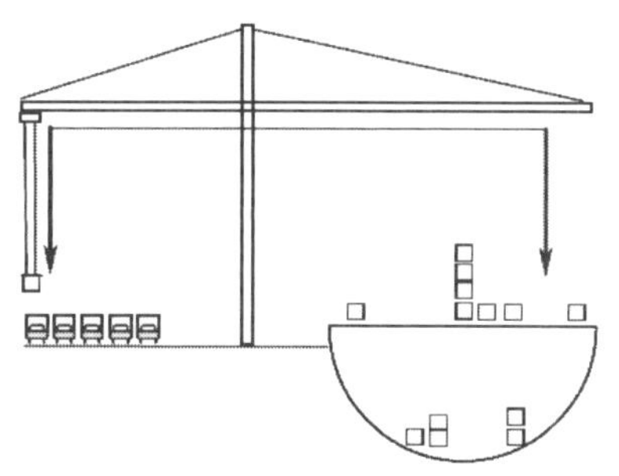
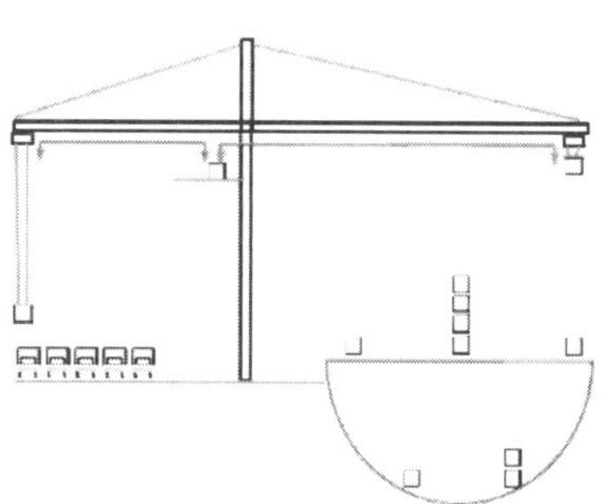

그림 4.7 Single Trolley와 Double Trolley

그림 4.8 Dual Trolley Container Crane

4.2.2 AGV

대부분의 재래식 터미널에서는 터미널 내 컨테이너의 운반을 위해 흔히 YT(Yard Tractor)라고 불리는 트럭을 사용한다. 양하나 적하 작업 시에는 보통 안벽 크레인 1대당 5~6대의 전용 YT를 배정하여 안벽과 장치장 사이에 컨테이너를 운반하게 하는데, 최근 들어서는 한 선박에 대해 서비스하는 컨테이너크레인 모두가 YT들을 공유하게 함으로써 YT의 사용 효율을 높이고자 하는 YT풀링(Pooling)시스템의 도입이 늘어나고 있다. 이를 위해 YT의 위치를 실시간(Real Time)에 파악할 수 있도록 GPS를 장착하고 운전자에 대한 작업지시를 위한 단말장치를 설치하는 등 기능 고도화가 이루어지고 있다.

자동화 컨테이너 터미널에서는 YT대신 무인 운반차량인 AGV가 사용된다. 세계 최초의 자동화 컨테이너 터미널인 네덜란드 로테르담항의 ECT(Europe Combined Terminal)에서는 1993년 개장 당시 독일 Gottwald사에서 개발한 AGV를 사용하였다. 이 AGV는 운행 영역의 지면에 사방 일정 간격으로 매설된 트랜스폰더(Transponde: 수동형 RFID의 일종)를 이용하여 스스로의 위치를 확인하면서 자율 주행을 한다. AGV는 그동안 많은 발전을 거듭하여 현재는 자동 라우팅(Routing), 충돌 및 교착방지, 교통 통제 등에서 매우 최적화되고 안정화된 성능을 보이고 있다. 다만, AGV는 자가 하역 능력이 없기 때문에 크레인과 컨테이너를 주고받을 때 대기 시간이 발생하게 되는 문제점이 있다.

그림 4.9 AGV

그림 4.10 Lift AGV

그림 4.11 Cassette System

독일 Gottwald 리프트 AGV는 기존의 AGV에 전기적으로 구동되는 두 개의 리프트(lift)플랫폼을 장착한 것으로, 거치대에 놓여있는 컨테이너를 들어 올리거나 반대로 거치대에 내려놓는 작업을 스스로 할 수 있다. 따라서 크레인은 AGV가 도착하기를 기다릴 필요 없이 거치대에 컨테이너를 내려놓고 다음 작업을 수행할 수 있고 AGV도 크레인을 기다릴 필요 없이 거치대에 컨테이너를 내려놓고 갈 수 있다는 이점이 있다. 다만, 안벽에서의 작업 시 안벽 크레인이 이동하면 거치대도 따라서 이동시켜 주어야 하는 번거로움이 있다.

이외에도 바퀴가 달린 플랫폼으로 트랜스폰더를 지면에 설치하여 사용하는 대신 마이크로 레이더와 레이저 기술을 이용하여 자기 위치를 확인하며 운행하며, 컨테이너를 최대 2단까지 실을 수 있게 되어 있는 카세트(cassette) 시스템도 있다.

4.2.3 Auto Straddle Carrier

유럽에서는 지금도 많은 터미널들이 스트래들 캐리어(Straddle Carrier)를 사용하고 있다. SC는 스스로 컨테이너를 집어들 수 있을 뿐 아니라 3단 이상의 높이로 쌓을 수도 있기 때문에 장치장에 별로의 크레인이 없어도 된다는 이점이 있다. 그러나 쌓는 높이에 한계가 있고 SC의 진출입을 위해 컨테이너 열들 간의 간격도 넓어야 하기 때문

그림 4.12 Auto Straddle Carrier

에 공간 효율은 상당히 낮다. 최근 호주의 Patrick사와 핀란드 Kalmar 사는 공동으로 자동화된 SC를 개발하는 데 성공하여 이를 호주의 브리즈번항에 도입 운영 중에 있다.

ALV(Automated Lifting Vehicle)는 컨테이너를 스스로 집거나 내리고 운반까지 할 수 있는 자율 주행 차량을 말한다. Kalmar에서는 최근 SC와 그 형태가 거의 같지만 높이가 낮고 주행 속도가 빨라 고단 적재는 불가능 하지만 운반용으로는 보다 유용한 차량으로 셔틀캐리어(shuttle carrier)라는 것을 개발한 바 있고, 또한 더욱 최근에는 이를 자동화한 Autoshuttle을 개발한 바 있다. Kalmar의 Autoshuttle의 경우 높이는 1-over-1(컨테이너 하나를 든 채 다른 컨테이너 하나 위를 지날 수 있는 높이)이고 한 꺼번에 20피트나 40피트 컨테이너 하나씩 혹은 20피트 컨테이너 두 개씩을 옮길 수 있다. ALV는 자가 하역 능력 덕분에 안벽 크레인이든 장치장 크레인이든 컨테이너를 주고받을 때 서로 준비가 될 때까지 기다릴 필요가 없이 크레인 아래쪽 지면에 내려놓거나 지면으로부터 집어 올리면 된다. 그러나 이는 크레인 아래쪽에 반드시 버퍼로 사용할 일정 영역의 지면이 확보되어야 함을 의미하기도 한다. 1-over-1운행이 가능한 ALV는 버퍼에 컨테이너가 놓여 있더라도 그 위로 지나갈 수 있기 때문에 효율적이다. 또한 AGV보다 훨씬 적은 수의 ALV로 같은 생산성에 도달할 수 있기 때문에 필요한 차량의 대수가 줄어 교통 혼잡도 줄어들게 된다는 추가 이득도 있다.

그림 4.13 Autoshuttle

4.2.4 ASC

장치장에서 사용되는 일반적인 크레인은 크게 RTGC(Rubber-Tired Gantry Crane)와 RMCG(Rail-Mounted Gantry Crane)의 두 유형으로 나눌 수 있다. RTGC는 바퀴에 고무 타이어가 장착되어 있어서 이동이 비교적 자유로우며 작업 부하에 따라서 장치장 내의 다른 블록으로 이동하며 작업을 할 수 있다. RMGC는 레일 상에서만 움직이기 때문에 레일이 연결되지 않은 다른 블록으로의 이동은 불가능하나 이동 속도가 빠르다. 장치장 크레인의 자동화는 정확한 위치 제어가 용이한 RMGC를 대상으로 주로 이루어져 왔다. RTGC의 경우에는 진동과 고무 타이어의 변형 문제 등으로 인해 자동화가 어려웠으나 2004년 일본의 미쯔비시 중공업에서 자동화에 성공하여 나고야 항의 도비시마 구역에 12대가 설치된 바 있으며, 국내에서도 RTGC를 자동화하기 위한 연구개발이 진행되고 있다.

자동화된 장치장 크레인은 AGV나 ALV와의 작업 시에는 완전히 자동으로 동작하지만 외부 트럭과의 작업 시에는 트럭 위치의 정확성이 보장되지 않는 문제나 안전 문제 때문에 원격제어 방식으로 동작한다. 원격제어는 크레인의 스프레더에 설치된 카메라로부터 들어오는 영상을 보면서 통제실에서 사람이 조이스틱을 조작하는 방식으로 수행되며 보통 한 사람이 여러 대의 크레인을 통제한다.

자동화 RMGC는 크레인 간의 교차 운행 가능 여부에 따라 두 가지 유형으로 나뉜다. 독일의 CTA에서는 각 장치장 블록에 크기가 다른 두 대의 RMGC를 설치하여 서로 교차하며 운영될 수 있도록 하고 있다. 큰 RMGC가 스프래더를 한 쪽 끝으로 이동한 상태에서는 작은 RMGC가 안으로 통과해 지나갈 수 있게 되어 있다. 이 방식은 크레인 운영의 유연성 측면에서 유리하나 레일을 2중으로 설치해야 하기 때문에 건설비가 높고 장치장 공간의 낭비를 감수해야 한다.

그림 4.14 ARMGC

그림 4.15 ASC(CTA)

함부르크항의 CTB(Container Terminal Burchardkai) 터미널은 기존 재래식 장치장의 일부를 자동화 하면서 길이가 매우 긴 블록에 큰 RMGC 한 대와 RMGC 두 대를 설치하여 부분적으로 교차 운영이 가능하게 하고 있다. 반면, 최근 신규로 건설된 자동화 터미널인 로테르담항의 Euromax 터미널을 비롯하여 건설 중인 다른 자동화 터미널들에서는 각 블록에 같은 크기의 RMGC를 두 대씩 설치하고 있다.

이 경우 두 크레인이 서로 교차해 지나갈 수 없기 때문에 상호 간의 간섭에 주의해야 하는 제약이 있는 대신 장치장의 공간 사용 효율은 높아진다. 교차가 불가능 한 크레인들을 효율적으로 사용하기 위해서는 정교한 운영전략이 뒷받침 되어야 한다. 교차가 가능한 크레인의 경우에도 무조건적으로 교차가 가능한 것은 아니기 때문에 간섭에 대한 대비는 필요하다.

RMGC 유형 중에는 Gottwald의 ASC(Automated Stacking Crane)처럼 스프레더를 로프(rope)대신 철제 가이딩 빔(guiding beam)에 매단 크레인도 있다. 이 크레인은 컨테이너를 들어 올리거나 내릴 때 흔들림이 없기 때문에 그 속도가 매우 빠르고 강한 바람 속에서도 안정적 운영이 가능하다는 장점을 지닌다.

그림 4.16 ARMGC(Euromax)

그림 4.17 ASC(Gottwald)

싱가포르의 Pasir Panjang 터미널에서는 매우 고밀도화 된 장치장에 자동화된 OHBC(OverHead Bridge Crane)를 설치하여 사용하고 있다. 싱가포르 OHBC는 무려 1-over-8 높이의 고가 주행로 상에서 다리에 해당하는 부분이 없이 상부만 있는 크레인이 움직인다. RMGC에 비해 보다 정확한 위치 제어가 가능하고 소음도 적으며 주행 속도도 더 빠르다. 전적으로 전기에 의해 구동되기 때문에 공해가 없으며 운영 및 유지보수 비용도 낮지만 고가 주행로의 중량 때문에 건설비가 높아 초기 투자비가 많이 든다는 단점이 있다.

한국의 이지인더스사가 개발하고 있는 HSS(High Stack System)는 크레인을 배제한 일종의 자동 창고빌딩과 같은 구조물로 최대 약 30단까지의 컨테이너 적개가 가능하여 좁은 지역을 고밀도로 활용할 수 있다는 이점이 있다. 빌딩 내부에서의 컨테이너 출납은 엘리베이터에 의해 이루어진다. 엘리베이터는 유압에 의해 상하로 움직이는 케이지(Cage)와 한 층 내에서 전기 구동으로 수평 방향으로 움직이는 트레블러(Traveller)로 구성된다. 트럭이 싣고 온 컨테이너를 로더(Loader)가 집어서 APC(Automated Platform Car)로 옮겨주면 APC가 이를 엘리베이터까지 운반한다.

그림 4.18 OHBC(Pasir Panjang)

그림 4.19 HSS(EZ-INDUS)

4.3 컨테이너 하역시스템

4.3.1 LMTT(Linear Motor Transport Technology)

LMTT는 1996년 독일의 Noell Crane System사에 의해 그 프로토타입이 개발되어 약 1년간 함부르크항의 Eurokai 터미널에서 시운전된 바 있다. 개발 목표는 기존 시스템의 유지보수비나 인건비를 대폭 줄이고 신뢰성과 가용성이 높은 시스템을 만드는 데 있었다.

LMTT시스템은 안벽과 장치장 사이의 차량 운행 영역에 레일 망을 깔고 철제 프레임으로 만들어진 무인의 4륜 웨건이 리니어 모터 구동시스템에 의해 컨테이너를 수송하도록 한 것이다. 웨건이 레일 교차점에서 직각으로 운행 방향을 전환할 수 있게 해주는 특수 스위치 장치가 설치되어 있기 때문에 트럭이나 AGV처럼 운행 소요 공간이 크지 않다. 또한, 레일 설치를 위한 초기 투자비는 높으나 웨건에 대한 초기 투자비나 운영비는 매우 낮다는 장점이 있다.

그러나 가장 큰 문제는 유연성이 떨어진다는 데 있다. 웨건 운행 경로의 선택 폭이 다양하지 못해 융통성이 결여되고 안벽크레인이 웨건과 컨테이너를 주고받을 수 있는 지점이 몇 군데로 한정되어 있기 때문에 안벽크레인이 매 번 그 지점까지 이동해야 한다는 부담이 있다.

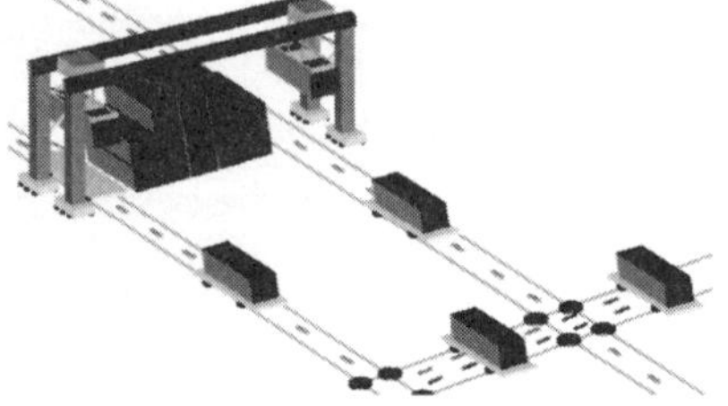

그림 4.20 LMTT(www.noellcranesystem.com)

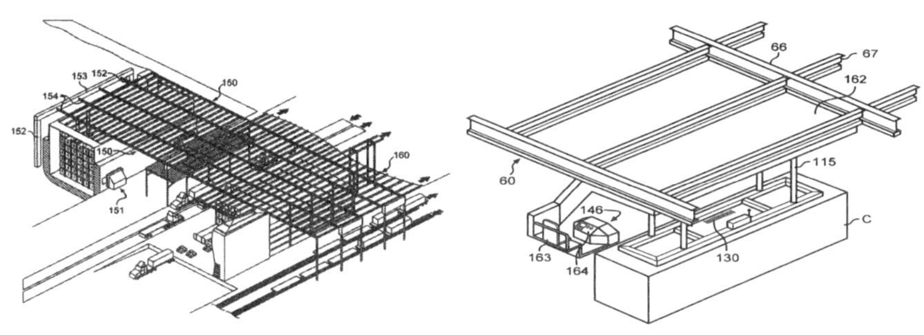

그림 4.21 Grail

4.3.2 GRAIL(Overhead Grid Rail)

GRAIL의 개념은 미국의 Sea-Land사와 August Design사에 의해 제안되었다. GRAIL은 장치장의 크레인을 없애고 대신 격자형의 고가 레일(Overhead Rail) 시스템을 둔 것이다. 이 레일 시스템 상에서 리니어 인덕션 모터(Linear Induction Motor)로 구동되는 무인 셔틀이 완전 자동으로 컨테이너를 집거나 내리고 모노레일을 따라 운반까지 하기 때문에 지상에 차량을 위한 도로가 필요 없어서 장치 밀도를 크게 높일 수 있다.

육측과 해측에는 각각 크레인이 비치된 버퍼가 있어서 게이트와 철송장 및 안벽 사이를 연결한다. 장치장과 버퍼 사이의 컨테이너 수송은 고가 레일 상을 운행하는 무인 셔틀이 담당하고, 육측 버퍼와 게이트 사이, 육측 버퍼와 철송장 사이, 그리고 해측 버퍼와 안벽 사이의 컨테이너 수송은 AGV가 담당한다.

4.3.3 Speed Port

Speed Port는 미국의 ACTA Maritime Development Corporation사가 제안한 완전 자동화 컨테이너 터미널이다. 이 터미널에는 위에서 소개한 GRAIL과 같은 고가 레일 시스템이 장치장 뿐 아니라 철송장과 선박 위까지를 포함한 터미널 전역에 설치되어 있어서 수송용 차량이나 안벽크레인이 필요 없다.

선박은 도크에 정박하게 되어 있고 도크 위로는 레일이 설치되어 있다. 도크 위에 설치된 레일 중 선박을 가로지르는 방향의 레일들은 그 자체가 선박의 길이 방향으로 이동하면서 선박의 어떤 부분이라도 서비스를 할 수 있게 되어 있다. 컨테이너를 집거나 내리고 운반하는 것은 모두 스파이더(Spider)라고 불리는 무인차량이 담당한다. 컨테이너를 집어올린 스파이더가 그것을 다른 장비에게 전달하는 과정 없이 직접 목적지까지 운반하여 내려놓기 때문에 시간당 컨테이너 처리수를 크게 높일 수 있다. Speed Port의 장점은 장치 밀도가 높으면서 처리 속도가 빠르다는 데 있다.

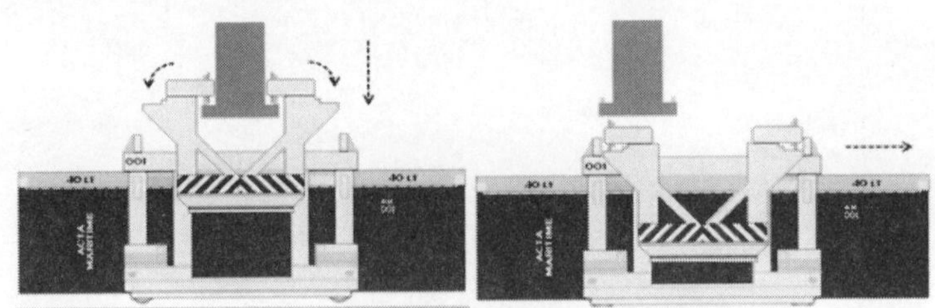

그림 4.22 Speed Port Spider(www.actamaritime.com)

4.3.4 Automated Container System(ZPMC)

중국의 ZPMC사에서 개발한 자동화 터미널 시스템으로 이 시스템의 가장 큰 특징은 장치장과 안벽 사이에 낮은 높이의 레일 시스템을 설치하고 그 위에서 자동으로 운전되는 트롤리들이 차량 대신 컨테이너의 수송을 담당한다. 장치장과 안벽 크레인 사이에는 안벽과 평행한 방향으로 낮은 높이의 레일 브리지(Bridge)가 여러 줄 설치되어 있다. 이 브리지 상에는 전기로 구동되는 높은 트롤리와 낮은 트롤리가 있으며 이 둘은 각각 브리지 상단 및 하단 레일 상에서 서로 간섭 없이 움직일 수 있게 되어 있다. 이 중 높은 트롤리는 컨테이너를 집어 올리거나 내릴 수 있는 기능을 갖추고 있고 낮은 트롤리는 운반만 가능하다.

또한 이들과는 별도로 브리지 아래 지면에는 장치장까지 통하는 레일이 안벽에 대해 수직 방향으로 깔려있고 그 레일 위에도 컨테이너 운반을 담당하는 플랫(Flat) 트롤리가 있다. 이들 트롤리는 모두 두 개의 40피트 컨테이너를 동시에 취급할 수 있다. 안벽에 대해 수직인 장치장 블록에는 자동화된 RMGC가 있어서 플랫 트롤리와 컨테이너를 주고받는다. 플랫 트롤리의 플랫폼은 90도 회전이 가능하여 장치장과 안벽 사이에 컨테이너를 운반하면서 방향을 맞추어줄 수 있게 되어 있다. 각 장차장 블록의 가장 가장자리 열의 컨테이너들을 제거할 경우에는 이 플랫 트롤리가 장치장 안으로까지 바로 들어갈 수 있다. 이는 해측 RMGC의 작업 부하가 높을 때 해측 RMGC를 지나쳐서 바로 육측 RMGC에게 컨테이너를 전달할 수 있게 해주므로 보다 효율적인 작업이 가능해진다.

그림 4.23 ZPMC(www.ZPMC.com)

4.3.5 Matson Mouse Trap System

미국의 컨테이너터미널 운영업자인 Matson Navigation Co.에 의하여 개발된 것으로 Mouse Trap System이라 부르며 1979년 리치몬드항에서 사용되기 시작하여 현재 로스엔젤레스항에서도 사용되고 있다. 이 방식은 컨테이너크레인과 컨테이너 컨베이어(Mouse trap), 철도형식의 장거리 이송크레인, 타이어형태의 이송크레인등으로 구성되어 있다.

Mouse trap이라고 불리는 컨테이너 컨베이어(5개의 컨테이너 이송가능)의 특징은 Mouse trap이 직접 컨테이너를 취급할 수 있도록 컨테이너크레인과 레일형태의 야드크레인 사이에 위치하고 있다. 컨테이너크레인은 통제실로부터 무선으로 받은 실시간정보를 바탕으로 수작업으로 조작되며, Mouse trap은 컴퓨터에 의해 작동되나 컨테이너크레인 기사가 원격으로 조작할 수도 있다. 레일형태의 야드 트랜스퍼크레인은 컨테이너를 들어올리기 위한 Twist lock의 수작업을 제외하고는 자동화되어 있다. 장치장 면적은 하역작업을 하기 위한 마셜링야드의 면적과 같으며, 이러한 Mouse trap을 채택함으로써 컨테이너크레인의 생산성은 약 30%가 향상되었다. 작업지역은 제1작업지역과 제2작업지역으로 나누어진다. 제2작업지역은 육상운송과 관련된 컨테이너야드이며, 컨테이너들은 제1작업지역과 제2작업지역의 크레인 사이를 왕복하는 Mouse trap에 의해 장치지역과 제2작업지역으로 이동된다.

공로와의 컨테이너 인수·인도는 TRGC가 담당하며 무선으로 받는 실시간정보를 바탕으로 하여 수작업으로 이루어진다. 그리고, 레일형태의 크레인과 TRGC의 방해, 충돌 등은 컴퓨터에 의하여 통제된다. 이 시스템은 터미널면적을 효과적으로 이용할 수 있고 컨테이너 처리능력도 크게 향상시킬 수 있으나, 모든 크레인이 수동으로 작동되기 때문에 인력절감은 크게 기대하기 어렵다.[28]

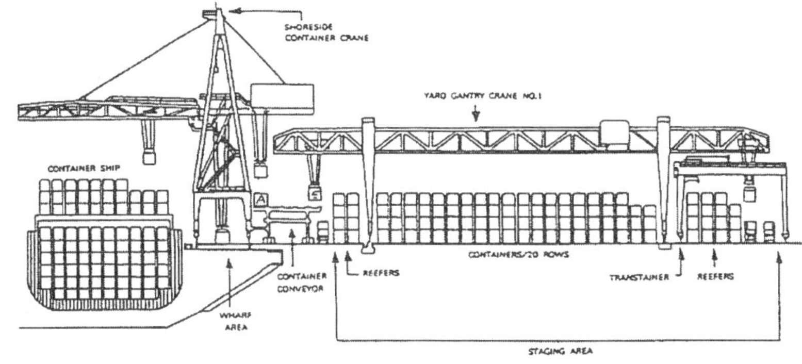

그림 4.24 Mouse Trap System

28) 이철영 외, 항만물류시스템, 박영사, 2009, p.90

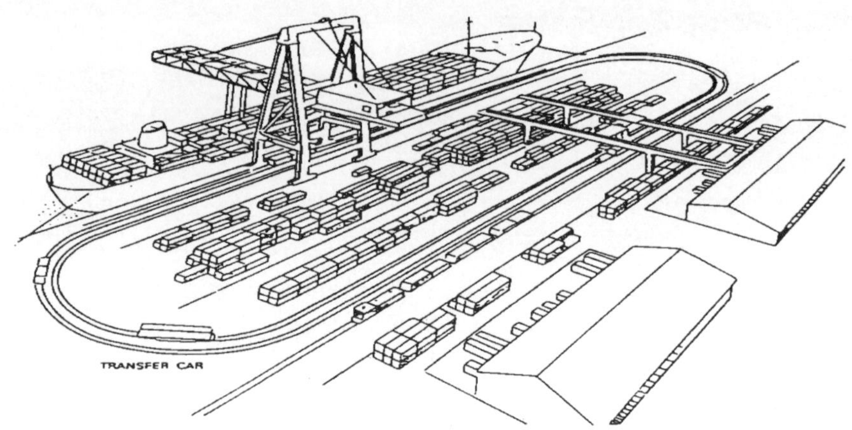

그림 4.25 Paceco Automated Transfer Car System

4.3.6 Paceco Automated Transfer Car System

이 시스템은 레일, 대형 야드 트랜스퍼크레인, 마셜링야드와 에이프런지역에서의 자동화된 전자식 트랜스퍼카 등으로 구성된다. 이 시스템은 신뢰성이 높은 자동화 시스템이라고 할 수 있으나 야드운영을 편리하게 하기 위하여 트랙이 복잡하게 설계될 경우, 스위치 포인트가 증가하여 대단히 복잡한 시스템이 될 가능성이 있다. 또한 터미널면적의 상당한 부분이 자동화 트랜스퍼카를 위한 트랙으로 사용됨으로써 토지이용의 효율성이 감소할 수도 있다. 컨테이너크레인의 효율성은 기존 시스템과 비슷하나 컨테이너 취급효율은 크게 향상되기 어렵다.

4.3.7 Paceco Portveyor System

이 시스템 역시 레일, 대형 야드 트랜스퍼크레인이 주요 구성부분으로 되어 있으며 컨테이너 취급을 위하여 컨테이너크레인과 트랜스퍼크레인 사이에 Portveyor가 위치하고 있다. Portveyor는 Matson 타입의 Mouse trap과는 달리 컨테이너크레인과 야드크레인의 주행방향으로 컨테이너를 이동시키는 장치이다.

이 시스템에서는 컨테이너가 지속적으로 Portveyor에 의해 컨테이너크레인으로 이동하게 되나 컨테이너크레인의 백리치(back reach)로 인해 컨테이너 취급효율은 그다지 기대하기 어렵다. 그러나 터미널면적을 효율적으로 사용할 수 있으며, 인력절감 및 작업의 단순효과는 앞에서 살펴본 자동화 트랜스퍼카 시스템(Automated Transfer Car System)과 비슷하다.

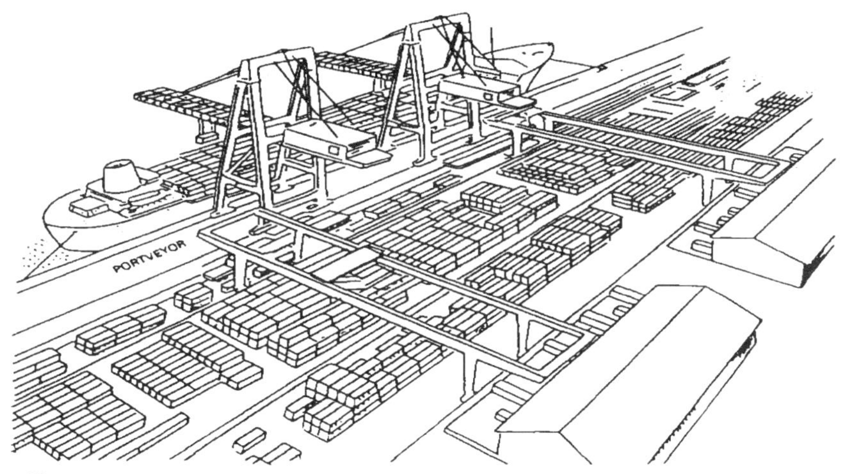

그림 4.26 Paceco Portveyor System

4.3.8 MHI Traverser System

이 시스템은 Matson Mouse Trap System의 경우와 같이 컨테이너크레인과 야드 사이에서 컨테이너를 취급할 수 있도록 컨테이너크레인에 Traverser를 장착한 것이다. 이 시스템은 Traverser를 장착한 컨테이너크레인, Traverser를 장착한 레일타입의 트랜스퍼크레인, 자동화 Traverser(이는 RMTC 트래버서가 장치되지 않은 경우에 사용)로 구성되어 있다.

컨테이너선박과 마셜링야드간의 컨테이너 이동은 야드의 차량을 사용하지 않고 Traverser와 크레인의 릴레이 시스템에 의해 즉각적으로 수행된다. 크레인들 사이에 Traverser가 사용되기 때문에 크레인간의 간섭과 충동이 없어서 야드운영의 안전성이 보장된다. 야드크레인과 자동화 Traverser는 무인운영이 가능하며, 야드에 컨테이너가 3~4단으로 야적되어 있는 경우에도 처리속도를 줄이지 않고 자동화 운영이 가능하여 야적능력은 재래 시스템에 비하여 2배 정도 증가한다.

또한, 컨테이너크레인에 Traverser를 장착함으로써 시간당 45개의 컨테이너를 취급할 수 있어서 취급능률은 재래 시스템에 비하여 약 50%가 향상될 수 있다.

이 시스템에서는 자동화 터미널이 지향하고자 하는 취급능률의 향상, 터미널 면적의 효율적 사용, 인력의 절감, 작업의 간소화 등 모든 목적을 달성할 수 있다.

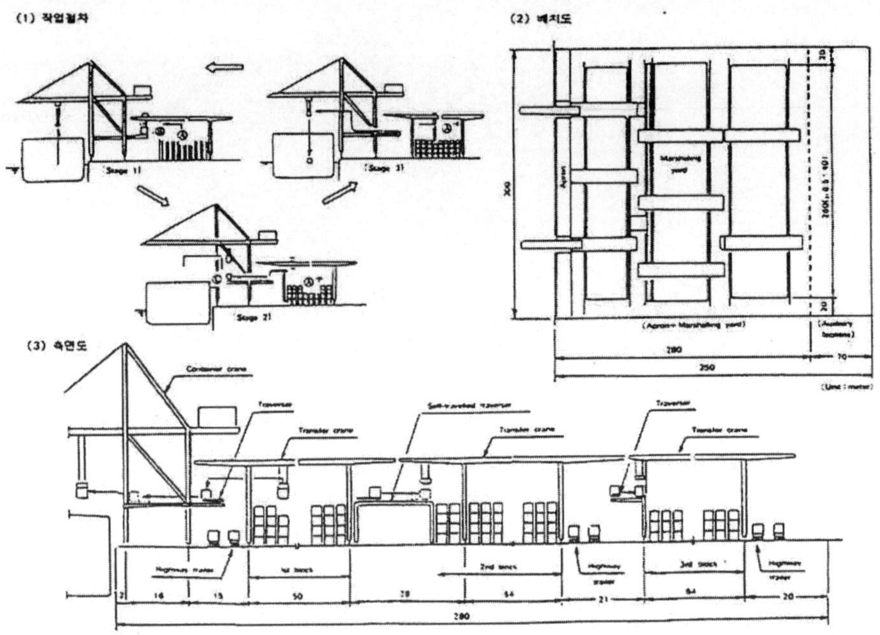

그림 4.27 MHI Traverser System

4.3.9 MHI Macs System

이 시스템은 컨테이너쉬프트가 부착된 컨테이너크레인(Container Crane), 오버헤드 캐리어(Overhead Carrier), 컨테이너트램카(Container tramcar) 등으로 이루어져 있다. 마셜링야드에서는 오버헤드크레인과 유사한 여러 개의 오버헤드 캐리어가 부두 전면과 수직으로 작동할 수 있도록 배치되고 마셜링야드와 에이프런에서는 컨테이너트램카를 위한 레일트랙이 설치되어 있으며 레일은 일방통행을 위하여 단순하게 설계되어 있다.

컨테이너는 오버헤드 캐리어가 컨테이너크레인으로부터 왕복하는 컨테이너트램카에 의해 이송되며, 컨테이너쉬프터는 컨테이너트램카로의 왕복 선적하역을 위하여 오버헤드 캐리어뿐만 아니라 컨테이너크레인에도 장착된다. 또한, 오버헤드 캐리어와 크레인은 트램카의 움직임에 의해 지장을 받지 않기 때문에 효율성이 높다. 그리고, 오버헤드 캐리어에는 2개의 스프레더가 장착되어 있어서 2개의 야드장소에서 컨테이너를 쉽게 취급할 수 있다.

이 시스템의 컨테이너 취급효율은 약 30%까지 향상될 수 있을 것으로 추정되나 마셜링야드에서의 컨테이너야적은 2단으로 제한되기 때문에 터미널면적의 효율성은 약간 떨어진다. 그러나, 컨테이너크레인을 제외한 거의 모든 장비의 무인운영이 가능하므로 인력절감 및 작업의 단순화가 기대되는 시스템이라고 할 수 있다.

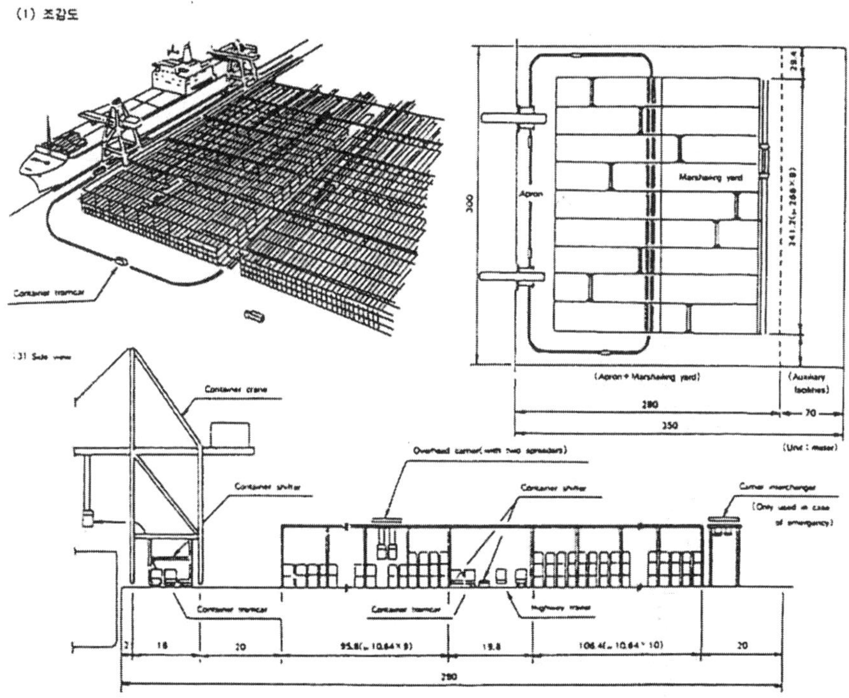

그림 4.28 MHI Macs System

4.3.10 IHI Elevation-Track System

이 시스템은 야드 내에서 레일형의 트랜스퍼크레인을 사용하는 방식이며, 그 특징은 다음과 같다.

첫째, 취급능률을 향상시키기 위하여 컨테이너크레인에 보조트롤리와 연결플랫폼을 장착하고 있다.

둘째, 승강용 트랙이 설치되어 있어서 컨테이너선박에 선적 또는 하역된 컨테이너는 승강용 트랙을 왕복하는 무인 컨테이너캐리어에 의해 이동된다. 또한, 승강용 트랙은 배후 육상운송에서 인수도된 컨테이너를 이동시키기 위해 설치된 트랙터, 트레일러를 이용하여 상하차가 가능하도록 높이를 조정할 수 있어서 안전성과 효율성이 높다.

한편, 재래식 컨테이너크레인에 설치된 연결플랫폼과 보조트롤리를 사용함으로써 보통 120초 걸리는 사이클 타임을 72초로 단축할 수 있어서 취급능률이 향상된다.

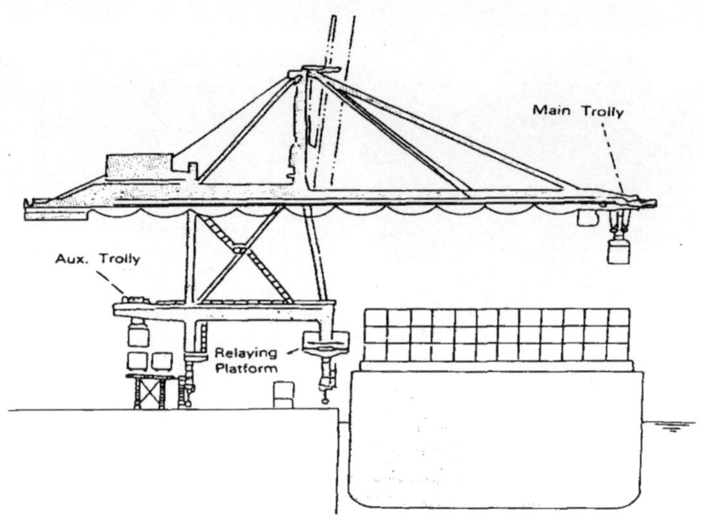

그림 4.29 IHI Elevation-Track System

4.3.11 Octopus System

Octopus 자동화 터미널 시스템은 이탈리아의 Reggiane사에서 제안한 것으로 2002년 Palermo 항에서 수행된 파일럿 프로젝트를 통해 긍정적인 평가를 얻은 바 있다. 이 시스템을 Reggiane사에서 개발하게 된 동기는 원래 기존의 수퍼 포스트파나막스급 안벽크레인이 그 크기나 처리속도 면에서 이미 한계에 다다랐을 뿐 아니라, 폭이 너무 넓어 선박 접안 시 안벽에서 동시에 작업할 수 있는 크레인 대수에도 제약이 있다는 판단에 기반을 두고 있었다. 따라서 이에 대한 해결책으로 안벽크레인의 하부 구조물을 없애버리고 대신 마치 OHBC처럼 크레인의 붐(boom)만 12 m 높이의 고가 레일트랙 상에서 움직이도록 함으로써 크레인의 몸집을 대폭 줄여 선석 당 최대 6기까지 나란히 동시 작업이 가능하게 하였다. Octopus 시스템에서는 장치장도 OHBC로 운영되며, 장치장과 안벽 사이에는 역시 12 m 높이의 고가도로가 설치되어 그 위로 자동화된 셔틀 차량이 컨테이너를 운반하게 되어 있다. 자동화 셔틀은 고무 타이어를 사용하고 이탈리아 Ansaldobreda사에서 개발한 전자기 구동시스템으로 움직인다. 긴급 화물이나 비정규 화물은 안벽의 두 고가 레일 트랙 사이의 지상에 형성된 차선을 따라 일반 트럭에 의해 수송된다.

5장

해외 항만의 자동화 현황

본 장에서는 현재 항만 자동화가 이루어져 있거나 새로운 첨단 항만을 추진 중인 해외의 사례를 최근 학회에 소개 된 자료를 중심으로 소개 한다[29]. 먼저 최근 국제적인 항만 물류 환경을 분석하는데 특히 선박의 대형화, 항만의 무인화, 친환경화의 흐름을 살펴본다. 이어서 해외의 첨단 항만 자동화 사례를 소개한다.

5.1 항만 물류 환경 변화 전망

최근 글로벌 물류산업의 추이를 살펴보면 2008년 미국에서 촉발된 글로벌 금융위기, BRICs 중 중국, 인도의 급성장,2011년 유럽의 재정위기, 베트남, 인도네시아, 필리핀 등 동남아 신흥시장의 부상 등 세계 물류산업의 중심축이 아시아로 이동하고 있음을 알 수 있다.또한 세계 물류서비스 시장이 가열되면서 제3자 물류시장이 급속히 확대되고 있으며 관련기업들의 M&A를 통한 대형화, 독과점화 추세가 치열하게 전개되고 있다. 이와 더불어 물류기술혁신과 물류비 절감노력에 따라 해상운송, 내륙운송수단들의 초대형화, 고속화가 진행되고 있다. 환경적 측면에서는 기후변화 심화에 따라 탄소배출 목표관리제, 탄소배출거래제 등의 탄소배출 규제 정책에 따라 친환경 물류가 미래의 신산업을 이끌어 갈 것이라는 전망도 나오고 있다. 또한 유가의 급등에 따른 신재생에너지, 동력비 절감 등 물류비 절감을 위한 대응산업이 요구되고 있다. 이와 같이 글로벌 물류산업은 다양한 방면에서 급속한 변화를 가져오고 있으며 특히 글로벌 물류를 중심으로 하는 항만물류와 관련기술 산업은 더욱 극심한 변화가 예상된다.

5.1.1 선박의 초대형화

컨테이너선은 화물을 포장하는 데 가장 표준화된 컨테이너를 운반하는 운송수단이다. 현재 1950년 최초 50 TEU급 컨테이너선이 등장한 이후로 60년만에 약 300배 증가한 1만5천 TEU급 컨테이너선이 운항되고 있다. 컨테이너선의 대형화는 항만물류에 있어서 매우 중요한 변화요인이다. 컨테이너선의 규모 변화에 따라 기항 가능한 항만의 수는 제한적이 될 수밖에 없다. 즉 선박의 길이, 폭, 흘수에 따라 항만의 수심, 작업하는 안벽크레인의 크기, 항만의 생산성 등이 제약조건으로 작용하게 된다. 예를 들어 1만5천 TEU 급의 선박흘수는 DL(-)16.5 M 내외, 길이는 400 M 내외, 폭은 60 M 내외로서 수심이 얕거나 크레인 아웃리치가 작은 장비를 가진 항만에는 기항이 불가능하다. 또한 선사는 대체적으로 약 24~36시간 이내 컨테이너 양적하1)가 가능한 높은 생산성을 가진 항만을 선호한다. 일반적으로 선박을 건조하는 기간은 약 3~4년 내외, 항만을 건설

29) 최상희, "미래를 선도하는 스마트 항만물류기술", 전자공학회지, 제39권, 제5호, 2012년

하는 기간은 5~7년 내외로서 향후 등장할 선박을 선박의 규모변화, 초대형선을 처리하기 위한 고생산성 하역시스템 개발 등에 미리 대응하지 못한다면 아시아, 글로벌 중심 항만항만의 길은 요원하게 될 것이다. 2011년 세계 1위 선사인 머스크(Maersk)에서 1만8천TEU급 선박 20척을 발주하여 2013년 인도 받을 예정에 있다. 또한 머스크 계열의 APM 터미널들의 경우 2만2천TEU급 선박에 대응할 항만과 하역시스템 등을 준비하고 있다.

5.1.2 항만의 무인자동화

1993년 세계 최초로 무인자동화 항만이 등장했다. 네덜란드 ECT는 유럽에서 높아져 가는 인건비 문제 해결, 기술의 진전에 따라 항만에서 무인자동화 운영을 추진했다. 세계 최초의 무인자동화 항만인 만큼 약 10년 동안의 수많은 시행착오를 거쳐 이제는 4세대 자동화 터미널을 운영하여 재래식 터미널에 비해 생산성을 높이면서 인건비를 1/3로 줄이는 획기적 시스템으로 자리잡고 있다. 그러나 완전 무인자동화는 초기 투자비가 재래식 터미널에 비해 고가이고 상당한 기술력을 보유하지 않고는 개발 및 운영이 어려워 세계적으로 네덜란드, 독일, 싱가포르 등 특정한 선진항만에서만 운영되고 있다.

우리나라도 부산신항만에서 일부 야드에 대한 무인자동화장비를 운영하고 있으나 완전한 무인자동화가 아닌 원격조정방식에 의한 야드 장비 제어시스템을 갖추고 있다. 위에서 언급한 바와 같이 미래는 인구감소, 고령화 사회로의 급진전, 기술의 융합 등에 따라 항만에서의 무인자동화시스템은 보다 더 보편화 될 것으로 예측된다. 1993년 첫 자동화터미널이 건설된 이후 2009년까지 0~1개씩 자동화터미널이 건설되어 왔으나 2010년 이후 3~4곳씩 자동화터미널이 건설되거나 예정 중에 있다.

5.1.3 항만의 친환경화

세계경제의 글로벌화에 따른 교역 확대와 개도국의 급성장에 의한 지구 온난화, 대기오염 증가 등 산업 전 분야에 걸친 기후변화 대응이 글로벌 어젠다로 등장하고 있다. 이에 세계 각국은 해운·항만물류 분야에서 2050년까지 CO2 배출량 50% 감축을 위한 목표를 설정하였다. 이에 대한 실질적 행동으로 2008년 7월, 세계 55개 항만은 '세계 항만기후선언'을 채택하였으며 항만, 내륙운송 부문의 탄소배출저감 실천을 합의하였다.

해외 선진항만에서는 온실가스 저감을 다양한 정책 수립, 기술개발 등을 통해 친환경 항만을 구축하고 있으며 일본, 미국, 네덜란드, 홍콩, 독일 등 온실가스 저감 정책과

에너지 절감형 장비 설치를 통해 친환경 항만을 구축하고 있다. 특히 네덜란드, 독일 등 자동화터미널을 운영하는 항만, 장비물류기업 들은 배터리를 이용한 AGV(Automated Guided Vehicle) 등을 개발하여 시범운행 중에 있다. 이러한 탄소배출 절감장치, 에너지원의 전기 전환, CO_2 배출 모니터링시스템 등 다양한 스마트 기술들이 친환경 항만에 적용되고 있으며 그 시장은 날로 확대될 것으로 보인다.

5.2 항만 자동화의 추세

5.2.1 항만 자동화의 필요성

선진 외국에서는 자동화 부두를 개발하여 21세기 미래 항만산업으로 적극 추진하는 등의 국제적인 경쟁이 강화되고 있다. 항만 자동화는 화물처리의 효율성을 극대화 하는 방향으로 국제적으로 경쟁하고 있으며 이를 위해서 대형화 네트워크화 자동화 등의 필요성에 대해 국제적 공감대가 형성되고 있다.

또한 물류처리 효율성의 극대화와 함께 항만 자동화는 물류비용을 낮추는데 필수적 요건이 되고 있다. 일반부두와 자동화부두의 투자비 및 비용의 현재 가격을 비교하여 보면, 시설투자비는 자동화부두가 약 17%정도 더 소요되고, 하역 장비 비에 약 33%가 더 많이 소요되지만, 인건비는 일반부두의 44%에 불과하기 때문에 연간 운영비가 일반부두의 84%, 약 16%의 절감효과가 있다[30]. 따라서 항만자동화는 높은 인건비와 부족한 노동력 해결의 방안으로 장차 적극적으로 고려해 볼 필요가 있다.

항만자동화는 관련 기술의 발전에 따라 1세대에서 4세대까지 발전해온 것으로 평가한다. 제 1세대는 하역장비 자체의 부분적 자동화가 이루어진 상태로서 EDI(Electronic Data Interchange, 전자문서교환) 시스템이 활용되고 있으나 야드 운영에 있어서는 유인화의 단계에 머물러 있는 기술 수준을 말한다.

제 2세대는 하역장비의 무인자동화 (C/C는 반자동화)가 이루어지며 EDI시스템에 의해 99% 데이터들이 온라인으로 송수신 되고 야드 운영의 완전 자동화 및 운영 시스템의 중앙 집중화 되는 특징을 지닌다.

제 3세대는 자동화된 하역장비 즉 지능화된 장비 시스템에 의해 동작되며 GATE의 완전 자동화와 야드 운영의 완전 자동화 및 운영 시스템의 분산 처리화가 가능한 자동화 상태를 나타낸다.

제 4세대는 통합된 자동화 물류시스템이 적용되고 선측 자동화 및 야드 장비의 지능

30) 이용택, "IT기술을 적용한 항만자동화에 대한 기술동향", 대한전기학회, 전기의 세계, 2009년

화 시스템화가 이루어지며 외부 연계 운송장비 까지 자동화된 상태를 말한다.

5.2.2 항만 자동화의 적용 영역

항만물류 자동화의 적용 영역 크게 4개의 영역으로 분류할 수 있다.

① Container Vessel & Container : 컨테이너선박으로부터 컨테이너를 선적, 하역하는 시스템.
② AGV System : 컨테이너선박으로부터 선적 또는 하역된 컨테이너를 장치장(Yard) 사이를 무인자동으로 이송하는 시스템.
③ RMGC & Yard : AGV(자동이송장치)로 이송된 컨테이너를 장치장(Yard)에 무인자동으로 야적하고, 반출하는 시스템.
④ Gate & Railway : 컨테이너를 외부로 반출 또는 반입하는 시스템

이와 같은 자동화 요소들이 유기적으로 통합되었을 때 최적의 효율적인 항만 자동화가 가능하게 된다. 여기에는 센서, 통신, 지능시스템 기술 등이 종합적으로 적용되어야 한다. 다음 장들에서는 이에 대해 상세하게 알아본다.

5.3 해외 첨단항만 운영동향

5.3.1 네덜란드 ECT(Europe Container Terminal)

ECT는 네덜란드의 로테르담 항만에 개발된 세계 최초의 자동화 컨테이너 터미널로 장치장 배치방법을 수평에서 수직으로 변경 설계한 신개념 터미널이다. 현재는 수직배치의 컨테이너터미널이 다수 운영되고 있으나 당시는 세계에서 최초로 배치형태를 바꾼 획기적인 물류시스템이었다. 동 터미널은 컨테이너 운반차량(AGV: automated guided vehicle)과 야드하역장비(ASC: automated stacking crane)를 최초로 자동화한 무인 하역시스템을 개발하였다. 현재 세계에서 가장 큰 4곳의 자동화 컨테이너터미널을 운영하고 있으며 전체면적은 265 ha, 안벽길이 3.6 km, 수심은 DL(-) 16.65 M에 이르는 초대형 항만이다. ECT중 DMU를 제외한 3곳, Euromax는 완전무인자동화 운영되고 있다. 즉 안벽장비와 이송장비의 연계작업, 컨테이너 이송, 이송장비와 야드장비의 연계작업, 야드적재, 인출작업 등이 모두 무인으로 수행되고 있다. 그러나 자동화 장비와 유

그림 5.1 네덜란드 ECT

인장비가 연계 작업이 이루어지는 곳은 원격조정으로 작업을 수행한다. 예를 들어 외부에서 운전자가 탑승한 차량에 대해 작업할 경우 중앙통제센터에서 원격조정으로 컨테이너를 싣고 내린다. 또한 안전을 위해 해측(자동화 구간) 과 육측(원격구간)의 분리운영을 수행한다.

5.3.2 독일 CTA(Container Terminal Altenwerder)

CTA는 1997년 항만생산성 증가, 서비스 향상, 물류비 절감을 위한 목적으로 자동화터미널 개발에 착수(운영사 HHLA)하였다. 5년의 개발과 시험운행 끝에 2002년 세계에서 2번째의 완전 무인자동화 컨테이너터미널 운영을 시작했다. 전체면적은 1.0 ㎢, 안벽길이 1.4 km(4berth), 수심은 DL(-) 16.7 M인 초대형 터미널이다.

네덜란드 ECT를 벤치마킹하여 터미널을 개발하였으나 ECT와는 다소 다른 하역시스템을 운영하고 있다. 기본적인 운영은 완전무인자동으로 운영되고 있으나 안벽장비, 야드장비의 컨테이너 이동, 적재방식이 ECT와 다른 DHST(Dual Hoist Second Trolley) C/C, 5단10열의 ARMGC(블록당 2대 운용)를 운영하고 있다. CTA 또한 완전무인자동화로 운영되고 있다. 안벽장비와 이송장비의 연계작업, 컨테이너 이송, 이송장비와 야드

그림 5.2 독일 CTA

장비의 연계작업, 야드적재, 인출작업 등이 모두 무인으로 수행되고 있다. 더불어 자동화 장비가 작업하는 구간인 해측과 유인트럭이 진입하는 육측구간을 엄격히 분리하여 운영한다.

5.3.3 중국 ZPMC의 친환경 자동화터미널

중국 ZPMC(Shanghai Zhenhua Heavy Industry Co., Ltd.)는 세계 최대의 항만하역장비 생산업체로서 2007년 세계에서 최초로 탠덤리프트(Tandem Lift)3) 방식의 완전무인자동화 컨테이너터미널을 개발하였다. 이는 세계 최대의 하역장비 중공업업체인 ZPMC에서 자체비용으로 개발하여 현재 시험운행중에 있다. 개발의 목적은 전기를 이용하는 ① 친환경적 터미널 ② 고생산성의 컨테이너터미널을 개발 ③ 미래의 하역장비 신규시장 창출 ④ 세계 항만표준모델 선도를 목적으로 하고 있다. 터미널 운영은 수직배치 형태의 야드시스템을 가지고 있으며 안벽과 야드사이에 컨테이너 이동을 기존의 야드트럭이나 AGV가 아닌 별도의 레일시스템을 이용하도록 개발한 것이 특징이다. 안벽장비, 야드장비, 이송장비 모두 Tandem 컨테이너 취급 운영한다. 모든 장비는 전기식으로 운영되며 수평/수직 플랫트롤리와 플랫카(Flat Car)를 사용한다. 또한 동시스템은 100% 전기식으로 운영되어 친환경 터미널이기도하다.

현재 개발후 ZPMC 부지내 1선석 규모의 실물을 제작하여 테스트 진행중에 있으며 1단계로 중국 와이가차오 컨테이너터미널 배후지에 공컨테이너 취급을 위한 실규모 장비를 건설, 운영중에 있다. 2단계로 2011년까지 중국 카오훼이디안 터미널(허베이성)에 2선석 규모를 건설할 예정에 있다.

그림 5.3 중국 ZPMC 자동화터미널

5.3.4 미국 그리드 슈퍼도크(Grid Super Dock)

그리드 슈퍼도크는 Sky Storage Systems Inc.에서 제안한 신개념 컨테이너 터미널로, 공컨테이너 보관, 선박-열차(트럭)간 양적하를 주목적으로 개발하였다. 동시스템의 구성은 선박작업을 위한 양적하 크레인, 보관랙, 지하 파이프라인(무인자동화차 운송) 등으로 구성되어 있다. 특히 대량의 안벽크레인을 랙상부에 설치하여 별도의 컨테이너 이동작업 없이 야드의 랙으로 컨테이너를 이동하는 시스템을 갖추어 컨테이너 처리시간을 단축하는 획기적 시스템이다. 동 시스템은 미국 LA 및 롱비치항과 같이 수출입화물의 기종점을 대상으로 개발하였다. 시뮬레이션 결과 철도 및 도로와의 연계성 강화를 위해 야드랙 내부에 철도, 트럭라인이 직접 진입하므로 철도에 대한 양적하 시간이 1/18로 감소하는 결과를 가져오는 것으로 나타났다. 동 시스템의 장점은 항만-항만간, 항만-내륙간 환적성능을 향상시키고, 무인자동운영과 야드직접 연계작업으로 인한 운영비 절감, 전기를 이용한 친환경 컨테이너 하역/보관 및 운송, 철도를 이용한 트럭운송량 감소 등이 있다. 그러나 단점으로는 대량의 크레인, 고가의 하역보관시설, 지하화물운송시스템 등 대량의 투자비 발생하기 때문에 현실적으로 시행하기가 어려운 점이 있다.

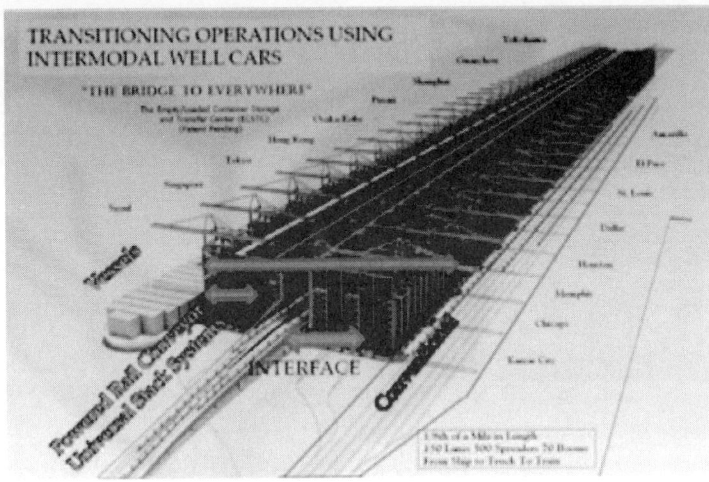

그림 5.4 미국 그리드 슈퍼도크

6장

항만자동화 시스템 기술

6.1 PLC 제어 시스템
6.2 PC 기반 제어 시스템
6.3 직렬 통신

항만 자동화를 위해서는 크레인과 같은 단위 장비에 대한 제어와 단위 장비에서 수집되는 정보를 처리하고 작업자들에게 보여줄 수 있는 컴퓨터 시스템 기술이 바탕이 되어야 한다. 본 장에서는 항만에서 물류처리를 하고 있는 장비들을 제어하거나 중앙관리실(Main Control Room)에서 항만 물류 정보를 수집하고 처리하는 시스템 기술에 대해 소개한다. 그림 6.1에서 항만 자동화를 위한 제어 컴퓨터 시스템 구성의 예를 보여주고 있다.

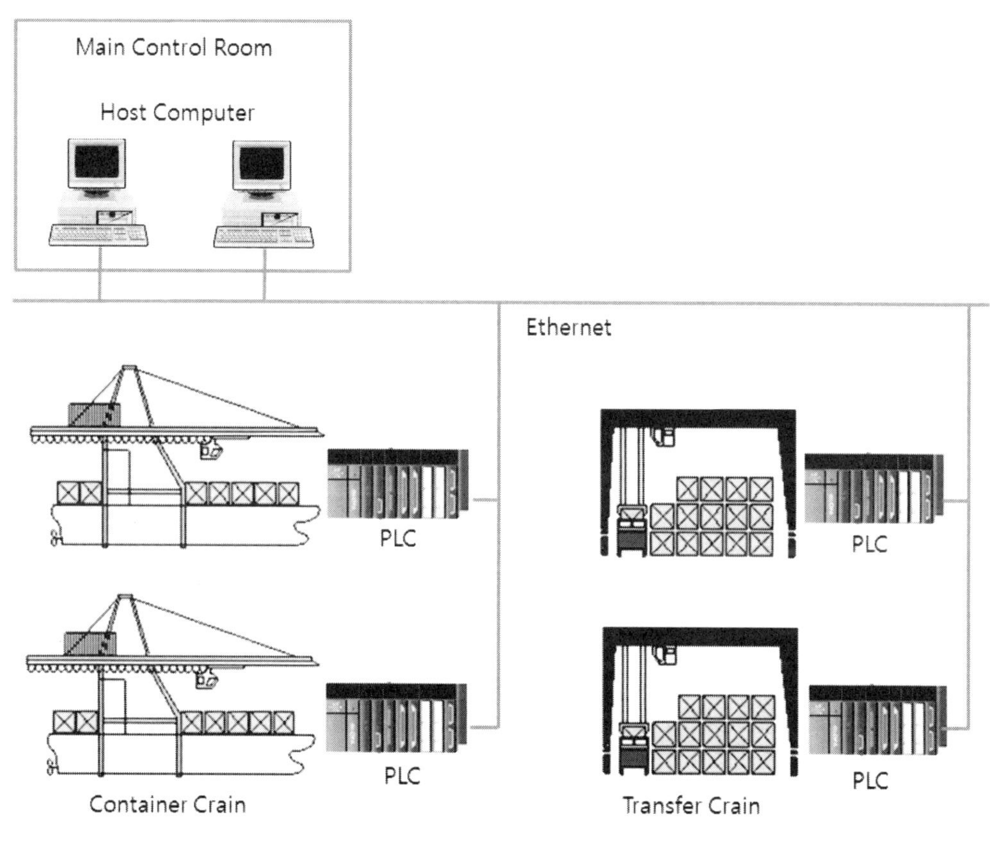

그림 6.1 항만자동화 시스템 구성의 예

항만의 현장의 주요 장비인 크레인들은 주로 PLC(Programmable Logic Controller) 기반으로 동작이 이루어지고 있으며 각 PLC에 대한 제어 정보와 처리 결과가 Ethernet과 같은 네트워크로 통해 중앙관리실로 전달된다. 중앙관리실에서는 수집된 정보를 처리 가공하여 전체 항만장비에 대한 제어정보 생성, 관리를 위한 자료화, 전체 모니터링 등의 기능을 처리하는 호스트 컴퓨터가 있는데 이는 주로 산업용과 사무용 pc를 이용하여 처리하게 된다. 본 절에서는 PLC에 대한 기초적인 소개와 함께 장비 제어를 위한 프로그래밍이 이루어지는 과정에 대한 기초적 내용을 설명한다. 이어서 항만자동화를 위한 호스트 컴퓨터 프로그래밍을 PC상에서 동작되는 애플리케이션으로서 Visual C++ 기반 프로그래밍에 대해 기초적 내용을 소개한다. 또한 센서, 액추에이터를 컴퓨터나 PLC에서 제어하기 위한 인터페이스 기술로서 직렬 인터페이스(serial interface) 기술에 대해 소개한다.

6.1 PLC 제어 시스템

PLC란 기존에 사용되던 제어반 내의 릴레이, 타이머, 카운터 등의 기능을 반도체 소자로 대체시켜 기본 적인 시퀀스 제어 기능에 수치 연산 기능을 추가하여 프로그램 제어가 가능하도록 한 장치이다. 미국 전기공업회 규격(NEMA: National Electrical Manufacturers Association)에서는 PLC를 "디지털 또는 아날로그 입출력 모듈을 통하여 시퀀스 제어를 기본으로 포함하고, 산술, 논리, 함수, 조절 등 각종 연산과 같은 특수한 기능을 수행하기 위하여 프로그램 가능한 메모리를 사용하고 여러 종류의 기계나 처리장치를 제어하는 디지털 동작의 전자 장치"로 정의하고 있다.

PLC는 산업현장에서 간단한 기계 동작 제어에 많이 사용되고 있는데 야외의 다양한 온도차 조건에서 동작하면서도 전기적 잡음(Noise)와 진동과 충격에 강하다. 또한 여러 개의 입력과 출력을 가지고 순서적으로 입력과 출력을 처리하는데 일정한 스캔(Scan)타임이 정의되어 있어서 정해진 시간의 입력 조건에 대해 정해진 시간 내에 출력하는 실시간 처리가 가능한 특성을 가진다. PLC는 프로그램에 의해 작성된 순차적으로 논리에 따라 처리한 결과를 외부장치와 연결하여 제어하는 순차제어(Sequential Control) 장치이다.

PLC 는 공장 자동화와 중규모 이상의 릴레이 제어부분을 대체하는 장치 뿐만 아니라 동시에 PLC 기술의 발달로 소규모 공작 기계에서 대규모 시스템 설비에 이르기까지 다양하게 적용되고 있다. 표 6.1은 PLC가 사용되고 있는 분야를 보여주고 있다.

표 6.1 PLC 적용 분야

분 야	제 어 대 상
식료 산업	컨베이어 총괄 제어, 생산라인 자동
제철, 제강 산업	작업장 하역 제어, 원료 수송 제어, 압연 라인 제어, 하역 운반
섬유, 화학공업	원료 수입 출하 제어, 직조 염색 라인
자동차 산업	전송 라인 제어, 자동 조립 라인 제어, 도장 라인 제어, 용접기
기계 산업	산업용 로봇 제어, 공작 기계 제어, 송 · 배수펌프
물류 산업	자동 창고 제어, 하역 설비 제어, 반송 라인
공장 설비	전력감시, 각종 유틸리티를 감시

6.1.1 PLC의 구조

PLC 는 마이크로프로세서(Microprocessor) 및 메모리를 중심으로 구성되는 제어 처리장치, 외부 기기와의 신호를 연결시켜 주는 입·출력부, 각 부에 전원을 공급하는 전원부, PLC 내의 메모리에 프로그램을 기록하는 주변 장치로 구성된다. 그림 6.2은 PLC 의 전체 구성도를 보여준다.

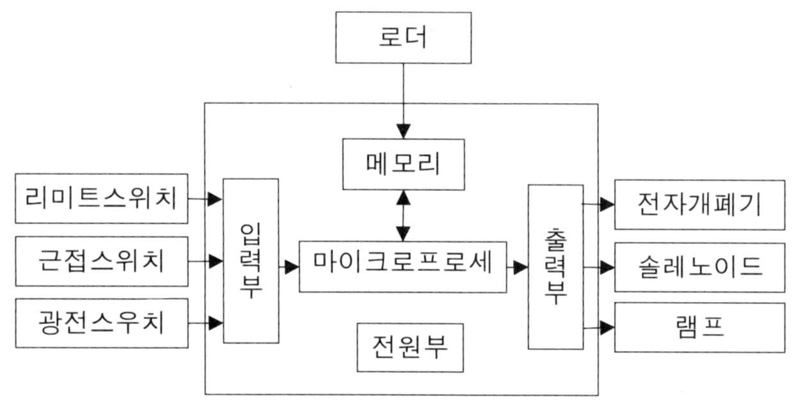

그림 6.2 PLC 의 전체 구성도[31)]

31) GLOFA-GM 초급 사용 설명서, LG산전, http://www.lsis.com/

CPU 연산부

PLC 의 마이크로프로세서의 CPU가 처리하는 기능으로서 메모리에 저장되어 있는 프로그램을 해석하고 실행하는 역할을 하며 이 과정은 고속으로 반복된다.

메모리

IC 메모리 종류에는 ROM(Read Only Memory)과 RAM(Random Access Memory)이 있으며 ROM 은 읽기 전용으로, 메모리 내용을 변경할 수 없기 때문에 고정된 정보를 입력하며 전원이 끊어져도 기억 내용이 보존된다. 반면에 RAM은 전원이 끊어지면 저장된 내용을 상실한다.

입·출력부

PLC 의 입·출력부는 제어하고자 하는 현장의 외부 센서 동작 기기에 직접 접속하여 사용하는 부분이다. PLC 내부는 DC 5V 의 전원(TTL 레벨)을 사용하지만 입·출력부는 다른 크기의 전압을 사용할 수 있다. 내부와 외부의 전압이 다르더라도 문제가 없도록 On/Off 신호는 전달하되 전기적 연결을 차단시키는 포토커플러(Photocoupler) 회로를 사용하며 입출력의 각 접점 상태를 모니터링 할 수 있도록 각 점점에 대한 상태를 LED로 표시해준다. 입·출력부에 접속되는 외부 기기 예를 표 6.2에서 보여준다.

표 6.2 입·출력부에 접속되는 외부 기기의 예

I/O	구 분	부 착 장 소	단자와 연결되는 외부 장치
입력부	조작 입력	제어반과 조작반	버튼 스위치 선택 스위치
	검출 입력 (센서)	기계 장치	리미트 스위치(limit switch) 근접 스위치
출력부	표시 경보 출력	제어반 및 조작반	램프 부저
	구동 출력 (액추에이터)	기계장치	전자 밸브 전자 브레이크 전자 개폐기

6.1.2 소프트웨어 구조

그림 6.3은 PLC 연산 처리 소프트웨어 구조를 보여주고 있다. PLC 는 메모리에 있는 프로그램을 순차적으로 연산하는 직렬 처리 방식이므로 PLC 는 어느 한 순간에 한 가지 일만 처리한다. PLC 의 연산 처리 방법은 입력 리프레시(Refresh) 과정을 통해 입력의 상태를 PLC 의 CPU 가 인식하고, 인식된 정보를 조건 또는 데이터로 이용하여 프로그램의 처음부터 마지막까지 순차적으로 연산을 실행하고 출력 갱신한다. 이러한 동작은 고속으로 반복되는데 이러한 방식을 '반복 연산 방식'이라 하고 한 바퀴를 실행하는데 걸리는 시간을 '1 스캔 타임'라고 한다.

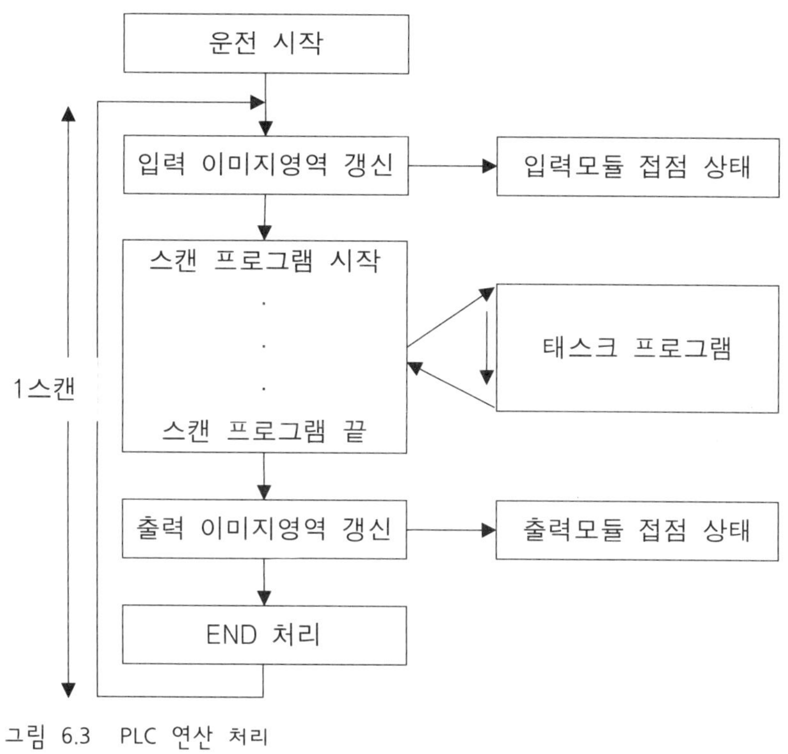

그림 6.3 PLC 연산 처리

1) 입력 이미지 갱신

PLC 는 운전이 시작되면 입력 모듈을 통해 입력되는 정보들을 메모리의 입력 영역으로 받고, 입력 이미지 영역으로 복사되어 연산이 수행되는 동안의 입력 데이터로 이용된다. 이렇게 입력 영역의 데이터를 입력 이미지 영역으로 복사하는 것을 입력 갱신이라고 한다. 입력 갱신은 운전의 시작뿐만 아니라 매 스캔의 END 처리가 끝나면 그 순간의 입력 정보를 입력 이미지 영역으로 복사하여 연산의 기본 데이터 또는 연산의 조건으로 활용한다.

2) 프로그램 연산

입력 갱신 과정에서 읽어 들인 입력 접점의 정보를 조건 또는 데이터로 이용하여 사전에 입력된 프로그램에 따라 연산을 수행하고 그 결과를 내부 메모리 또는 출력 메모리에 저장된다. PLC에서 프로그램은 크게 스캔 프로그램과 태스크 프로그램의 두 가지로 나눌 수 있는데, 스캔 프로그램이란 PLC 의 CPU 가 RUN 상태면 무조건 수행하는 프로그램이고, 태스크 프로그램이란 특정 조건을 만족해야만 동작하는 프로그램이다. 스캔 프로그램 연산을 수행하는 도중에 태스크 프로그램의 실행 조건이 만족되면 스캔 프로그램의 연산을 멈추고, 태스크 프로그램을 수행한 후 태스크 프로그램으로 전이하기 직전에 연산이 수행되던 스캔 프로그램의 위치로 복귀하여 스캔 프로그램의 연산을 계속하게 된다.

3) 출력 갱신

스캔 프로그램 및 태스크 프로그램의 연산 도중에 만들어진 결과는 바로 출력으로 보내어지지 않고 출력 이미지 영역에 저장된다. 이 과정을 출력 이미지 갱신라고 한다.

4) 자기 진단

연산의 과정에서 만들어진 결과는 바로 출력으로 내보내지 않고 출력 이미지 영역에 저장되게 된다. 프로그램의 마지막 스텝 연산이 끝나고 나면 PLC 의 CPU는 시스템 상에 오류가 있는지를 검사하고 오류가 없을 때만 출력을 내보내기 때문이다. 만일 연산이 성공적으로 끝나서 그 결과가 출력 이미지 영역에 저장되었다고 해도 PLC의 CPU는 자기 시스템을 진단하여 시스템 상에 오류가 있다면 출력을 내보내지 않고 문제 메시지를 생성한다. 이것을 자기 진단이라고 한다.

5) END 처리

연산이 성공적으로 수행되고 자기 진단 결과 시스템에 오류가 없으면 출력 이미지 영역에 저장된 데이터를 출력 영역으로 복사함으로써 실질적인 출력을 내보낸다. 이 과정을 END 처리라 하며 END 처리가 끝나면 다시 입력 갱신을 실시함으로써 PLC는 반복적인 연산을 수행한다.

6.1.3 GLOFA-GM

현재 산업계에서 사용되고 있는 PLC에는 GLOFA-GM 시리즈와 MASTER-K 시리즈가 있다. 이들은 모두 CPU모듈을 제외하고 호환이 가능하다. GLOFA-GM 기종은 다양한 네트워크를 지원하고 있는 등 기능이 우수하고, MASTER-K는 초보자가 사용하기에 쉬운 환경을 제공한다. 본 절에서는 GLOFA-GM를 중심으로 설명한다.

PLC의 개발 언어와 통신 네트워크를 통일하고 PLC 개발자들에게 표준화된 환경을 제공하고자 IEC(International Electrotechnical Commission; 국제 전기 표준 회의)에서 PLC 국제 표준화 규격을 제정하였고 GLOFA PLC는 이 IEC 규격에 의해 개발되었다. IEC에서 표준화한 PLC용 언어는 도형식언어로서 LD(Ladder Diagram)과 어셈블리 언어 형태의 언어인 IL(Instruction List), 그리고 플로 차트(Flow Chart)와 유사한 형태로 순차적으로 전개되는 프로그램 전개 방식인 SFC(Sequential Function Chart) 등이 있다. IEC 규격은 Open 네트워크를 지향하여 다른 기종간의 통신이 가능하다. 상위 네트워크로 Ethernet(10Mbps) 채용하며 하위 네트워크로 Fieldbus(1Mbps), Device net(500Kbps MAX.), Profibus-DP (12Mbps MAX.) 등을 사용한다. 소프트웨어 개발 환경으로는 윈도우 기반으로 한 GMWIN(Programming & Debugging Tool)을 제공하여 프로그래밍과 수정 등 개발에 있어서 다양한 장점을 제공한다. 그림 6.4는 GLOFA-GM 시리즈 중 일반적으로 많이 활용되고 있는 GLOFA-GM4와 간략화한 모델인 GLOFA-GM7를 보여주고 있다. 전원부와 CPU부가 있으며 슬롯형태의 베이스가 있어서 입, 출력부를 확장할 수 있다. 입출력은 I/O 접점과 통신 등을 위한 모듈들로 구성된다.

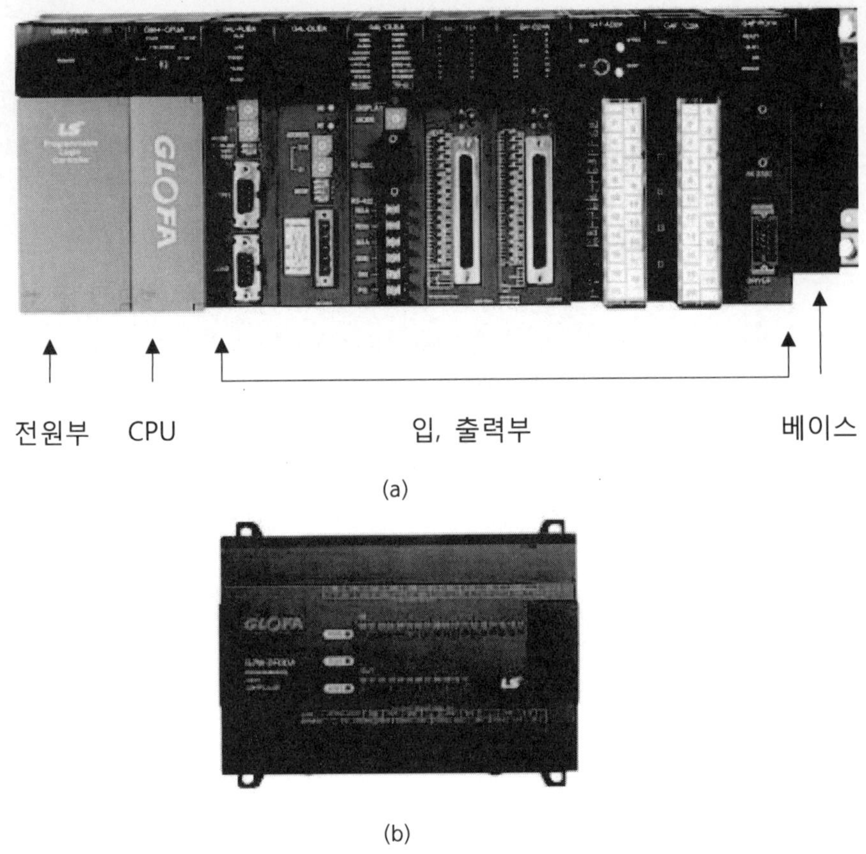

그림 6.4 GLOFA-GM (a) GLOFA-GM4 (b) GLOFA-GM7[32)]

표 6.3은 GLOFA-GM 시리즈의 성능과 규격을 보여주고 있다. 각 모델 별로 유사한 기능을 제공하는데 최대 접점의 수, 증설 베이스 수, 멀티 CPU 가능 여부 등에서 차이가 있다.

32) http://www.lsis.com/

표 6.3 GLOFA-GM 시리즈의 성능과 규격[33)]

항 목		GMR	GM1	GM2	GM3	GM4	GM6	GM7
제어 방식		저장된 프로그램 반복 연산, 정주기 연산, 인터럽트 연산						
입출력 제어 방식		스캔 동기 일괄처리 방식						
프로그램 언어		LD (Ladder Diagram) IL (Instruction List) SFC (Sequential Function Chart)						
언어 구성체 종류	오퍼레이터	LD : 13 개, IL : 21 개						
	기본 펑션	156개			194개			
	기본 펑션 블록	11개						
	전용 펑션 블록	이중화전용 펑션블록	특수 기능 전용 펑션 블록					
연산 처리 속도	오퍼레이터	0.12 ㎲ / 명령			0.2 ㎲/ 명령			
	기본 펑션 기본 펑션 블록	0.12 ㎲ / step			0.2 ㎲ / 명령			
프로그램 메모리용량		512 Kbyte *1			256	128	68	
최대 입출력 점수		7,680점 *2	16,000 점	4,096 점	2,048 점	1,024 점	384 점	80 점
데이터 메모리	직접 변수 영역	0 ~ 64 Kbyte	8 ~ 64 Kbyte		4~32 Kbyte	2~16 Kbyte	2~8 Kbyte	
	네임드 변수영역*3	256 Kbyte	446 Kbyte		114 Kbyte	52 Kbyte	32 Kbyte	
타이머		메모리 용량 내 점수 제한 없음, 시간범위 : 0.001 초~4294967.295 초(1,193 시간)						
카운터		메모리 용량 내 점수 제한 없음, 계수범위 : - 32,768 ~ + 32,767						
운전모드		Run, Stop, Pause, Debug *4						
정전시 데이터 보		변수 정의시 보존(Retain)으로 설정된 데이터						
프로그램 블록 수		180개					100개	
프로그램 종류	스캔	프로그램 블록 수 - 태스크 프로그램 수						
	정주기태스크	32개					8개*5	
	외부접점태스크	없음	16개			8개	8개*5	
	내부접점태스크	16개					8개*5	
	초기화태스크	2개(_INT, _ H_INT)					1개(_INT)	
	에러태스크	1개(_ERR_SYS)			없음			
자기 진단 기능		운전상태 감시, 연산지연 감시, 메모리 이상, 입출력 이상, 배터리 이상, 전원 이상 등						
리스타트 기능		콜드, 웜, 핫 리스타트					콜드, 웜	
증설 베이스 수		15단	31단	7단	3단		불가능	3단*6
멀티 CPU 운전		불가능	최대 4	불가능				
이중화운전		중복,전환, 단독입출력	불가능					

33) GLOFA-GM 초급 사용 설명서, LG산전, http://www.lsis.com/

그림 6.5는 다수의 장비와 제어기를 연결하는 시스템 통합을 위한 PLC의 구성을 보여주고 있고, 여러 대의 GLOFA-GM와 PLC 모듈들을 네트워크로 연결하고 있다. 상위 네트워크로 Ethernet을 사용하고 채용하며 하위 네트워크로 Profibus-DP를 사용하여 네트워크를 구성한 예이다.

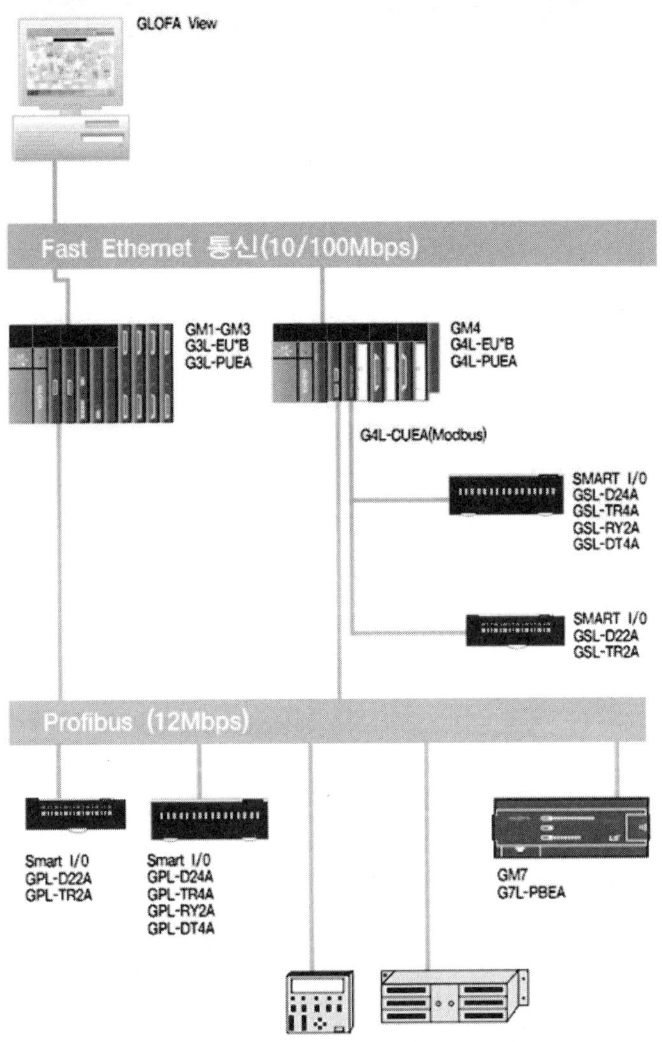

그림 6.5 GLOFA-GM의 구성[34]

34) http://www.lsis.com/

6.1.4 PLC 프로그래밍 툴(GMWIN)

PLC는 개발 초기부터 릴레이 구동회로를 본뜬 Ladder 다이어그램으로 프로그램이 이루어졌고, GLOFA-GM를 위한 프로그래밍 툴과 개발 환경은 GMWIN이 사용되고 있다. GMWIN은 PLC에 동작하기 위한 프로그램을 편집하고 실행 파일을 만들어 PLC에 전송하며 PLC의 데이터를 모니터링하고 디버깅하는 소프트웨어 툴이다. GMWIN은 다중 문서 인터페이스(Multiple Document Interface)방식으로 동시에 여러 개의 프로그램을 편집하거나 모니터링을 할 수 있다.

본 절에서는 GMWIN을 이용하여 Ladder 다이어그램을 이용한 초보적인 프로그램과 이를 가상의 GLOFA-GM에서 동작을 확인하는 시뮬레이션 과정을 알아보기로 한다.

먼저 GMWIN을 이용한 개발환경을 구축하기 위해서 설치 파일인 GMWIN 417(KOR).exe를 설치하여야 하는데 설치파일은 온라인상에서 구할 수 있다[35]. 설치가 완료되면 GMWIN 아이콘이 생성되고 그 아이콘을 클릭하면 그림 6.6과 같이 화면이 등장한다. 프로젝트(P) 메뉴에서 새 프로젝트(N)을 클릭하면 그림 6.7과 같이 새 프로젝트 대화 상자가 나타난다. 여기에 개발하고자 하는 프로젝트의 이름을 입력하고 아래 PLC 종류를 선택한 후 프로젝트의 작성자와 설명을 입력한다.

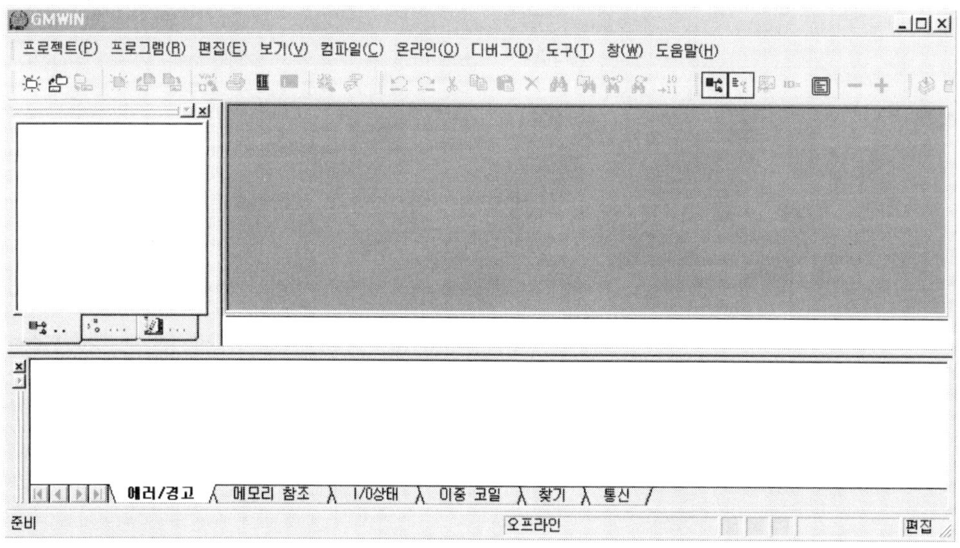

그림 6.6 GMWIN 최초 실행화면

35) 상게 사이트

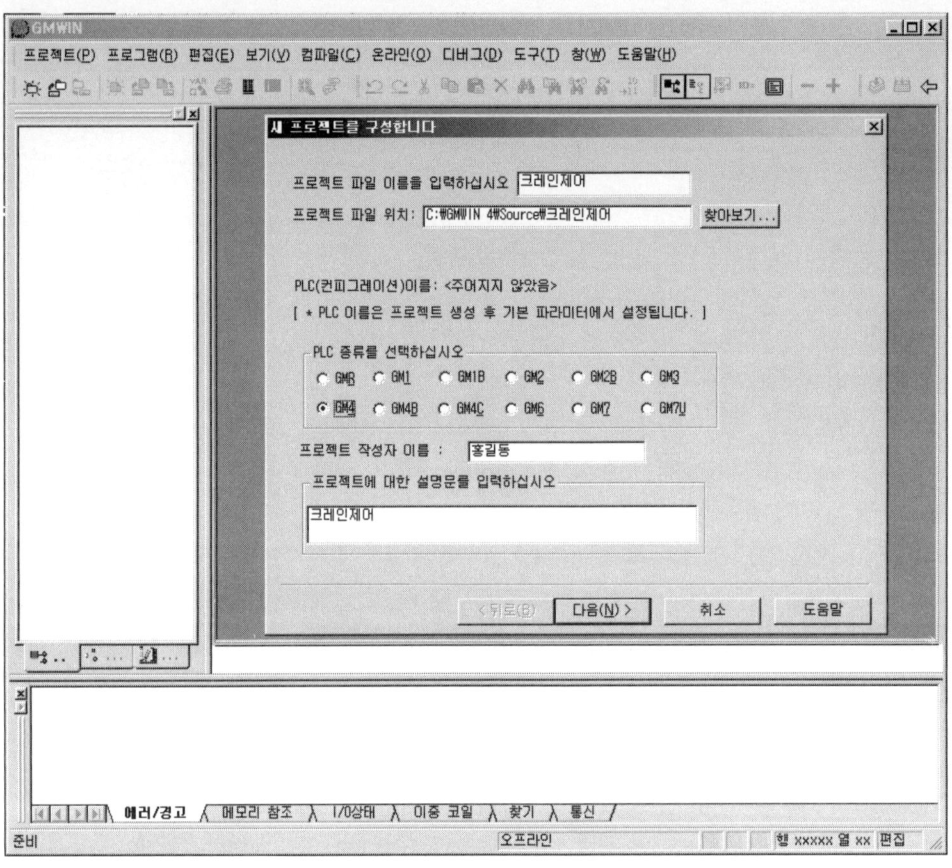

그림 6.7 프로젝트 설정

프로젝트 설정 화면에 이어 프로그램의 인스턴스 이름을 입력하는 대화창에 나타난다. 이어서 프로젝트 프로그램 구성을 위한 대화창이 그림 6.8과 같이 등장하면 LD를 클릭하여 Ladder 형식의 프로그램을 선택한다.

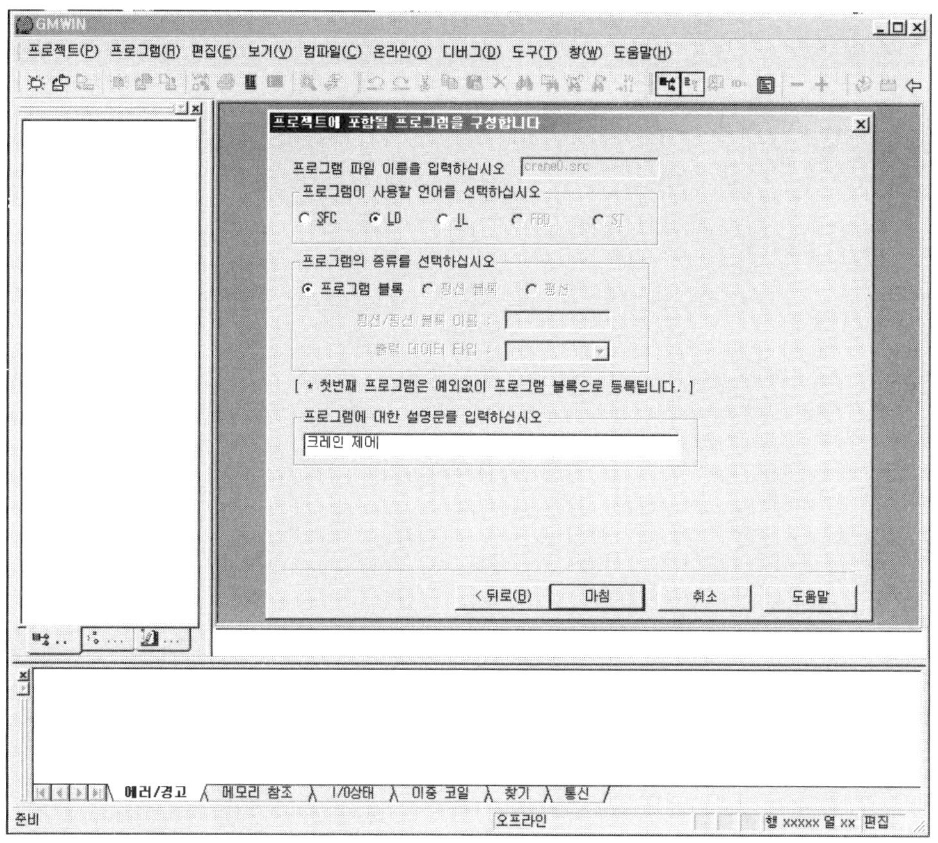

그림 6.8 프로젝터 구성 창

이 과정을 거치면 Ladder 프로그램을 할 수 있는 환경이 그림 6.9와 같이 주어진다. GMWIN의 프로그래밍 화면은 크게 최상위의 메뉴 바와 그 아래의 단축아이콘 모음이 있으며, 좌편에는 프로젝터의 내용을 설명하는 프로젝터 창이 있고 우편에는 프로그램 창과 최 하단에는 결과 창이 있다. 프로그램 창 우편에는 도구 바가 있는데 Ladder 다이어그램 작성을 위한 도구를 가지고 올 수 있다. Ladder 다이어그램은 좌에서 우로 입력접점과 출력코일을 배치하게 되는데 입력접점은 일반적으로 스위치를 의미하며 출력코일은 전등이나 모터 등을 On/Off 제어하기 위한 릴레이 스위치 회로로 보면 된다. 좌우 끝단 양 축으로 접점과 코일을 배치하되 아래 행으로 내려가면서 병렬로 배치할 수 있으며 접점 이름을 반복하여 사용함으로써 제어 논리를 구현할 수 있다. Ladder 다이어그램을 직관적으로 이해하기 위해서는 좌우 끝단을 이어주는 전원이 연

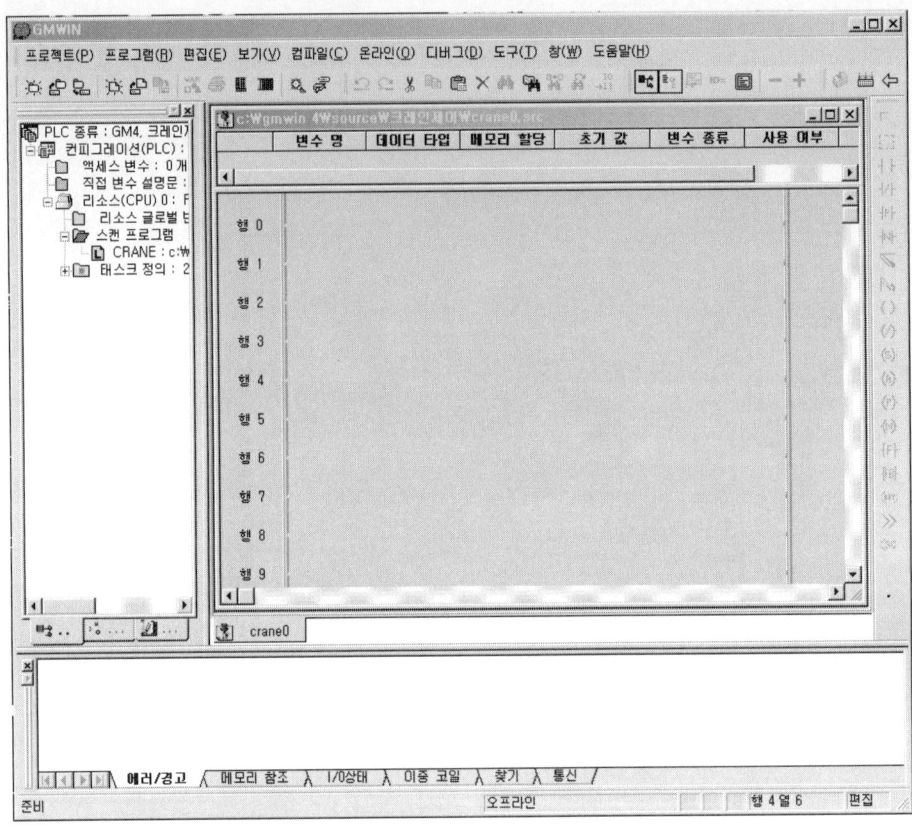

그림 6.9 Ladder 프로그램화면

결되어 있다고 보는 것이 편리하다. 즉 접점과 코일이 좌우로 연결된 상태에서 접점이 On되어 연결되면 전원과 전기적으로 폐회로 루프가 형성되어 코일이 작동하는 형태가 되는 것이다. Ladder 다이어그램에는 다양한 접점과 코일 및 함수(function)를 사용하여 제어 프로그램을 작성할 수 있다. 표 6.4는 GMWIN의 도구 바에서 제공하는 도구들을 보여주고 있다.

표 6.4 도구 바에서 제공하는 도구들

아이콘	분류	이름	기능
-| |-	입력접점	평상시 열린 접점 (NO; Normal Open)	해당 메모리의 논리 값을 표시(A접점)
-|/|-	입력접점	평상시 닫힌 접점 (NC; Normal Close)	해당 메모리의 논리 값을 반전하여 표시 (B접점)
-|P|-	입력접점	양 변환 검출 접점	당 메모리 논리 값이 OFF -> ON으로 변화하는 순간 1 스캔 시간 동안 ON
-|N|-	입력접점	음 변환 검출 접점	해당 메모리 논리 값이 ON -> OFF로 변화하는 순간 1 스캔 시간 동안 ON
-( )-	출력코일	출력 코일	접점 연산 결과를 지정된 접점으로 출력
-(/)-	출력코일	반전 코일	접점 연산 결과를 반전하여 지정된 접점으로 출력
-(P)-	출력코일	양 변환 검출 코일	연산 결과가 OFF -> ON 으로 변화하는 순간 1 스캔 시간 동안 ON
-(N)-	출력코일	음 변환 검출 코일	연산 결과가 ON -> OFF로 변화하는 순간 1스캔 시간 동안 ON
-(S)-	출력코일	셋 코일	연산 결과가 1번 ON되었다가 OFF 되어도 출력 값은 ON 유지
-(R)-	출력코일	리셋 코일	셋 되었던 접점을 리셋 시킴
<SC>	흐름제어	서브루틴 콜	메인 프로그램 연산 도중 서브루틴 프로그램 호출
<RET>	흐름제어	리턴(Return)	서브루틴 연산 완료 후 메인 프로그램으로 복귀
>>	흐름제어	점프(Jump)	레이블 위치로 연산 이동
-{F}-	연산자	펑션	논리 연산 기능 처리, 1개 이상 입력, 한개 결과 출력
-{FB}-	연산자	펑션 블록	논리 연산 기능 처리, 2개 이상 입력, 다수의 결과 출력

그림 6.10 은 두 개의 스위치에 의해 모터를 구동하는 Ladder 프로그램의 예를 보여주고 있다. 먼저 도구 바에서 NO 입력접점을 클릭하고 프로그램 창의 행 0 위치를 클릭하면 NO 입력접점의 기호가 행 0 우측 방향에 표시된다. 동시에 이 접점에 대한 변수명이나 메모리를 설정하게 되는데 예를 들어 변수 명을 SW1과 %IX0.0.0으로 메모리를 설정하게 되면 GLOFA-GM 첫 번째 슬롯을 입력단자로 두는 것이며 첫 번째 접점을 입력 NO 접점으로 설정하는 것이 된다. 다음으로 NC 입력접점을 클릭하고 SW1 오른 쪽에 위치시킨 후 변수 이름을 SW2로 메모리는 %IX0.0.1로 할당하면 첫 번째 슬롯의 두 번째 접점을 NC 접점으로 활용한다는 의미가 된다. 이후 모터 구동을 위한 코일을 출력으로 하고자 할 경우 출력코일을 클릭하고 행 0의 오른쪽에 위치시킨 후 변수 명을 MOTOR로 두고 메모리를 %QX0.1.0으로 두면 두 번째 슬롯을 출력단자로 활용하며 첫 번째 코일을 액추에이터인 모터와 연결하는 것으로 정의된다. SW1과 SW2에 이어 MOTOR를 직렬로 연결시키면 두 개의 스위치에 의해 모터가 On/Off 되는 제어기 프로그래밍이 완성된다.

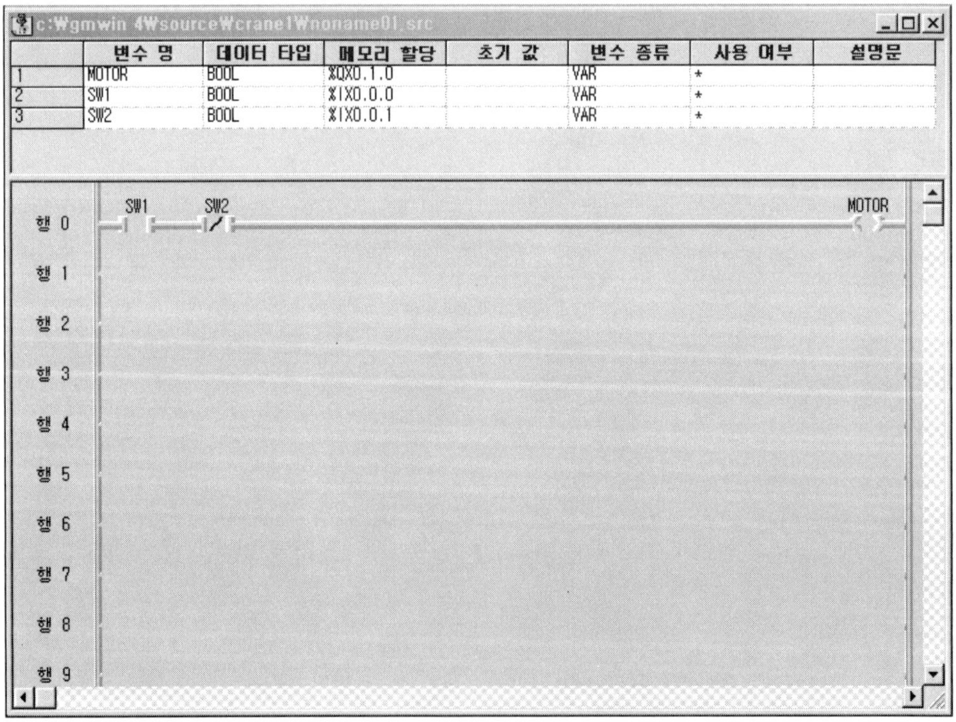

c:\gmwin 4\source\crane1\noname01.src

	변수 명	데이터 타입	메모리 할당	초기 값	변수 종류	사용 여부	설명문
1	MOTOR	BOOL	%QX0.1.0		VAR	*	
2	SW1	BOOL	%IX0.0.0		VAR	*	
3	SW2	BOOL	%IX0.0.1		VAR	*	

SW1 SW2 MOTOR

행 0
행 1
행 2
행 3
행 4
행 5
행 6
행 7
행 8
행 9

그림 6.10 모터를 구동하는 Ladder 프로그램의 예

GMWIN에서는 Ladder프로그램을 가상의 GLOFA-GM에서 실제 동작과 동일한 형태의 결과를 확인할 수 있도록 시뮬레이션 기능을 제공하고 있는데 그림 6.11은 두 개의 스위치에 의해 모터를 구동하는 시뮬레이션 결과를 보여주고 있다. GMWIN의 메뉴 도구(T)에서 시뮬레이터 시작(M)을 클릭하면 그림 6.11의 (b)와 같은 가상의 PLC가 등장한다. 여기에서 CPU 상위에 존재하는 스위치를 S(Stop) 버튼에서 R(Run) 버튼을 클릭하면 적색으로 활성화 되면서 시뮬레이터가 동작하게 된다. 이때 슬롯 0의 첫 번째 버튼(0)을 클릭하면 SW1이 On 되면서 슬롯 1의 첫 번째 LED가 적색으로 활성화 되면서 모터가 동작 시키는 출력코일이 On됨을 알 수 있다. GMWIN의 시뮬레이션 기능은 PLC 시뮬레이터의 동작과 함께 동시에 프로그램 창에 있는 Ladder 다이어그램도 동작을 표현한다. SW1의 On으로 전환하면 SW1과 SW2 및 Motor가 폐회로로 연결되어 모터가 동작하게 되는 것을 볼 수 있는데 그림 6.11의(a)와 같이 접점과 코일이 청색으로 변하여 폐회로가 됨을 보여준다.

GLOFA-GM에는 이러한 기본 입력접점과 출력코일 외에도 PLC에서 산술 및 논리 연산을 위한 펑션과 펑션 블록이 있다. 펑션은 1 스캔에 입력을 받아 동일 스캔에 연산을 실행하여 그 결과를 만들어 내고, 펑션 블록은 여러 스캔에 걸쳐 입력을 받으면 연산을 해서 결과를 만들어 내는 응용 명령어이다. 펑션은 오직 하나의 결과만을 출력할 수 있지만 펑션 블록은 한 번에 여러 개의 출력을 동시에 만들어 낸다. 기본 펑션에는 전송 펑션, 형 변환 펑션, 비교 펑션, 산술 연산 펑션, 논리 연산 펑션, 비트 시프트 펑션 등이 있다.

이렇게 PC 상에서 GMWIN 환경에서 프로그래밍 된 Ladder 프로그램은 실제 GLOFA-GM에 동작시키기 위해서 컴파일링(compiling) 과정을 거치며, 컴파일링에 의해 기계어로 변환된 실행 파일을 RS232-C 케이블을 통해 PLC에 쓰기 하여 다운로드 받으면 PLC가 독립적인 동작을 할 수 있게 된다.

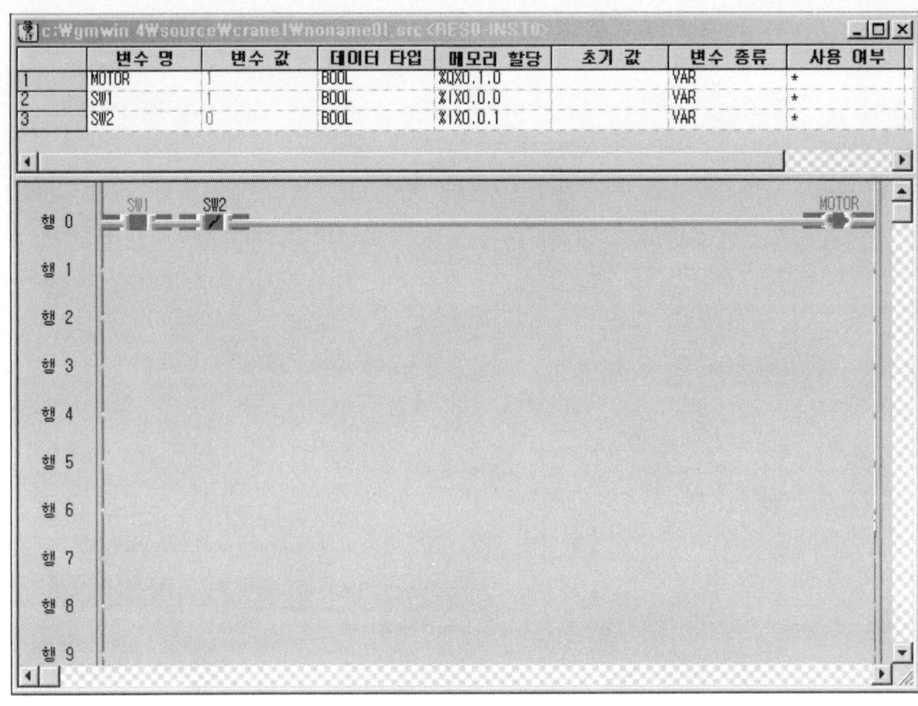

(a)

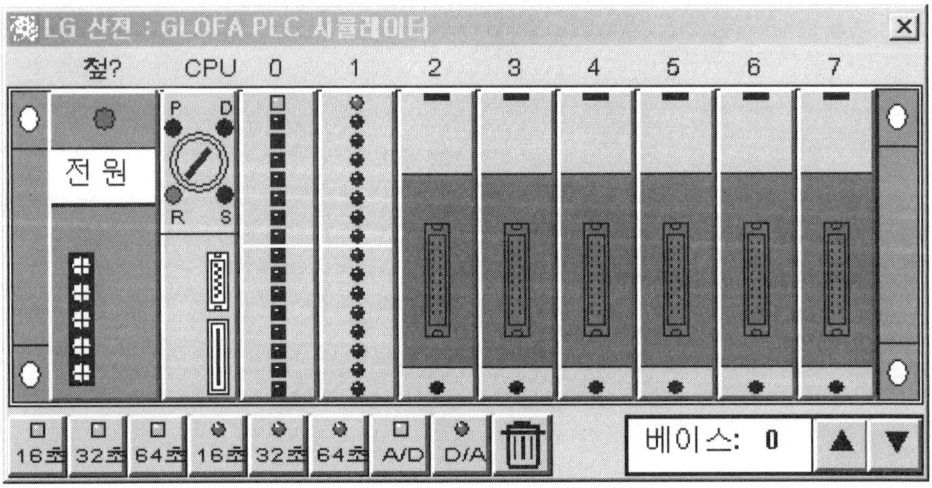

(b)

그림 6.11 모터를 구동하는 시뮬레이션 결과 (a) Ladder프로그램의 동작 (b) PLC 시뮬레이터의 동작

6.2 PC 기반 제어 시스템

PLC는 항만 장비를 안정적으로 구동하는 제어기로 사용된다면 중앙제어실에 있는 호스트 컴퓨터는 현장의 PLC로부터 전송되어진 데이터를 수집하거나 모니터링 하는 기능이 필요하다. 호스트 컴퓨터는 고기능의 컴퓨팅 환경을 제공하는 워크스테이션(Workstation)이 사용될 수 있으나 최근 IBM PC도 산업현장이 많이 적용되고 있다. PC는 최근 프로세서 기술의 발전으로 고성능의 컴퓨팅 환경을 제공하여 제조업계에 많이 적용되고 있으며 여기에 물리적 전기적 외란으로부터 안전성이 확보된 산업용 PC가 현장에 많이 활용되고 있다. PC기반 제어 시스템과 GUI(Graphic User Interface)의 구성을 위한 프로그래밍은 여러 가지 프로그래밍 개발 툴에 의해서 구성될 수 있는데 GUI는 컴퓨터에 수집되고 프로그램으로 처리 된 결과를 작업자가 조작하기 위한 그래픽 환경이기 때문에 최종적으로는 그래픽 화면으로 구성이 될 필요가 있다. PC기반 제어 시스템과 GUI의 구성을 위한 프로그래밍은 주로 Microsoft사의 Windows OS 기반으로 Microsoft에서 개발한 Visual C++(VC++)와 최근 National Instrument에 의해 개발된 Labview 등이 있다. VC++과 Labview는 모두 그래픽 GUI 환경을 제공하고 있는데 본 절에서는 VC++에 대한 소개와 함께 초보적인 프로그래밍 과정을 알아본다.

6.2.1 Visual C++

VC++은 Microsoft에서 개발한 PC의 윈도우 기반 통합 개발 환경(Integrated development environment)이다. VC++은 Microsoft Visual Studio 패키지에 포함되어 설치된다. VC++은 프로그래밍 언어인 C언어와 여기에 추가하여 객체지향형 언어로 발전된 C++언어를 기초로 하고 있다. C언어는 구조적 언어(structured language) 이지만 C++은 객체지향언어(object-oriented language) 로서 C++, JAVA, C# 등이 여기에 포함된다. 객체지향언어는 데이터와 조작하는 함수를 같이 묶어서 외부의 간섭을 차단하는 캡슐화, 목적은 다르나 하나의 이름으로 두 가지 이상의 용도로 사용가능한 다형성, 하위 객체가 상위객체의 특성을 이어받을 수 있게 해 주는 상속성 등의 특징이 있다.

1) C언어와 C++언어

먼저 VC++ 환경을 구축하고 C언어와 C++ 언어의 기초적인 내용을 알아보자. Visual Studio 6.0을 설치하면 VC++ 개발 환경이 구축되고 VC++ 6.0 아이콘을 클릭하면 그림 6.12과 같이 프로그래밍 환경이 나타난다. 여기에 VC++ IDE 열기 'New'에서 'Projects'를 선택한 후 나열된 내용 중에서 'Win32 console application'을 선택하고 'Project name'을 설정, 'Location'을 지정한다. 다음 창에서 'Empty Project' 선택한 후 'Finish'를 선택하면 그림 6.13과 같이 새로운 프로젝터가 생성된다. 이어서 새로운 파일을 프로젝터에 추가하기 위해 VC++ IDE 열기 'New'에서 'Files'를 선택한 후 나열된 내용 중에서 'C++ Source File'을 선택한 후 'File' 명을 입력하고 'OK'를 클릭하면 프로젝터에 새로운 파일이 추가된다. 그림 6.14는 새로운 파일을 추가하는 과정과 그 결과로 프로젝터를 저장한 디렉터리에 저장된 파일들을 보여주고 있다.

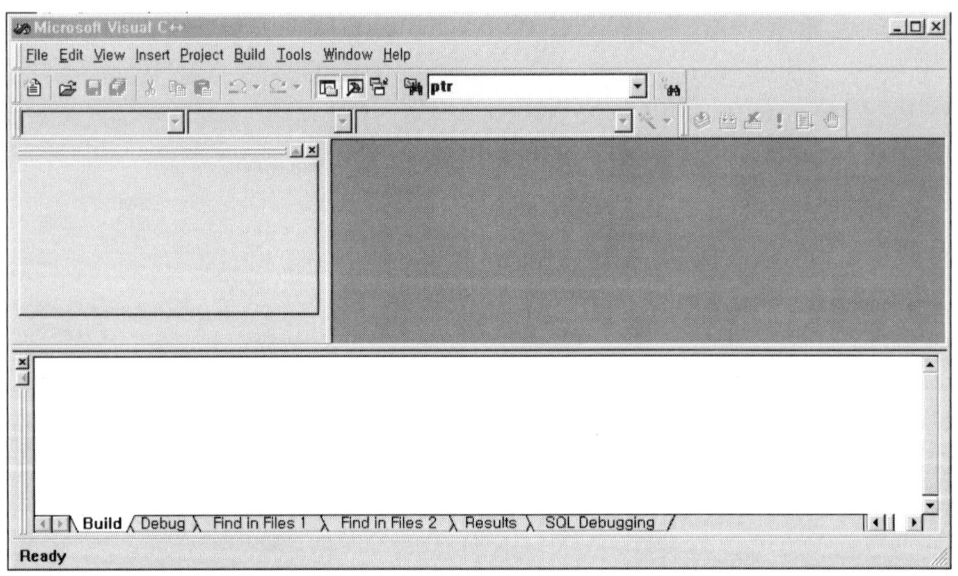

그림 6.12 VC++ 개발 환경

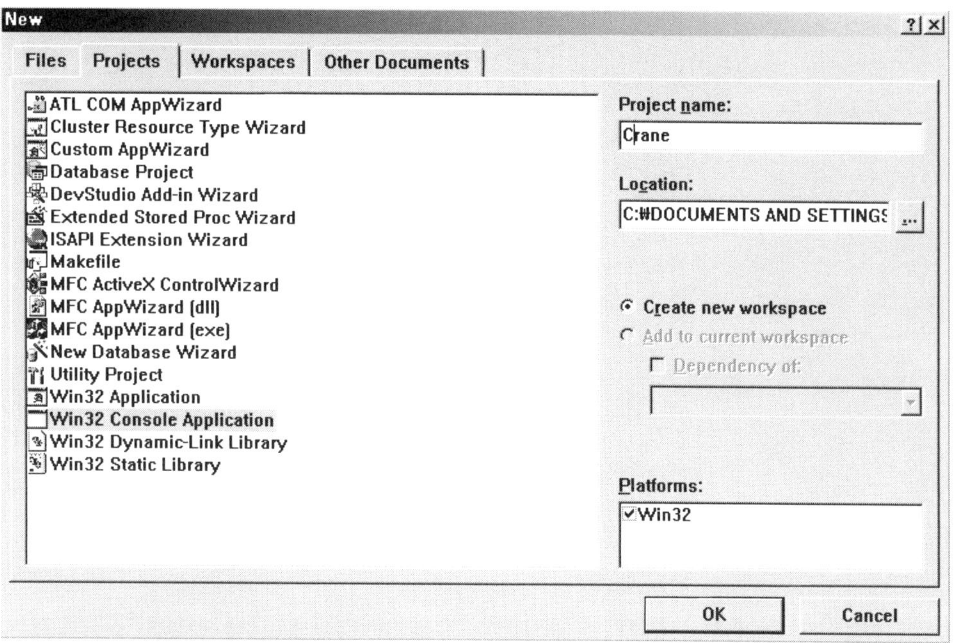

그림 6.13 VC++에서 프로젝터 생성

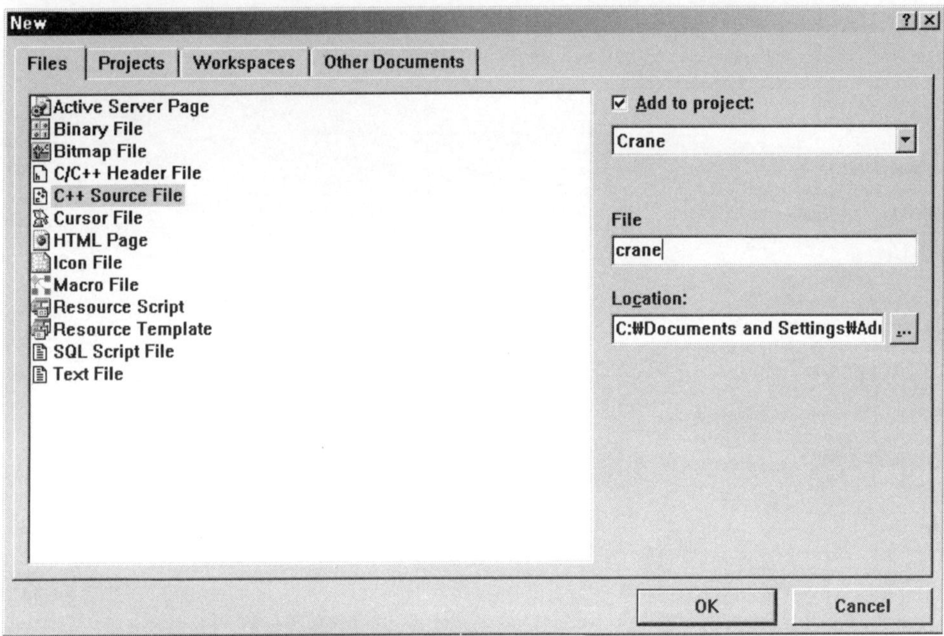

(a)

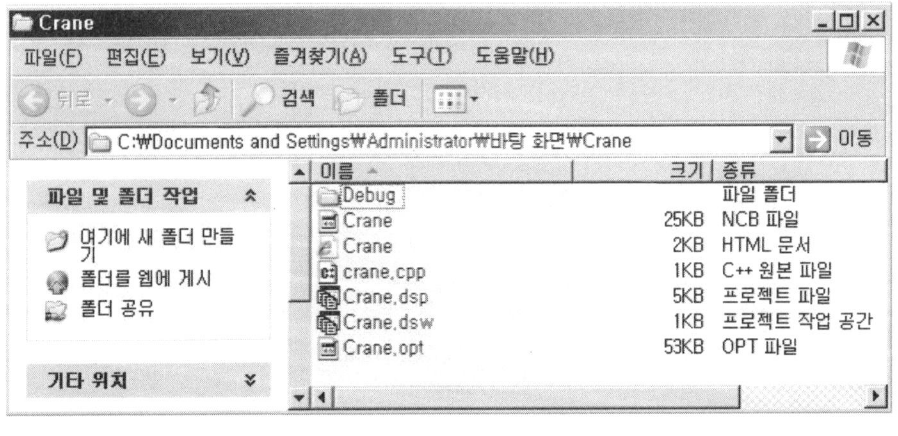

(b)

그림 6.14 VC++에서 파일 생성 (a) 파일 생성 과정 (b) 프로젝터가 완료된 후 프로젝터 디렉터리 내의 파일들

이와 같이 프로젝터의 새로운 파일에 프로그램을 할 수 있는데, 그림 6.15는 C언어를 이용한 프로그래밍의 예를 보여주고 있다. C언어 문장을 프로그램 창에 입력하고 컴파일 및 링크를 실행하기 위해 'Build' 버튼 내의 'Execute'를 클릭하면 흑색 콘솔창에 두 개의 정수를 합한 결과가 나타나게 된다.

프로그램을 분석하면 main()이라는 함수가 처음부터 끝까지 실행이 되는 것을 알 수 있는데 이 함수는 모든 함수에서 항상 존재해야하는 기본 함수가 되고, 추가적으로 calculate()란 사용자가 만든 함수가 선언되고 main() 내에서 호출되어 처리되고 있다. 맨 상위의 '#include 〈stdio.h〉'는 printf()문과 같이 C언어에서 사용하는 표준 입출력 함수를 사용하기 위한 헤더파일(head file)이다.

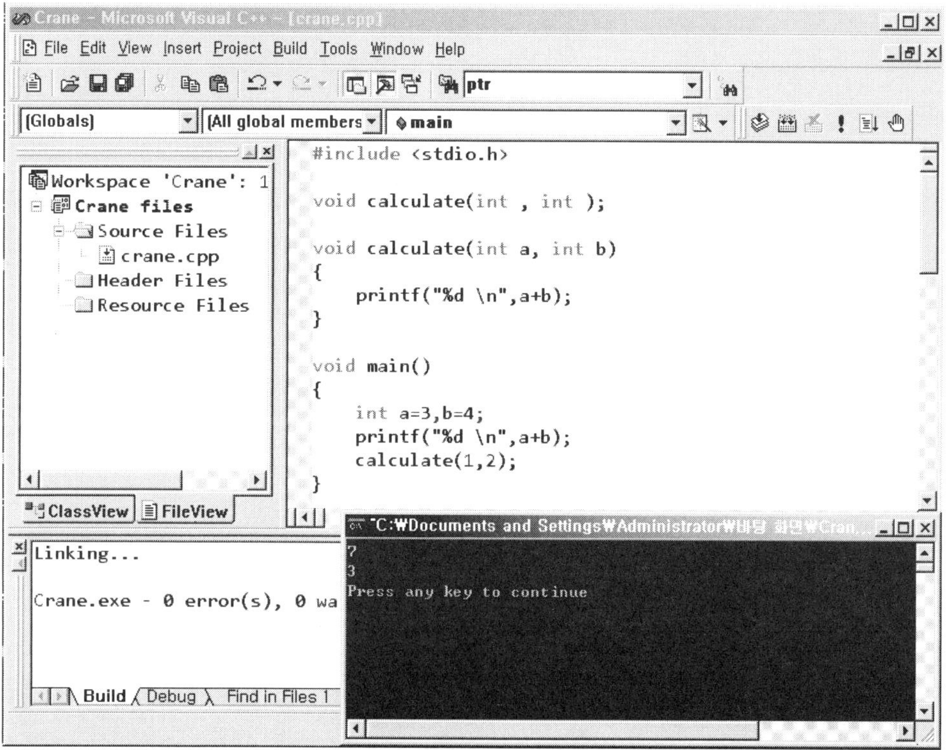

그림 6.15 C언어를 이용한 프로그래밍과 실행 결과

다음으로 C++ 프로그램의 예를 들면, 그림 6.16과 같이 C와 동일한 개발 환경에서 처리될 수 있다. C++ 에서는 C에서 사용하는 대부분의 함수를 사용할 수 있으며 추가적으로 객체지향형 프로그래밍의 특성을 나타내는 'class'가 사용될 수 있다. 소스 코드(source codes)를 분석하면 먼저 main()함수에 의해 프로그램이 실행되는 것은 동일하다. 상위에는 Sum 이라는 클래스가 정의되어 있는데 그 내부에서는 멤버 변수가 정의되고 멤버 함수가 C언어에서의 함수 형태로 정의된다. 이 클래스는 main()함수 내에서 sum1이라는 인스턴스(instance)로 선언되어져 있는데 이 인스턴스는 Sum 이라는 클래스의 객체가 되어 처리 된다. 멤버변수의 호출을 위해서는 sum1.calculate()와 같이 인스턴스를 통해 호출할 수 있다.

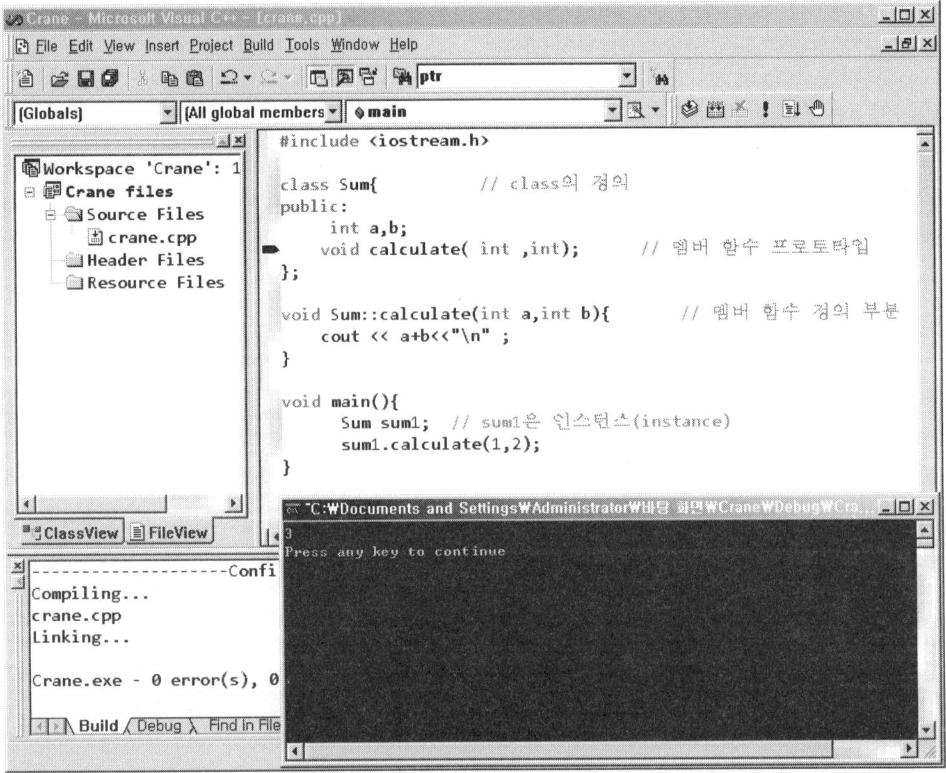

그림 6.16 C++언어를 이용한 프로그래밍과 실행 결과

2) MFC

지금까지 실험해 본 프로그램은 위에서 본 것과 같이 흑색의 콘솔(console) 창에서 실행되는 것을 볼 수 있다. 콘솔 창이 아닌 그래픽 인터페이스 환경을 제공하기 위해 Microsoft사에서는 사용자가 보다 쉽게 GUI를 개발할 수 있는 환경을 제공한다. 이 기능이 VC++에 포함된 MFC(Microsoft Foundation Class Library)이다. MFC운영체제를 위해 자체 개발한 window용 C++ 라이브러리로서 개발 도구들은 도구 자체가 스스로 기본적인 소스코드를 생성해주므로 사용자는 최소의 코드에만 집중함으로써 좀 더 빠르고 쉬운 작업이 가능하게 되었다. MFC는 객체지향 프로그래밍을 근간으로 하므로 코드의 확장이 쉽고 재사용성과 유지보수성이 좋다. MFC는 메시지(Message) 구동방식으로 프로그램이 실행되며 멀티태스킹과 멀티쓰레딩이 가능한 일관된 GUI 환경을 제공한다.

MFC 프로그래밍을 실행하려면 그림 6.17과 같이 먼저 VC++ 실행시키고 ‘New’ 버튼 내의 ‘Project’에서 파일 프로젝트 이름과 위치를 선정한다. 다음으로 Step1에서 ‘Dialog based’를 선택하고 이어지는 창에서 OK를 클릭하면 그림 6.18과 같이 MFC 프로젝터 생성을 위한 프로그램 개발 화면이 나타난다.

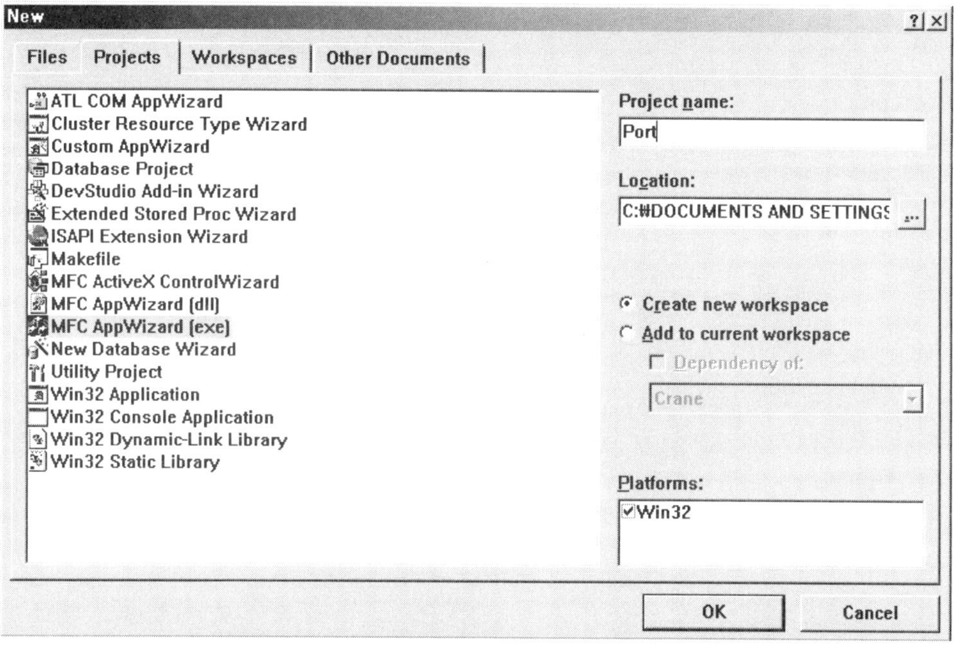

그림 6.17 MFC 프로젝터 생성

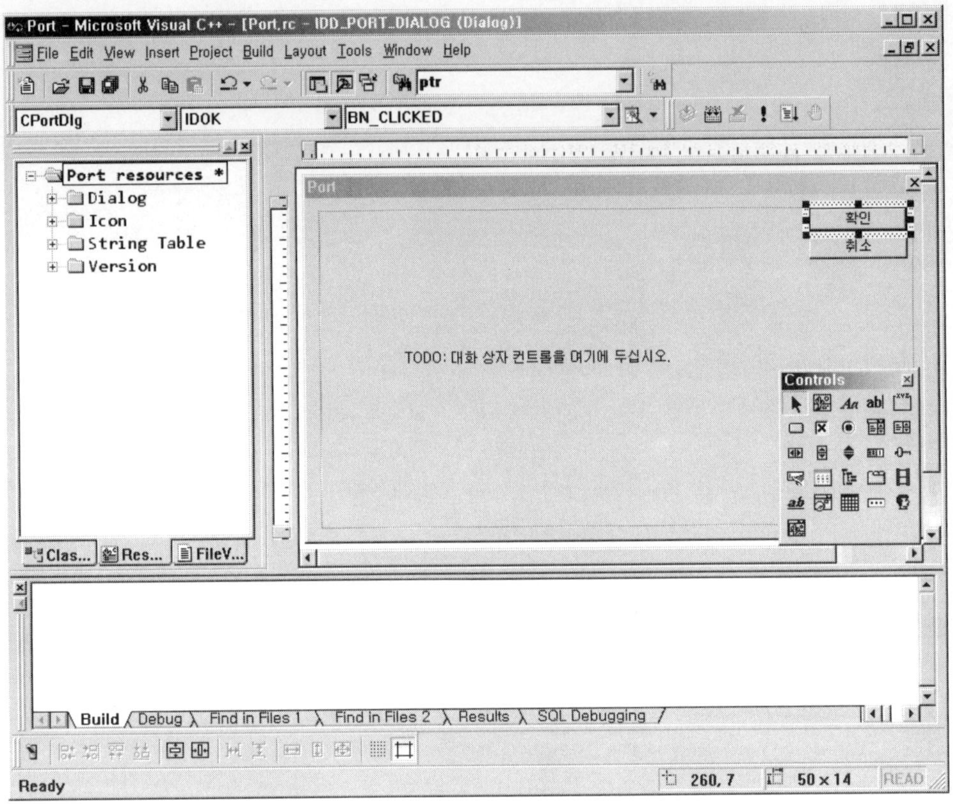

그림 6.18 MFC 프로그래밍 창

MFC 프로그래밍 창의 'ResourceView'에서 'Controls' 도구 창을 쓰면 다이얼로그(Dialog) 창에서 Button , Edit Box, Check Box 등을 구성할 수 있다. 그림 6.19는 ResourceView에서 Controls 리소스 도구로 부터 Check Box와 Button 2개를 이용하여 대화창을 구성한 결과를 보여주고 있다. Check Box와 Button을 마우스로 우클릭하고, 그 다음 Properties를 클릭하면 각각 IDC_CHECK1, IDC_EDIT1, IDC_EDIT2, IDC_EDIT3로 ID가 설정되어 있음을 알 수 있다. 이렇게 함으로써 다이얼로그 창에 다양한 리소스를 구성할 수 있다.

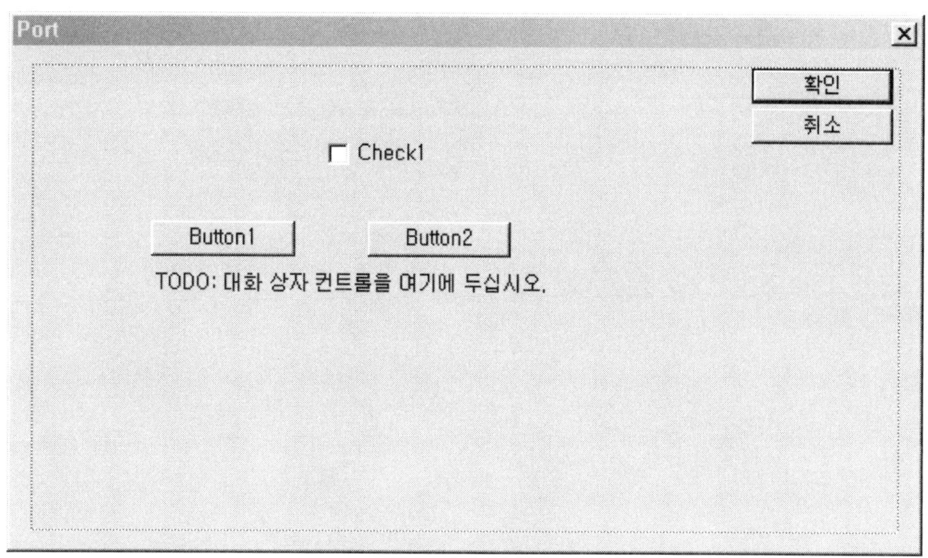

그림 6.19 컨트롤 리소스를 이용하여 다이얼로그를 구성한 결과

다음으로 실질적인 동작을 위한 GUI 프로그래밍을 해보자. 먼저 Check Box의 Caption을 Motor로, 버튼 두 개를 각각 On과 Off로 바꾼다. 체크 박스를 멤버 변수와 연결하기 위하여 컨트롤키 누름과 동시에 체크 박스를 더블클릭하면 그림 6.20 과 같이 멤버변수 추가 대화상자가 나타나는데 여기에 멤버 변수를 입력하고 Category 는 Control를 설정한다.

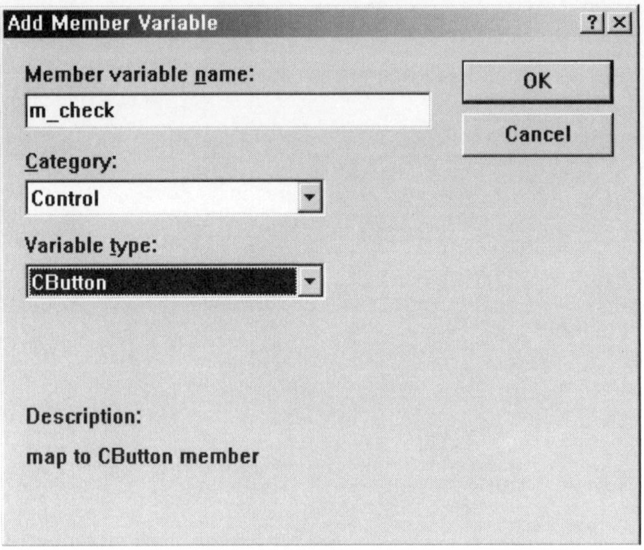

그림 6.20 멤버 변수와의 연결

다음으로 버튼과 연결된 멤버 함수를 생성한다. EDI의 View 버튼에서 ClassWizard를 클릭하면 멤버 함수를 설정할 수 있다. 그림 6.21과 같이 Message Map에서 Obeject ID중 IDC_BUTTON1를 선택하고 Message에서 BN_CLICKED를 선택하고 멤버함수를 클릭하면 멤버 함수가 자동으로 생성된다.

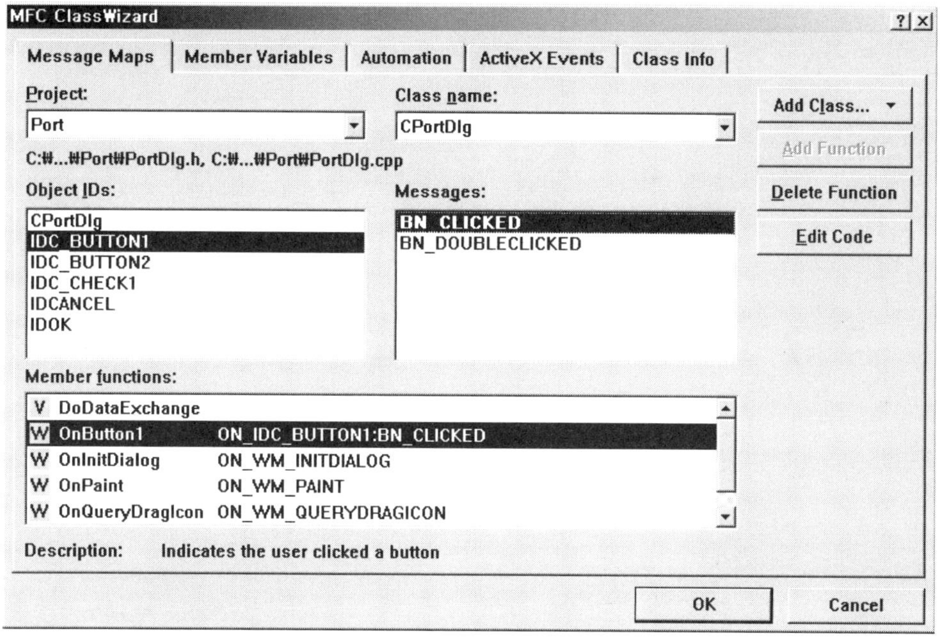

그림 6.21 멤버함수의 생성

다음으로 Button1을 더블 클릭하면 멤버 함수를 추가할 수 있는 다이얼로그 창이 뜨는데 Member function name이 OnButton1()으로 자동 설정된다. 동일한 방식으로 Button2에 대해 멤버 함수를 형성한다. 그림6.22은 멤버 함수를 생성한 결과를 보여준다. 다음으로 그림6.23과 같이 체크 박스를 On과 Off스위치를 클릭함에 따라 각각 체크가 만들어지고 없어지도록 프로그램을 한다. 이를 위해 OnButton1() 내부에 m_check 컨트롤에 의해 체크가 되도록 m_check.SetCheck(1)을 추가하고 OnButton2() 내부에는 반대로 체크가 사라지도록 m_check.SetCheck(0)을 추가한다.

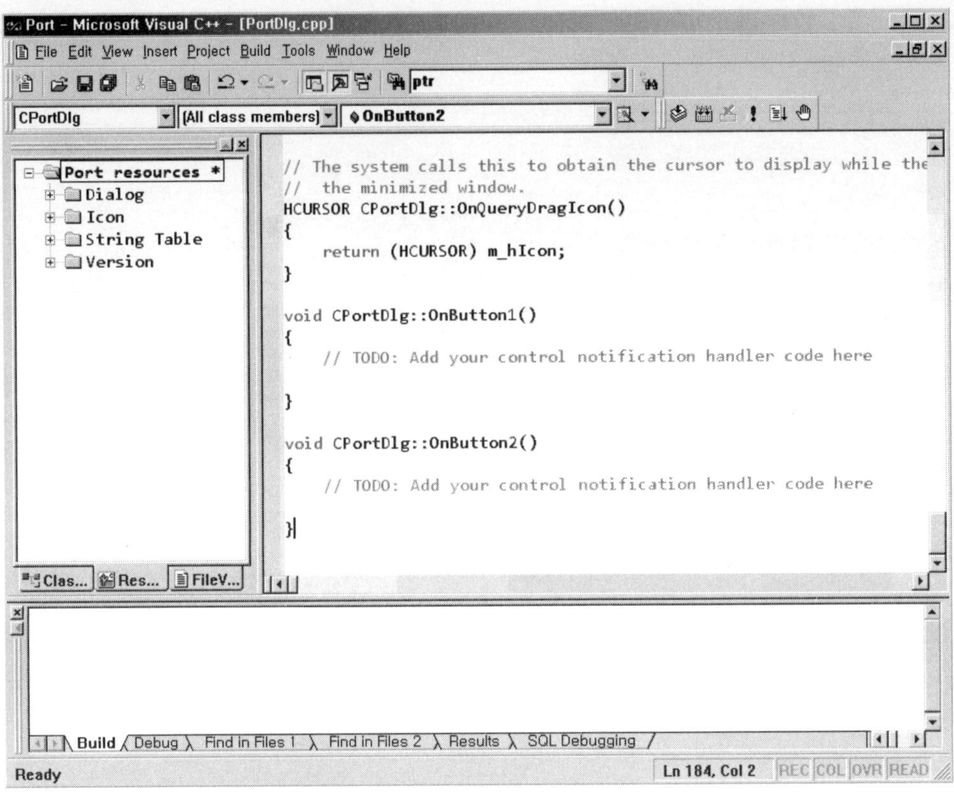

그림 6.22 멤버 함수를 생성한 결과

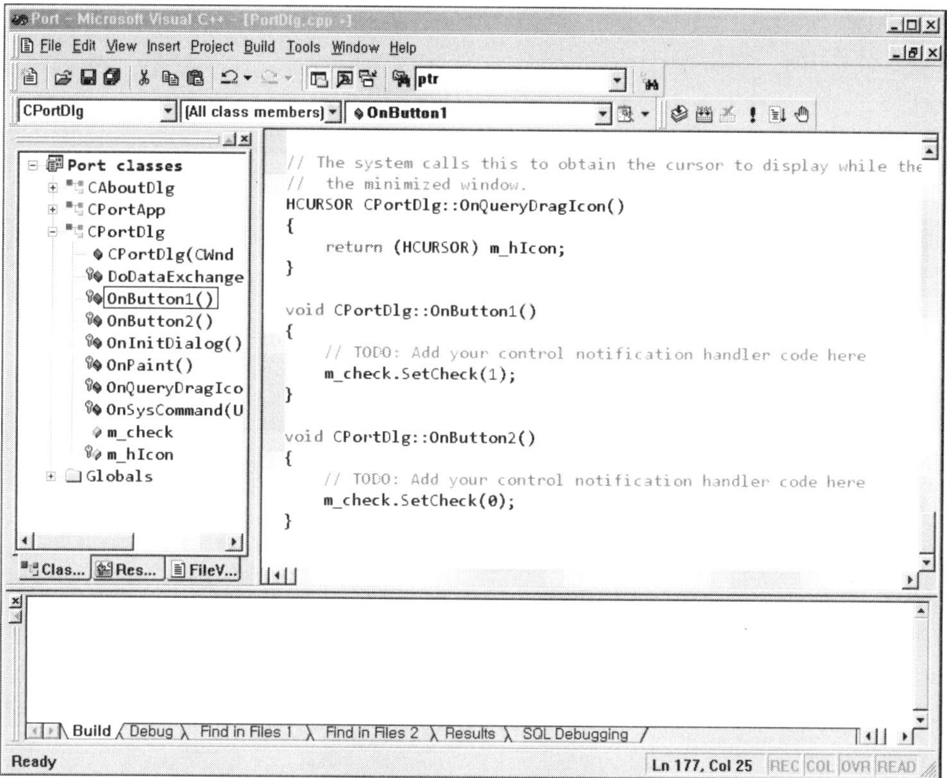

그림 6.23은 ResourceView에서 다이얼로그 창에 Edit Box와 Button을 구성한 결과

프로그램이 완성되면 VC++ EDI의 'Build' 버튼 내의 'Execute' 버튼을 클릭하면 작성한 프로그램이 컴파일과 링크를 거쳐서 실행이 되고, 그 결과는 모터가 On/Off 버튼에 의해 체크가 되었다가 사라졌다가 반복하게 된다. 간단한 예제지만 각 함수 아래에 다양한 제어 프로그램을 추가하면 복잡한 제어기를 구성할 수 있게 된다. 그림 6.24은 On/Off에 의해 모터가 동작하는 다이얼로그 애플리케이션 GUI의 동작을 보여주고 있다.

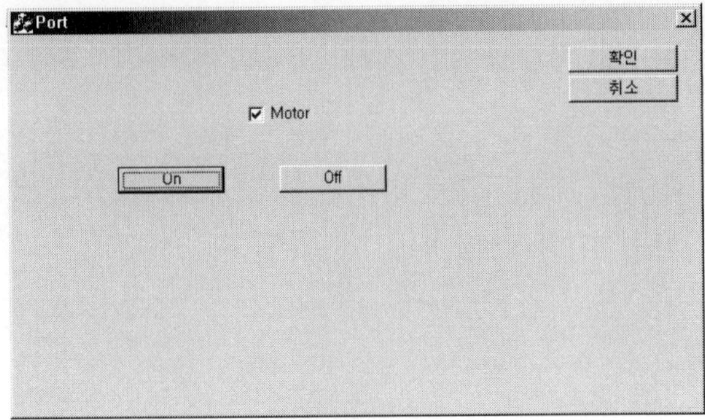

그림 6.24 다이얼로그 애플리케이션의 동작

6.3 직렬 통신

항만 자동화 시스템을 구성하는 과정에서 컴퓨터와 컴퓨터, 컴퓨터와 PLC 또는 센서 등과 신호를 전달하기 위한 인터페이스를 구축하는 것이 필요하다. 두 개의 프로세서 간의 통신은 크게 병렬 통신(Parallel Communication)과 직렬 통신(Serial Communic ation)으로 구분할 수 있다. 병렬 통신은 한 번에 8비트 즉 1 바이트씩 송수신하는 통신으로서 컴퓨터의 프린터 포트 등이 있으나 병렬 포트는 전송속도는 빠르나 동시에 8개의 선이 연결되어야 하므로 통신거리가 짧고 비용도 많이 드는 문제가 있다. 이에 비해 직렬 통신은 한 번에 1 비트씩 데이터를 송수신하기 때문에 통신 속도는 상대적으로 느리지만 통신선이 단순하게 된다. 예를 들어 쌍방향 통신인 전이중(Full Duplex) 통신의 경우에 송신(Tx), 수신(Rx) 및 그라운드(GND)의 3개의 선으로 통신이 가능하게 된다. 직렬 통신은 구현하기가 용이하고 원거리 통신이 가능한 장점이 있으며 직렬 통신의 대표적인 것으로 모뎀, LAN, RS-232C 및 X.25등이 있다. 직렬 통신에서도 동기식(Synchronous), 비동기식(Asynchronous)으로 나눌 수가 있는데 이 두 가지 종류의 특성을 살펴보면 다음과 같다.

동기식 직렬 통신

- 2개의 디바이스 사이에 동기를 취하고 그 타이밍에 따라 데이터를 송수신
- 데이터 교환이 없는 사이에도 제어용 신호가 흘러 상대와 동기 유지
- 데이터 송수신 시는 실 데이터를 교환하고 데이터가 없는 때는 대기 신호를 교환
- 실 데이터 송수신 시 시작과 종료 신호가 존재하지 않아 데이터 전송 속도는 빨라짐

비동기식 직렬 통신

- 처음과 끝에는 Start 비트와 Stop 비트가 필요함
- 추가된 비트 때문에 동기 통신에 비교하여 약간의 늦어짐 발생
- 송신과 수신 대기 신호가 필요 없음

본 절에서는 직렬 통신을 이용한 인터페이스에 대해 자세히 살펴보기로 한다. 일반적으로 컴퓨터와 컴퓨터 또는 컴퓨터와 센서 사이의 통신은 주로 비동기적 통신인 RS232C를 사용한다. RS-232C는 'Recommend Standard Number 232'의 약어이고, 'C'는 표준 규격의 최신판을 나타낸다. 1969년 미국의 EIA(Electric Industries Association)에 의해 정해진 표준 인터페이스로 "직렬 2진 데이터의 교환을 하는 데이터 터미널 장비(DTE)와 데이터 통신장비(DCE)간의 인터페이스의 제반 사항에 대한 규정"으로 정의하고 있다. 거의 대부분의 PC의 시리얼 포트는 RS-232C의 9핀 D형 커넥터(connector)를 기본적으로 제공한다.

RS-232C와 같이 비동기식 직렬 통신 제어기를 일반적으로 UART(Universal Asynchronous Receiver Transmitter)라 부른다. UART에서 나오는 신호는 0V와 5V 전압을 가지는 TTL 신호 레벨을 가지고 있기 때문에 노이즈에 약한 문제점이 있다. 이를 해결하기 위해 TTL 레벨 신호를 받아 노이즈에 강하고 멀리 갈 수 있도록 라인 드라이버(line Driver)를 이용하여 전송하는 인터페이스 방식이 있는데 대표적인 것이 RS-232C, RS422 및 RS485가 있다. 즉 PC의 종단에 전압을 높게 바꾸는 라인 드라이버를 연결하여 실제로는 높은 전압형태의 신호가 전송되도록 한다.

그림 6.25는 UART 내부의 직렬 통신 신호와 RS-232C에 의한 외부의 직렬 통신 신호의 형태를 보여주고 있다. 그림 6.25(a)에서와 같이 직렬 신호는 한 비트씩 전송이 되는데 먼저 전송 신호의 처음을 나타내는 스타트 비트를 보내고 다음으로 8비트의 데이터를 표현하는 신호를 보낸다. 데이터 비트는 1 바이트 단위로 숫자를 보낼 수 있으며 또한 문자의 경우 ASCII(American Standard Code for Information Interchange) 코드를 보낼 수 있다. ASCII는 1968년 제정된 미국 문자 표준코드체계로서 컴퓨터에서 영문자, 숫자, 기호를 표현하기 위한 표준 코드이다. 그림 6.26 ASCII 코드를 보여주고 있다. 예를 들어 문자 'A'를 보내고자 할 경우 이진수로 01000001이며 16진수로 0x41인 신호를 전달하게 된다. 이때 먼저 첫 번째 자리 수인 LSB(Least Significant Bit)부터 송신되며 최고 높은 자리 수인 MSB(Most Significant Bit)가 마지막으로 전달되고, 그 다음 이진수의 수에 대해 수신부에서는 전송 받은 신호를 ASCII 코드에 따라 문자로 받아들이게 된다.

데이터 비트에 이어서 패리티 비트(Parity Bit)를 설정할 수 있는데 패리티 비트는 데

이터의 송신 중에 데이터에 어떠한 문제가 발생할 경우를 대비해서 체크하기 위한 비트이다. 패리티에는 짝수 패리티(Even Parity), 홀수 패리티(Odd Parity), 또는 패리티 없음을 선택할 수 있다. 패리티를 이용할 경우 각 데이터 바이트 중의 1의 개수를 세어 전송할 데이터 비트를 포함하여 짝수 또는 홀수가 되도록 추가 한 후 데이터를 전송한다. 예를 들면 짝수 패리티를 선택했을 경우 데이터 중에 1이 짝수 개 있는 경우 패리티 비트는 0로 되며 홀수 개 있을 경우 1로 설정하여 모두 짝수개가 되도록 설정하면 수신부에서는 그 프로토콜에 따라서 패리티를 체크하여 문제 발생 여부를 검사하게 된다. 신호 마지막부분에 Stop 비트를 설정하여 데이터의 송신이 완료되었음을 알린다. 그림 6.25의(b)는 RS-232C 포트로 'A'라는 문자가 전송되는 신호를 보여주고 있는데 UART 신호에 비해서 신호가 반전되었고 신호 영역이 -12V에서 +12V로 확장되었음을 알 수 있다.

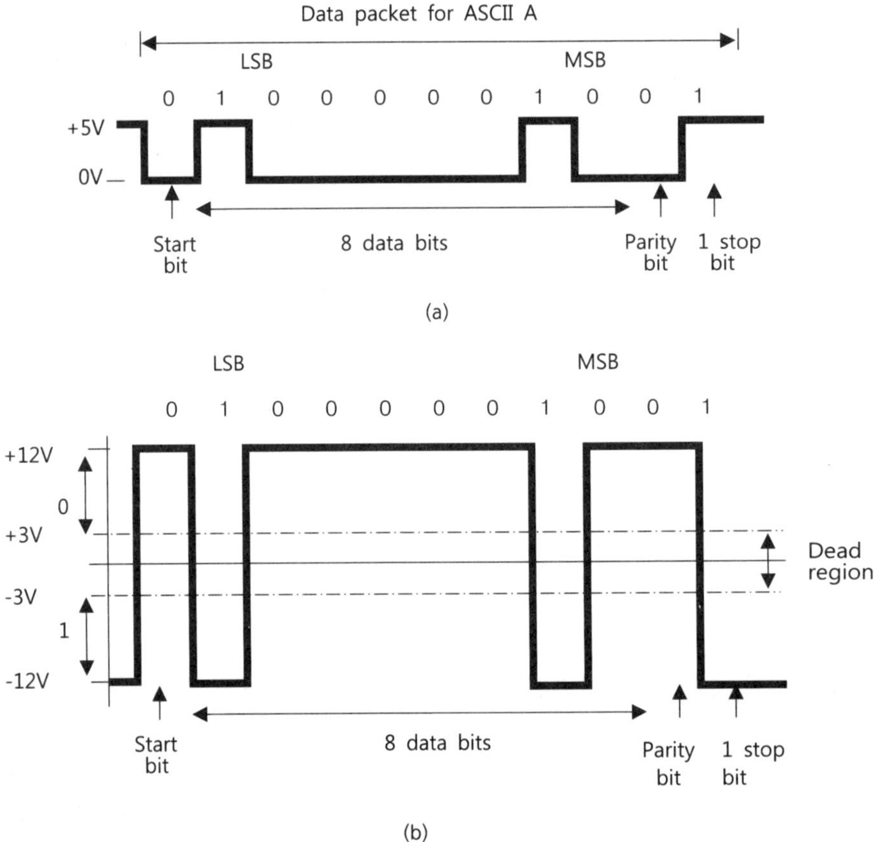

그림 6.25 RS-232C 통신 패킷 포맷 (a) UART 내부 TTL 레벨 신호 (b) 라인 드라이버를 거친 외부의 신호 레벨

10진수	16진수	2진수	ASCII	10진수	16진수	2진수	ASCII	10진수	16진수	2진수	ASCII	10진수	16진수	2진수	ASCII
0	0×00	00000000	NULL	64	0×40	01000000	@	32	0×20	00100000	SP	96	0×60	01100000	.
1	0×01	00000001	SOH	65	0×41	01000001	A	33	0×21	00100001	!	97	0×61	01100001	a
2	0×02	00000010	STX	66	0×42	01000010	B	34	0×22	00100010	"	98	0×62	01100010	b
3	0×03	00000011	ETX	67	0×43	01000011	C	35	0×23	00100011	#	99	0×63	01100011	c
4	0×04	00000100	EOT	68	0×44	01000100	D	36	0×24	00100100	$	100	0×64	01100100	d
5	0×05	00000101	ENQ	69	0×45	01000101	E	37	0×25	00100101	%	101	0×65	01100101	e
6	0×06	00000110	ACK	70	0×46	01000110	F	38	0×26	00100110	&	102	0×66	01100110	f
7	0×07	00000111	BEL	71	0×47	01000111	G	39	0×27	00100111	'	103	0×67	01100111	g
8	0×08	00001000	BS	72	0×48	01001000	H	40	0×28	00101000	(	104	0×68	01101000	h
9	0×09	00001001	HT	73	0×49	01001001	I	41	0×29	00101001	)	105	0×69	01101001	i
10	0×0A	00001010	LF	74	0×4A	01001010	J	42	0×2A	00101010	*	106	0×6A	01101010	j
11	0×0B	00001011	VT	75	0×4B	01001011	K	43	0×2B	00101011	+	107	0×6B	01101011	k
12	0×0C	00001100	FF	76	0×4C	01001100	L	44	0×2C	00101100	,	108	0×6C	01101100	l
13	0×0D	00001101	CR	77	0×4D	01001101	M	45	0×2D	00101101	-	109	0×6D	01101101	m
14	0×0E	00001110	SO	78	0×4E	01001110	N	46	0×2E	00101110	.	110	0×6E	01101110	n
15	0×0F	00001111	SI	79	0×4F	01001111	O	47	0×2F	00101111	/	111	0×6F	01101111	o
16	0×10	00010000	DLE	80	0×50	01010000	P	48	0×30	00110000	0	112	0×70	01110000	p
17	0×11	00010001	DC1	81	0×51	01010001	Q	49	0×31	00110001	1	113	0×71	01110001	q
18	0×12	00010010	SC2	82	0×52	01010010	R	50	0×32	00110010	2	114	0×72	01110010	r
19	0×13	00010011	SC3	83	0×53	01010011	S	51	0×33	00110011	3	115	0×73	01110011	s
20	0×14	00010100	SC4	84	0×54	01010100	T	52	0×34	00110100	4	116	0×74	01110100	t
21	0×15	00010101	NAK	85	0×55	01010101	U	53	0×35	00110101	5	117	0×75	01110101	u
22	0×16	00010110	SYN	86	0×56	01010110	V	54	0×36	00110110	6	118	0×76	01110110	v
23	0×17	00010111	ETB	87	0×57	01010111	W	55	0×37	00110111	7	119	0×77	01110111	w
24	0×18	00011000	CAN	88	0×58	01011000	X	56	0×38	00111000	8	120	0×78	01111000	x
25	0×19	00011001	EM	89	0×59	01011001	Y	57	0×39	00111001	9	121	0×79	01111001	y
26	0×1A	00011010	SUB	90	0×5A	01011010	Z	58	0×3A	00111010	:	122	0×7A	01111010	z
27	0×1B	00011011	ESC	91	0×5B	01011011	[	59	0×3B	00111011	;	123	0×7B	01111011	{
28	0×1C	00011100	FS	92	0×5C	01011100	₩	60	0×3C	00111100	<	124	0×7C	01111100	|
29	0×1D	00011101	GS	93	0×5D	01011101	]	61	0×3D	00111101	=	125	0×7D	01111101	}
30	0×1E	00011110	RS	94	0×5E	01011110	^	62	0×3E	00111110	>	126	0×7E	01111110	~
31	0×1F	00011111	US	95	0×5F	01011111	_	63	0×3F	00111111	?	127	0×7F	01111111	DEL

그림 6.26 ASCII 코드

직렬 통신에 있어서 이와 같이 각종 추가적인 비트를 수신부와 송신부가 서로 공유하기 위한 통신 규약(Protocol)에 따라 송수신 하게 된다. 직렬 통신의 규약에 있어서 통신 속도를 나타내 주는 보 레이트(Baud Rate)의 설정도 필수적이다. 보레이트는 RS-232C 에 있어서 가장 기본이 되는 전송속도에 대한 약속으로 1200, 2400, 4800, 960 0, 19200 bps(bit per second) 같은 수치들로 표현된다. 즉 보레이트는 1초에 보내는 비트의 수를 나타내는데 결국은 한 비트가 전송되는데 소요되는 시간의 역수에 해당한다. 보레이트가 송신부와 수신부가 동일하게 설정되어 있지 않으면 정확한 데이터를 받을 수 없기 때문에 필히 확인해야 한다.

그림 6.27은 RS-232C의 형태와 핀의 배치 및 Null Modem 송수신 연결 결선을 보여주고 있다. Null Modem은 과거 RS-232C를 이용한 모뎀(Modem) 통신에서 사용되던 신호선 중 RXD, RXD, GND선 만을 이용하여 통신하는 방식으로서 PC를 비롯한 센서와의 통신에서 사용하는 방식이다.

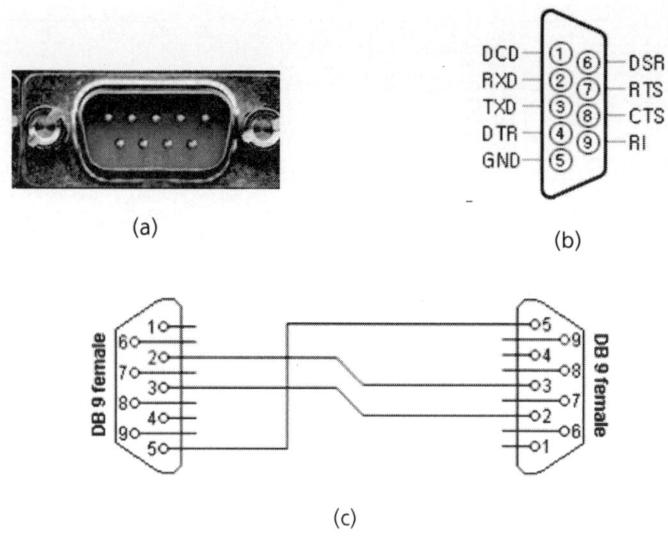

그림 6.27 RS-232C 9 Pin Connector (a) 9 Pin D형 커넥터 (b) RS-232C의 핀의 구성 (c) RS-232C의 1대1 Null Modem 송수신 연결

표 6.5는 RS-232, RS-422, RS-485 규격을 보여주고 있다. 라인 드라이버의 종류에 따라 다양한 직렬 통신 규격이 있는데 그 특징은 다음과 같다. 중요한 차이점은 RS-232C는 GND를 공통으로 하여 TXD, RXD 신호를 전송하는 Single-Ended 형식이지만, RS-422는 TXD+와 TXD- 및 RXD+ 와 RXD- 선을 이용하여 송수신하고, RS-485는 TRXD+와 TRXD-를 통해 전송하는 Differential 형식이라는 점이다. Differential 형식은 1 km 이상까지 상대적으로 원거리 신호를 전달할 수 있는 장점이 있다. 다음으로 RS-232C는 전송부와 수신부가 1대1인 Point to Point 방식이지만, RS-422는 그림 6.28과 같이 Master-Slave 형식으로 1대다, RS-422는 그림 6.29와 같이 다대다가 가능한 Multi Drop 기능을 제공한다. RS-232와 RS-422는 전이중 방식으로서 데이터의 송신과 수신을 동시에 할 수 있지만, RS-422는 반이중(Half Duplex) 방식으로서 UART의 TXD, RXD 신호선이 멀티 포인트 버스에 의하여 공동으로 사용하게 된다. 즉 한 단자는 송신을 할 경우 수신을 할 수 없으며 수신을 할 경우에도 송신을 할 수 없다. RS-232C, RS-422, RS-485 형식의 통신 모듈들은 그림 6.30과 같은 컨버터(Converter)를 사용하면 서로 간단히 변환가능하기 때문에 기본적으로 RS-232C 형식만 익혀두면 어떤 종류의 직렬 통신이라 하더라도 용이하게 적용할 수 있다.

표 6.5 RS-232, RS-422, RS-485 규격

종류	RS-232C	RS-422	RS-485
동작 모드	Single-Ended	Differential	Differential
송신부 수신부의 수	1 Transmitter 1 Receiver (Point to point)	1 Transmitter 10 Receivers (Multi drop)	32 Transmitter 32 Receivers (Multi drop)
최대 통신거리	약 15 m	약 1.2 km	약 1.2 km
최고 통신속도	20 Kb/s	10 Mb/s	10 Mb/s
신호선 수	9	5	2/4
지원 전송방식	Full Duplex	Full Duplex	Half Duplex
최대 출력전압	±25V	-0.25V to +6V	-7V to +12V
최대 입력전압	±15V	-7V to +7V	-7V to +12V
장단점	-저속 통신 -통신거리가 짧다. -가장 일반적 방식	-통신속도가 빠름 -통신거리가 길다. -Multi-Drop 지원	-통신속도가 빠름 -통신거리가 길다. -Multi-Drop 지원
적용 예	-시리얼 마우스 -모뎀 -PC COM Port	-원거리 전광판 -PLC 등	-CCTV -PLC 등

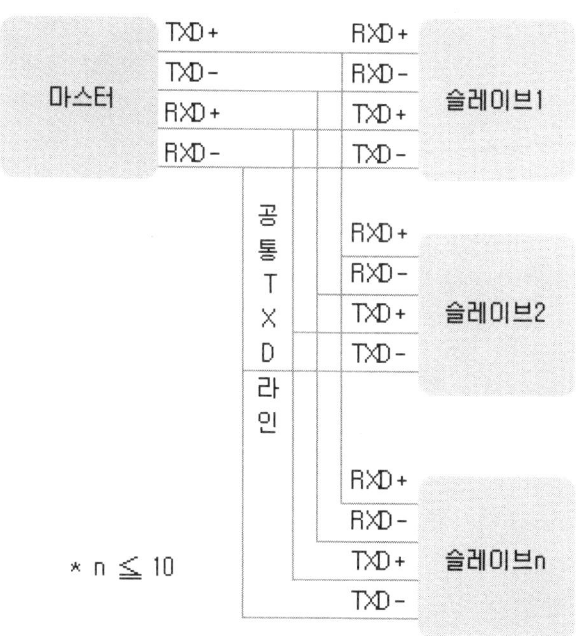

그림 6.28 RS-422의 1대다 송수신 방식

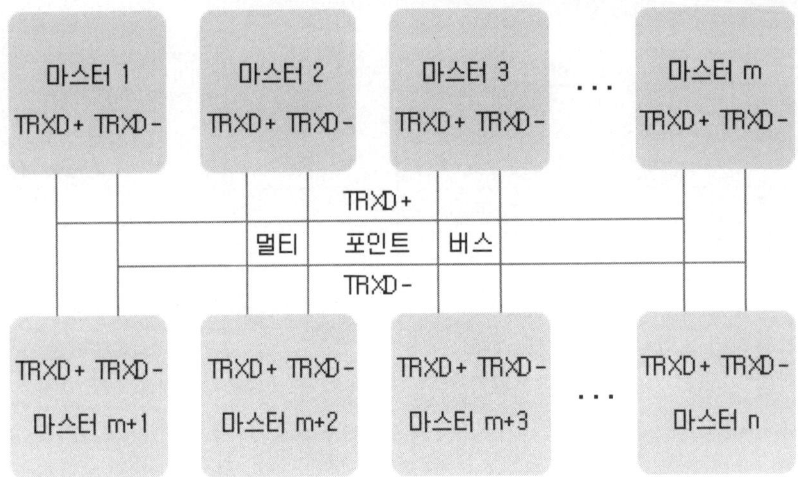

그림 6.29 RS-485의 다대다 송수신 방식

그림 6.30 RS-232C to RS422/RS485 컨버터[36]

36) http://ooltcloud.expressweb.jp/

7장

항만자동화 요소 기술

7.1 항만 자동화용 센서 기술

본 절에서는 현재 항만자동화를 사용되고 있거나 추후 사용될 것으로 예상되는 비전 센서와 레이저 거리 검출 센서에 대해 소개한다.

7.1.1 비전 센서

비전 센서(vision sensor)는 카메라 등 광학 입력 장치를 통해 영상 데이터를 입력하고 디지털 영상처리 방법을 이용하여 입력된 영상 내에 존재하는 물체에 대한 정보를 인식해내기 위한 센서이다. 시각은 인간이 받아들이는 여러 가지 감각 중 외부로 부터의 받아들이는 정보의 약 80%를 점하는 것으로 알려지고 있는 만큼 인간의 시각과 유사한 기능을 가지는 비전 센서는 자동화에서 매우 중요한 위치를 차지하게 된다. 따라서 항만자동화를 위한 센서로서도 활용가치가 매우 높다고 할 수 있다. 자동화용으로 활용되고 있는 센서는 기존의 근접센서, 초음파센서, 광센서 등이 있지만 비전 센서로부터 입력되는 영상 데이터는 이러한 센서들에 비해 방대한 정보를 가지고 있다. 현재 지능화 시스템들은 대부분 이러한 영상정보를 이용하고 있다. 항만자동화를 위해서는 비전 센서의 영상처리를 이용하는 기술이 요구된다고 할 수 있다.

1) 비전 센서 시스템 구성

비전 센서를 위해서는 기본적인 장비가 필요하다. 먼저 실제 장면을 입력하기 위한 카메라가 필요한데 그림 7.1과 같이 CCD(Charge Coupled Device)를 이용한 CCD 카메라를 주로 많이 사용한다. 최근 웹 카메라용으로 사용되고 있는 USB(Universal Serial Bus) 포트를 이용한 USB 카메라를 이용할 수 도 있다. USB 카메라는 컴퓨터에 장착된 USB포트를 이용할 수 있으나 CCD 카메라의 경우는 이를 컴퓨터에 입력하기 위하여 컴퓨터에 영상입력보드가 장착되어야 한다. CCD 카메라는 일반적으로 NTSC (National Television System Committee)신호를 만들어 주는데 영상입력보드는 이를 입력하여 영상데이터로 만들어 주는 역할을 기본으로 하게 된다. 그 외에 최근 IEEE1394 규격을 이용한 FireWire 카메라도 고속입력이 가능함으로써 각광을 받고 있다.

대상물체에 대한 3차원적인 인식을 위해 최근 3D 카메라가 상용화되고 있는데 그림 7.2와 같이 다양한 종류의 3D 카메라가 있다. 먼저 스테레오카메라는 카메라 두 개를 이용하여 삼각도법 방식으로 물체에 대한 깊이 정보를 얻어는 방식이다. 또한 레이저 거리 검출을 전방에 있는 모든 면에 투사한 후 반사되어 오는 시간을 검출하는 방식으로 하여 깊이정보를 측정하는 센서도 소개되고 있다. 최근 Microsoft사에서는 Kinect라는 게임용 3D 센서를 출시하였는데 로봇이나 자동화에서 지능화용으로 추후 많이 활용될 수 있을 것으로 보인다.

카메라로부터 영상데이터를 입력하기 위해서는 컴퓨터에 디지털 데이터로 저장하거나 프로그램에서 호출하여 이를 처리하여야 한다. 이를 위해 그림 7.3과 같이 영상데이터를 받아들이기 위한 영상입력보드(또는 frame grabber)와 컴퓨터가 필요하다. 카메라로부터 통해 입력된 영상데이터를 영상입력보드를 이용하여 컴퓨터에 저장하고 이를 프로그램 상으로 호출한 후 영상처리 기법을 적용한 프로그램을 처리하여 물체에 대한 정보를 자동으로 얻어낸다.

그림 7.1 다양한 카메라의 종류

그림 7.2 다양한 3D 카메라의 종류

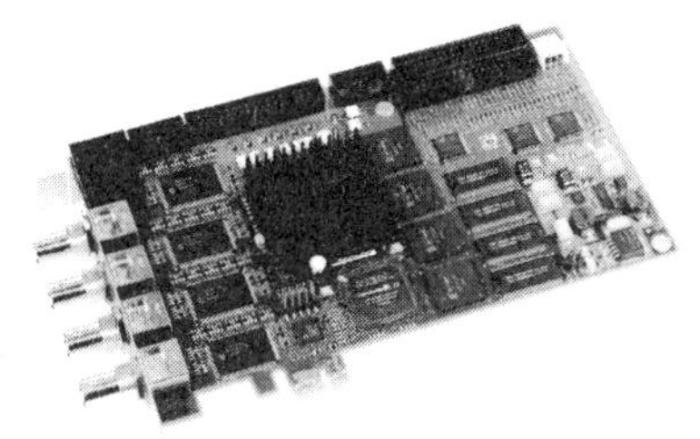

그림 7.3 비전 시스템을 위한 영상입력보드와 컴퓨터

2) 디지털 영상처리

카메라로부터 입력된 디지털 영상은 밝기값(gray value)을 가지는 화소(pixel)들이 2차원 형태로 배열되어 있는 데이터이다. 일반적으로 밝기값은 흑백영상의 경우 0~255의 값을 가지며 데이터사이즈는 해상도에 따라 다르나 640×480 정도를 일반적으로 활용한다.

입력된 영상이 처리되어 최종적으로 의미있는 자료로 활용하기 위해서는 먼저 영상의 입력과 입력된 영상에 대한 기초적인 처리를 의미하는 전처리, 영상 내에서 의미있는 영역들 끼리 구분하는 영상분할, 분할된 영상을 숫자적으로 적절히 표현하는 영상표현, 그리고 표현된 영상으로부터 의미있는 정보를 찾아내는 영상 인식 과정을 거치게 된다. 먼저 전처리(pre-processing)는 영상이 입력되면 기초적인 처리에 의해 결과도 영상으로 나타나는 영상처리를 총칭하는 개념이다. 전처리에는 원 영상에서 포함된 왜곡된 정보를 억제하거나 어떤 특징을 강조하여 다음 처리가 보다 용이하게 이루어 질 수 있도록 하는 것이 목적이다. 영상분할은 영상을 의미있는 영역으로 분할하는 단계로서 배경과 물체 등으로 구분하는 과정으로서 영상의 특징을 기준으로 분할 방법과 영역을 기준으로 분할하는 방법이 있다. 영상기술은 영상 내에 존재하는 물체 즉 영역 분할된 물체를 영역의 크기, 가장자리의 형태 등 다양한 방법으로 기술하는 과정이다. 인식단계는 기술된 정보를 토대로 하여 이미 학습된 정보를 활용하여 물체의 형상이나 정보들을 구체적으로 인식해 내는 단계이다. 여기에는 인공신경회로망 등 다양한 패턴 인식 방법이 사용된다.

전처리

전처리는 최초로 입력된 영상에 대해 다음 단계의 처리를 보다 용이하게 기본적 처리를 하는 것을 의미한다. 그림 7.4는 영상의 전처리 결과를 보여주고 있다. 그림 7.4 (a)는 카메라로부터 입력된 영상으로서 이를 일정한 밝기값을 가지는 기준치를 가지고 밝은 영역과 어두운 영역을 구분한 결과이다. 그림 7.4 (d)는 입력된 영상이 노이즈에 의해 왜곡된 영상의 예이다. 이에 대한 처리로서 메디안필터(Median filter)를 처리한 결과 노이즈가 상당히 제거되었음을 알 수 있다. 그림 7.4 (e)는 입력된 원래 영상에 대해 밝기값을 전체적으로 높인 결과이며 7.4 (d)는 밝고 어두운 영역을 일정하게 처리하여 감지되지 못한 영역이 드러날 수 있도록 하는 효과를 주는 균등화 처리 결과이다.

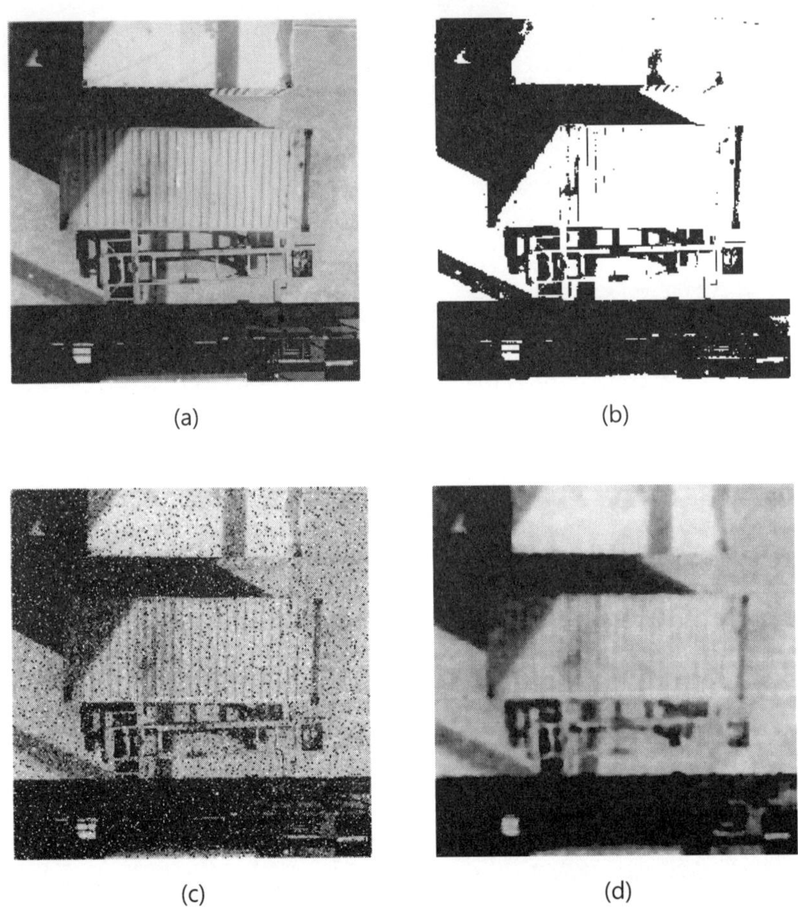

(a) (b)

(c) (d)

(e)

(f)

그림 7.4 영상의 전처리 결과 (a) 원래 영상 (b) 문턱화한 영상 (c) 노이즈가 있는 영상 (d) 노이즈를 제거한 영상 (e) 명암도를 더한 영상 (f) 균등화를 적용한 영상

지역적(local) 처리

한 화소와 그 주변의 화소들이 함께 처리하는 것을 지역적 처리하고 하는데 주로 마스크(mask)를 이용하여 처리한다. 마스크는 일반적으로 3×3 마스크를 사용하는데 한 중심 화소에 마스크를 적용하고 그 주변의 화소에 적절한 가중치(weight value)를 곱한 결과를 모두 합하면 그 중심 화소의 새로운 처리 결과 값이 된다. 그림 7.5에는 3×3 마스크를 보여주고 있는데 중심화소의 좌표 (x, y)와 전후좌우로 8개의 이웃 화소가 존재한다. 이러한 마스크에 어떠한 가중치를 곱하느냐에 따라 다양한 처리결과가 나타나게 된다.

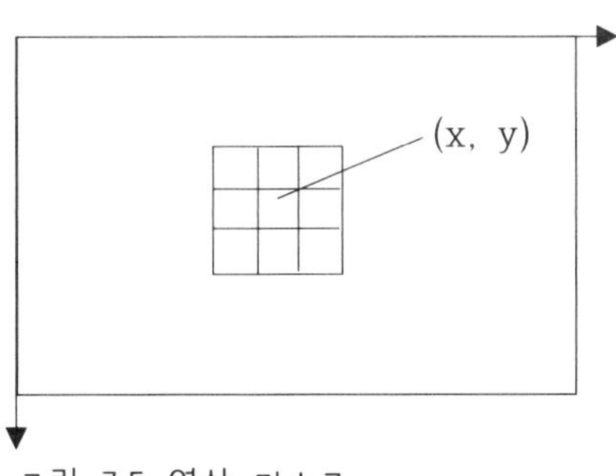

그림 7.5 연산 마스크

(a) 1/9 ×

1	1	1
1	1	1
1	1	1

(b) 1/16 ×

1	2	1
2	4	2
1	2	1

(c) 1/4 ×

	-1	
-1	4	-1
	-1	

그림 7.6 지역적 처리를 위한 마스크 (a) 평균화 마스크 (b)가우시안 마스크 (c) 선명화를 위한 마스크

지역적 처리 중 평활화(smoothing)는 영상을 흐릿하게 하면서 노이즈와 같은 돌출적 정보를 감쇄시키는 방법이다. 마스크 내의 영상을 평균하여 한 화소의 값을 구하는 방법으로서 한 화소를 중심으로 하여 3×3마스크를 정의하고 마스크 안에 들어있는 모든 화소를 더한 후 그 개수로 나누는 방법이다. 마스크 사이즈의 크기는 필요에 따라 다양하게 사용할 수 있으며 크기가 커질수록 저역필터효과가 강하게 나타나게 된다.

선명화(sharpening)는 영상에서 세밀한 부분을 강조하기 위해 사용한다. 일반적인 선명화 마스크는 중간 값은 양수이고 주변 값은 음수로 정의한다. 따라서 처리 결과가 음수가 될 수 있으므로 이를 밝기값을 가지는 영상으로 표현하기 위해 일정한 값으로 더해주어야 한다. 선명화는 희미한 부분을 강조하고 윤곽을 분명히 하는 장점이 있으나 영상내의 노이즈를 지나치게 강조하는 단점이 있기도 하다.

(a) (b)

그림 7.7 지역적 처리 결과 (a) 평활화 (b) 선명화 결과

-1	0	1
-2	0	2
-1	0	1

G_x

-1	-2	-1
0	0	0
1	2	1

G_y

그림 7.8 경계검출을 위한 Sobel 연산자로서 수평 및 수직 경계 검출 마스크

경계 검출(edge detection)

경계검출은 영상의 밝기의 변화를 검출해 내는 것을 의미하는데 영상처리에서 매우 중요한 부분을 차지한다. 영상에서 경계를 검출하기 위한 방법으로서는 영상의 기울기(gradient)를 구한다.

실제의 영상처리에 있어서 기울기를 구하는데 있어서 수평과 수직에 대한 기울기 값은 여러 가지 방법으로 정의할 수가 있다. 또한 수평 마스크와 수직 마스크는 각각 원 영상의 수평에지와 수직에지 성분을 표현한다.

경계검출을 위해 일반적으로 Sobel 연산자가 많이 쓰이고 있다. 그림 7.8과 같이 마스크를 보면 중간 값에 대해 2를 설정하여 중심의 경계 값을 강화한 효과가 있다. Sobel 연산자는 수직 수평 연산자로 이루어지는데 그림 7.9는 원 영상에 적용한 결과를 보여주고 있다.

(a)

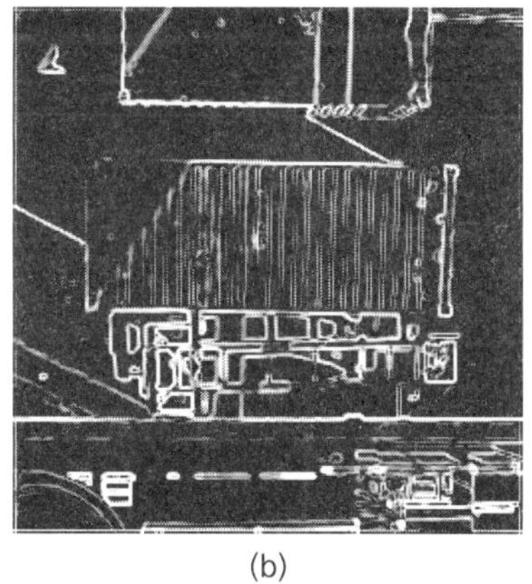

(b)

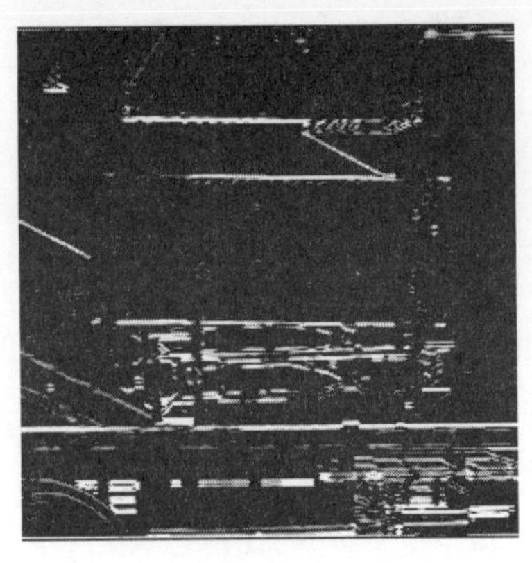

(c)

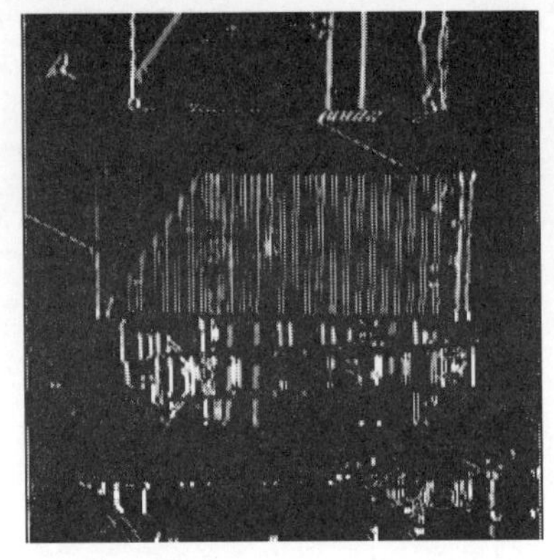

(d)

그림 7.9 경계검출결과 (a)원래 영상 (b) Sobel 경계 (c) Sobel 수직 경계 (d) Sobel 수평 경계

그림 7.10 영역 분할된 결과

이러한 과정을 거친 영상은 배경으로부터 인식하고자 하는 물체를 구분해 낼 수 있는데 여기에 활용되는 처리 방법을 영역분할(segmentation)이라 한다. 영역 분할된 영상 데이터로부터 물체의 크기와 중심 위치 가장자리 위치 등을 구할 수 있다. 예를 들어 컨테이너 자세를 측정하고자 한다면 그림 5.10과 같이 영상으로부터 전처리를 한 후 영역 분할 또는 경계검출 처리를 한 후 컨테이너의 위치를 찾음으로서 가능하다. 이러한 영상처리 기법은 컨테이너의 외관 검사, 컨테이너의 자세 측정, 컨테이너 크레인 흔들림 인식 등에 사용될 수 있다.

비전 센서는 인간의 눈과 같이 영상을 입력하여 처리함으로써 지능적으로 인식할 수 있는 장점이 있지만 적용에 유의하여야 할 점이 있다. 먼저 비전 센서에 활용되는 카메라는 조명에 매우 민감하다. 인간은 조명의 밝고 어두움에 적응할 수 있지만 카메라는 일정한 빛의 세기에 반응하게 되므로 조명에 따라 다른 결과를 나타내게 된다. 따라서 비전 센서 적용을 위한 적절한 환경을 구축할 필요가 있다. 이를 위해 검출 대상이 되는 컨테이너의 가장 자리에 컬러나 광원 등을 이용하여 비전 센서가 외부환경이 변화에도 일정한 결과를 나타내도록 할 필요가 있다. 또한 실외에 설치되어있으므로 안개 등에 의해 가려질 경우 인식이 어려운 점도 발생할 수 있으므로 센싱 환경 조건에 대한 면밀한 검토가 필요하다.

7.1.2 레이저 거리센서

대형 물체를 인식하거나 원거리의 거리 검출을 위해서는 레이저 펄스를 이용한 거리 검출기를 많이 사용한다. 이 센서는 펄스형의 레이저를 물체에 투사하고 투사한 레이저 오는 데 걸리는 시간(time-of-flight)을 이용하여 거리를 측정한다. 그림 7.11과 같이 펄스를 물체에 투사하는 순간과 동기화 된 수광부에서 레이저 펄스가 되돌아 올 때까

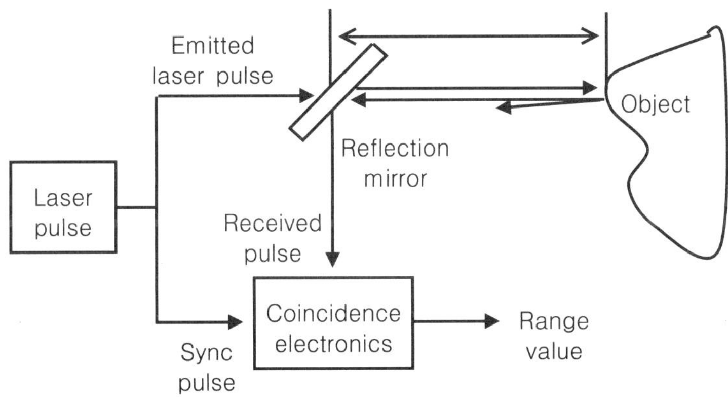

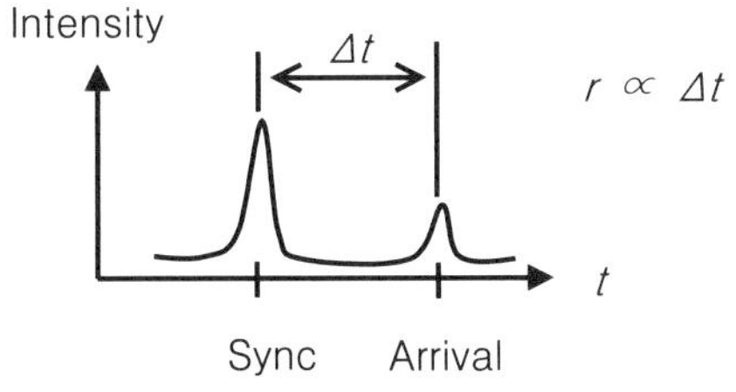

그림 7.11 레이저 거리 검출기의 구성

지의 시간을 측정한다. 레이저는 물체에 반사된 후 흡수 또는 산란되지만 일부는 다시 되돌아오게 되며 이 시간차는 거리에 비례하게 되므로 거리를 검출할 수 있게 된다. 이러한 원리를 이용한 센서에 스캐닝 기능을 추가하여 2차원 또는 3차원 물체 인식이 가능하게 된다. 일반적으로 이러한 센서들은 제어용 호스트 컴퓨터와 센서 사이에 직렬 통신 포트를 제공하여 실시간으로 2차원 거리 데이터를 얻을 수 있다.

그림 7.12 (a)는 SICK사의 레이저 거리 센서를 보여주고 있다. LMS200의 경우 최대 측정거리 80 M 에 10 mm의 해상도로 측정할 수 있다. 검출된 거리 데이터는 호스트 컴퓨터로 전송되어지는데 인터페이스 형식은 RS422 유형을 사용하며 전송속도는 9600 pbs이다. RS422 유형의 인터페이스는 4개의 선을 이용하여 데이터의 전송과 수신을 직렬형태로 전송하는 방식으로서 근거리용인 RS232 유형에 비해서 원거리 전송이 가능하다. 데이터의 전송은 한 바이트씩 이루어지는데 8bit에 거리 데이터를 16진수 숫자로 표현하여 전달한다. 한 bit가 전송되는데 소요되는 시간의 역수를 보레이트(baud rate)라 하며 단위는 pbs (bits per second)이다. 그림 7.12 (b)는 2차원 스캔 영역을 보여주고 있는데 180° 범위에서 약 0.25° 의 해상도로 스캔이 가능하다. 그림 7.12 (c)는 거리 검출된 결과를 보여주고 있는데, 180° 스캔하면서 물체가 존재할 경우 거리가 가깝고 먼 것을 그래프로 보여주고 있다. 호스트 컴퓨터에서는 각도에 따른 거리데이터를 검출하여 이것을 직각좌표계로 변환하여 물체의 형상이나 충돌방지 등을 결정한다.

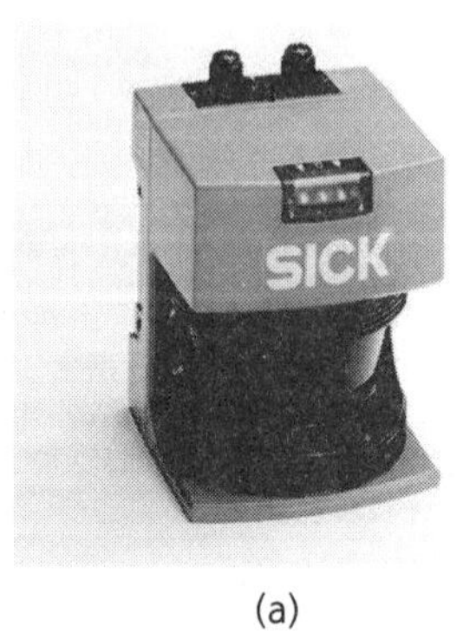

(a)

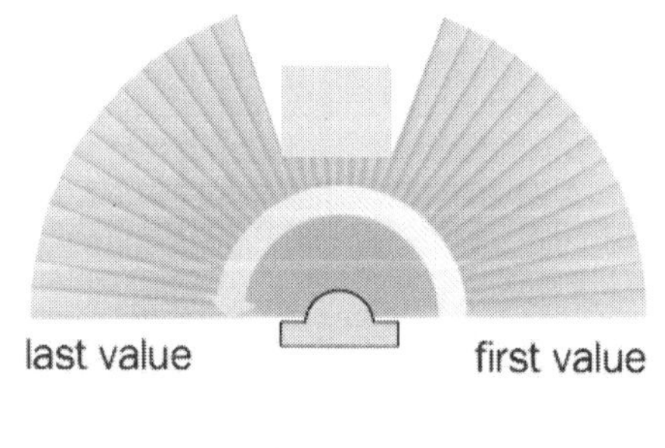

(b)

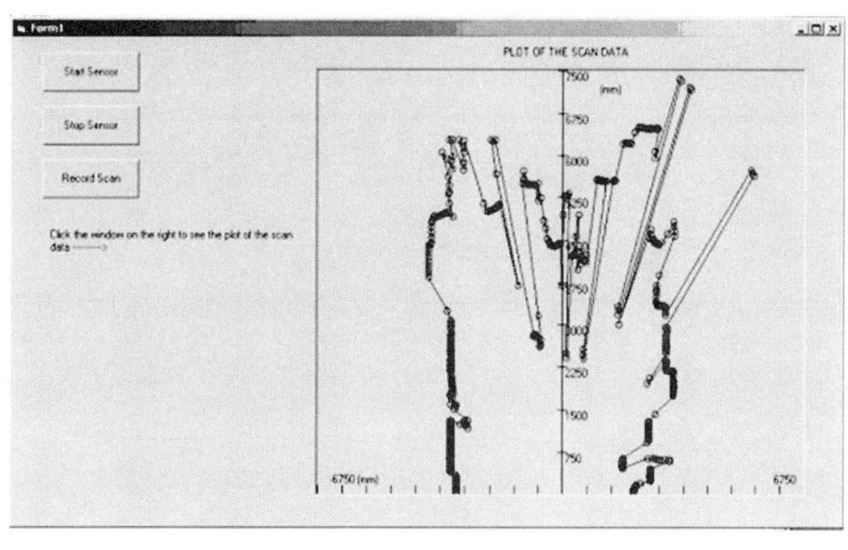

(c)

그림 7.12 스캔이 가능한 레이저 거리 검출기와 거리검출 결과37)

그림 7.13은 2차원 레이저 거리 검출기를 이용한 자동화의 예를 보여주고 있다. 그림 7.13 (a)는 크레인이 회전할 경우 발생할 수 있는 충돌 방지를 위해 크레인의 붐의 양단에 평행하게 1차원 레이저 거리 센서를 부착하여 만약 어떤 대상이 검출되면 충돌 직전 상태로 인식해 내는 방법을 사용할 수 있다. 또한 2차원 레이저 거리검출기를 크레인 붐에 부착하여 전방을 스캔함으로써 충돌 가능 여부를 검출할 수 있다. 그림 7.13 (b)는 컨테이너를 양하 할 경우 양하 위치를 검출하는 용도로 활용될 수 있음을 보여주고 있다. 크레인에 부착된 2차원 거리 센서가 적재할 위치를 스캔하여 얻어진 거리 데이터를 분석하면 적재할 위치를 검출해 낼 수 있다. 그림 7.13 (c)는 컨테이너 상에 부착된 거리검출기를 이용하여 트레일러 위에 적재된 컨테이너의 위치를 검출하거나 적재 여부를 판단할 수 있는 센서로 활용될 수 있음을 보여주고 있다. 그림 7.13 (d)는 야드상의 트랜스퍼 크레인의 상단에 부착된 레이저 거리 검출기에 의해 컨테이너의 적재 상태를 인식하고 적재 위치를 검출해 내는 과정을 보여주고 있다.

---

37) http://w39ww.sickkorea.net/

(a)

(b)

(c)

(d)

그림 7.13 레이저 거리검출기를 이용한 자동화의 예 (a) 크레인 충돌방지용 (b) 양하 위치 검출용 (c) 컨테이너 위치 및 적재여부 검출 (d) 야적된 컨테이너 정보 검출

레이저 거리 검출기는 발광부에서 전송된 레이저 광원이 반사된 광량을 검출하기 때문에 물체의 색깔에 따른 반사도가 검출에 영향을 미친다. 예를 들어 대상이 흰색계열인 경우는 잘 검출되지만 검은색 계열의 물체는 상대적으로 검출감도가 저하된다. 또한 우천이나 안개 등에 의해 검출 감도가 영향을 받을 수 있으므로 환경에 따른 검출의 정도를 사전에 충분히 검토할 필요가 있다.

이러한 환경적 조건을 해소하기 위해 60 GHz 대역의 밀리미터파를 이용한 거리 검출기가 최근 도입되고 있다. 이러한 센서는 전파를 이용하기 때문에 안개 등에 의한 광학적 방해물의 영향력을 거의 받지 않고 측정함으로써 안정적인 센싱 환경을 제공하는 장점이 있다.

7.2 항만 자동화용 통신 기술

본 절에서는 항만 자동화용 통신 기술을 소개한다. 먼저 이미 인터넷에 활용되고 있는 TCP/IP를 소개하는데 기타 통신 방법들도 프로토콜로서 TCP/IP를 사용하는 경우가 많다. 다음은 유비쿼터스 네트워크로 활용되고 있는 RFID/USN를 소개한다. 이어서 근거리 도로 통신용으로 사용되는

7.2.1 TCP/IP

TCP/IP 는 컴퓨터와 컴퓨터간의 지역네트워크(LAN) 혹은 광역네트워크(WAN)에서 원활한 통신을 하도록 위한 통신규약(Protocol) 이다. 최초 미 국방성에서 구축한

ARPANET에서 시작되었으며, 그 후에 일반인들의 컴퓨터 간 통신을 위해서 사용하게 되었다. 인터넷 서비스인 WWW, EMAIL, TELNET, FTP등 대부분이 TCP/IP 기반에서 만들어져있다. 인터넷으로 연결된 수많은 컴퓨터들은 하드웨어, 운영체제, 접속매체에 관계없이 동작할 수 있다는 장점 때문에 인터넷 통신을 위한 핵심으로 활용되고 있다.

TCP/IP는 TCP(Transmission Control Protocol)와 IP(Internet Protocol) 의 2개의 프로토콜로 이루어져 있는데 IP 프로토콜 위에 TCP 프로토콜이 놓이게 되므로 TCP/IP 라고 부르게 되었다. 컴퓨터 통신에서 컴퓨터와 같은 각 단말을 노드(node)라고 하는데 노드 간에의 데이터를 전송하기 위해서는 각 node 에 주소를 필요로 한다. IP는 4바이트로 이루어진 주소번호를 사용하여서 각각의 node를 구분하고 목적지를 찾아가게 된다. 이를 IP address라고 하며, '203.247.202.100'로 표현한다. 숫자로 된 인터넷주소를 사람이 식별하기가 쉽지 않기 때문에 'www.yahoo.com'과 같이 도메인 네임(domain name)으로 자동으로 변환시켜서 사용할 수도 있다.

TCP는 서버와 클라이언트 간에 데이터를 신뢰성 있게 전달하기 위해 만들어진 프로토콜이다. 데이터는 네트워크선로를 통해 전달되는 과정에서 손실되거나 순서가 뒤바뀌어서 전달될 수 있는데, TCP는 손실을 검색해내서, 이를 교정하고 순서를 재조합할 수 있도록 해준다. TCP/IP는 이러한 연결된 상태에서 노드 간에 데이터의 손실 없이 통신을 하도록 도와준다.

LAN (Local Area Network) 근거리 통신망 이며 WAN(Wide Area Network)은 원거리 통신망이다. 즉 LAN 은 지역적으로 가까운 컴퓨터가 서로 연결된 상태를 말하며 WAN은 지역적으로 멀리 떨어진 컴퓨터가 서로 연결 된 상태를 말한다. 그림 7.14는 이러한 LAN과 WAN의 구성을 보여주고 있는데 LAN은 라우터를 통해 다른 LAN과 연결된다.

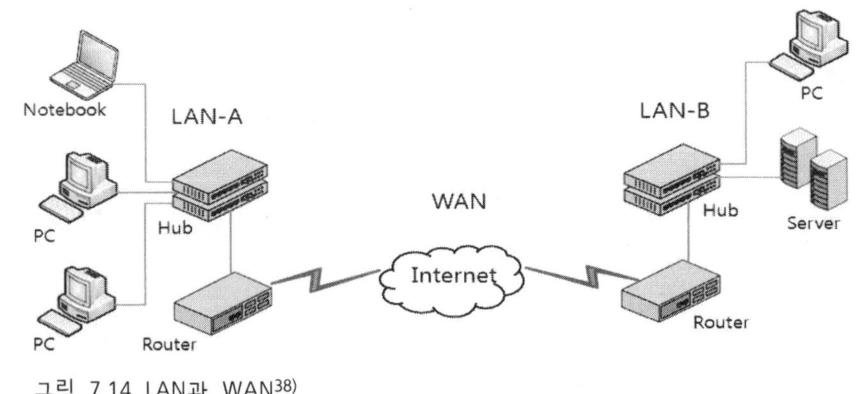

그림 7.14 LAN과 WAN[38)]

38) http://www.ml-ip.com/

컴퓨터간의 데이터 통신은 OSI 7계층을 토대로 이루어진다. OSI(Open System Interconnection Reference Model)는 각종 시스템간의 연결을 위하여 ISO 에서 제안한 모델로써, 컴퓨터의 종류에 상관없이 서로의 시스템이 연결될 수 있도록 만들어주는 모델이다. OSI 는 아래와 같이 7개의 계층으로 되어 있으며 TCP/IP는 그 중 4계층과 5계층의 통신 모델이다. 계층 기반의 통신 모델은 계층 단위의 특수 기능만을 수행하고 각 계층은 다른 시스템과 통신하려는 데에 필요한 관련된 기능을 수행한다. 각 계층의 고유한 기능은 다음과 같다.

7 계층 : 애플리케이션 층(Application Layer): 응용 프로세스간의 정보 교환
응용 계층은 응용 프로세스와 직접 관계하여 일반적인 응용 서비스를 수행한다. 일반적인 응용 서비스는 관련된 응용 프로세스들 사이의 전환을 제공한다. (HTTP, Telnet, e-mail)

6 계층 : 프레젠테이션 층(Presentation Layer): 데이터의 형식 설정 및 코드변환
표현 계층은 코드간의 번역을 담당하여 사용자 시스템에서 데이터의 형식상 차이를 다루는 부담을 응용 계층으로부터 덜어 준다. 인코딩이나 암호화 등의 동작이 이 계층에서 이루어진다.

5 계층 : 세션 층(Session Layer): 응용 프로세스간의 회선 형성 및 동기화
세션 계층은 양 끝단의 응용 프로세스가 통신을 관리하기 위한 방법을 제공한다. 동시 송수신 방식(duplex), 반이중 방식(half-duplex), 전이중 방식(Full Duplex)의 통신과 함께, 체크 포인팅과 유휴, 종료, 다시 시작 과정 등을 수행한다. 이 계층은 TCP/IP 세션을 만들고 없애는 책임을 진다.

4 계층 : 트랜스포트 층(Transport Layer) : 송수신 시스템간의 신뢰성 제공
종단간(end-to-end) 통신을 다루는 최하위 계층으로 종단간 신뢰성 있고 효율적인 데이터를 전송하며, 기능은 오류검출 및 복구와 흐름제어 등을 수행한다. (TCP, UDP)

3 계층 : 네트워크 층(Network Layer): 정보 교환과 중계
여러 개의 노드를 거칠 때마다 경로를 찾아주는 역할을 하는 계층으로 다양한 길이의 데이터를 네트워크들을 통해 전달하고, 그 과정에서 전송 계층이 요구하는 서비스 품질(QoS)을 제공하기 위한 기능적, 절차적 수단을 제공한다. 네트워크 계층은 라우팅, 흐름 제어, 세그먼테이션, 오류 제어, 인터네트워킹 등을 수행한다.(IP)

2 계층 : 데이터 링크 층(Data link Layer): 인접장치간의 정보 전송
포인트 투 포인트(Point to Point) 간 신뢰성 있는 전송을 보장하기 위한 계층으로 CRC 기반의 오류 제어와 흐름 제어가 필요하다. 네트워크 위의 개체들 간 데이터를 전달하고, 물리 계층에서 발생할 수 있는 오류를 찾아 내고, 수정하는 데 필요한 기능적, 절차적 수단을 제공한다.(Ethernet, 토큰링, ATM)

1 계층 : 물리 층(Physical Layer): 전기적 신호 전송
물리 층은 시스템 간에 물리적 링크를 작동시키거나 유지하며 전기, 기계, 절차 그리고 기능적 측면의 문제들을 정의한다. (RS232C, 10BaseT)

그림 7.15는 OSI 7계층 모델에 의거하여 두 시스템간의 인터넷 통신이 이루어지는 과정을 보여주고 있는데 각 계층은 그 기능들의 세부 내용을 은폐하고 보다 기초적인 기능을 수행하기 위하여 바로 아래에 있는 계층에 의존한다. 즉 각각의 계층은 부여된 고유의 역할만을 담당하고 상위 또는 하위 계층으로 전달하게 된다. 하위계층에서는 상위 계층에서 전달된 데이터에 그 계층의 고유 기능에 해당하는 데이터를 첨부하거나 고유 기능을 처리한 후 다시 차 하위 계층으로 전달하게 된다. 실제적으로는 물리층으로 신호가 전달되고 전달된 데이터가 상위 계층으로 올라가면서 데이터가 해석되어 최종적으로는 상대 시스템에서 전달된 데이터가 추출됨으로써 애플리케이션 층 간의 통신이 이루어진다.

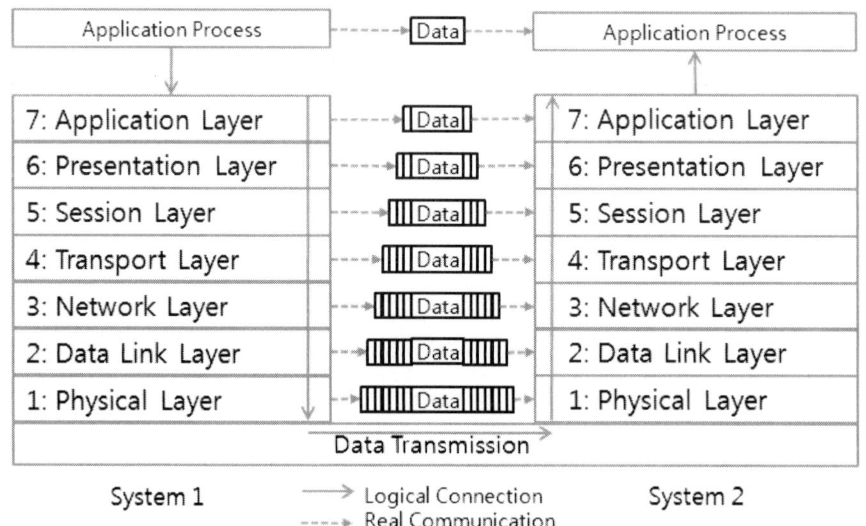

그림 7.15 OSI 7계층과 데이터 전송 과정[39)]

이와 같은 TCP/IP 통신은 일반적인 인터넷 통신 뿐 아니라 항만자동화를 위한 통신으로도 활용되고 있으며 앞으로도 새로운 통신 방안이 나오더라도 OSI 7계층의 일부 계층과 관련되며 TCP/IP는 지속적으로 사용될 것이므로 충분한 이해가 필요한 부분이다.

7.2.2 RFID/USN

RFID

RFID(Radio-Frequency Identification) 시스템은 무선 주파수를 이용하여 접촉 없이 사물에 부착된 태그를 식별하여 정보를 처리하는 인식 기술을 말한다.[40] RFID는 빠른 인식속도, 긴 인식거리, 장애물 투과, 장시간 사용이 가능하고, 데이터 처리능력에 있어서 기존 시스템에 비해 뛰어난 성능을 가진다. 현재 RFID는 135 kHz에서 2.45 GHz의 주파수까지 다양한 주파수 대역에서 사용가능한 시스템들이 개발되었고, 이에 대한 표준화 작업은 SO/IEC의 JTC1/SC31에서 담당하고 있다. RFID의 구성은 그림 7.16과 같이 태그, 리더기, 안테나, 호스트 컴퓨터, 어플리케이션 소프트웨어 등으로 구성된다. 리더기에서 송신된 전파는 태그에서 수신전파를 받아 active 상태로 되고 태그는 정보를 리더기에 송신한다. 리더기에 수신된 전파는 디지털 신호로 변환하여 호스트 컴퓨터에 전달한다. 태그는 태그 내부의 동작전원 내장 여부에 따라 능동형과 수동형으로 구분되고, 능동형은 내부에 전원을 가지고 있는 형태로 리더기와의 인식거리를 늘릴 수 있고, 리더기의 전력손실을 줄일 수 있는 장점이 있으나

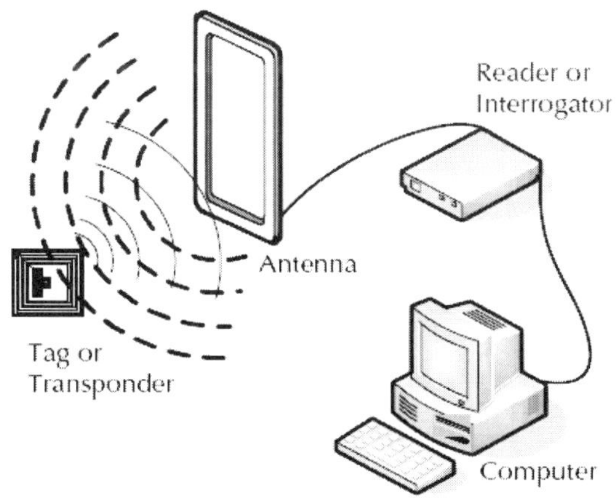

그림 7.16 RFID의 동작원리[41]

39) http://www.server2kx.com
40) 반기종, 원영진, "RFID/USN의 기술 및 시장동향", 전자공학회지 제36권 제12호, 2009년.
41) http://www.epc-rfid.info/rfid

가격이 비싸고 사용기간의 제한 등에 관한 단점을 가지고 있다. 수동형 태그는 내부에 전원을 가지고 있지 않는 형태로 리더기와의 인식거리가 짧은 반면 사용기간이 길고, 가격이 저렴하다. RFID 시스템에 사용되는 주파수 대역은 125 kHz, 13.56 MHz, 433 MHz 및 860~ 960 MHZ, 그리고 2.45 GHz의 범위에서 사용되고 있다.

표 7.1은 RFID 시스템에서 사용하고 있는 주파수 대역에 따른 특성과 적용분야를 나타낸 것이다. 각 주파수 대역에 따라 인식거리가 다르게 나타나며, RFID 시스템에서 사용되는 주파수 대역은 크게 5가지로 분류한다. 표 5.2는 RFID/USN 시스템의 기술에 대한 분류이다. 여기서, RFID 시스템은 태그, 리더기, middleware 및 응용기술로 구성되며, USN 시스템은 sensor node, gateway node, middleware, 응용기술 등으로 분류되고 그 외 USN Infra 및 전파기술 등으로 구성되어 있다.

표 7.1 주파수 대역에 따른 RFID 특성

주파수 대역 (검출거리)	특 성
125 kHz (50 cm 이하)	경제성 우수 수동형태 FA, 근접보안, 동물관리등
13.56 MHz (50 cm 이하)	교통카드, 보안 분야에 활용 도서정리
433 MHz (50~100 m 이하)	국방관련 응용 컨테이너 관리
860-960 MHz (3 m 이상)	유통, 물류분야 다중태그 인식 인식거리와 성능 우수 생산관리, 물류추적
2.45 GHz (1 m 이하)	제한적인 사용 수동 형태는 짧은 거리 특수 고속처리 분야

표 7.2 RFID/USN 관련 기술

영역	분류
RFID	Tag
	Reader
	RFID Middleware
	RFID 응용기술
USN	Sensor Node
	Sink, Gateway Node
	USN Middleware
	USN 응용기술
	USN SE
USN Infra	USN Information Architecture
	Internetworking with BcN (Broadband convergence Network)
	Security&Protection
전파 기술	전파자원 / EMC 기술 개발

현재 RFID 기술은 다양한 분야에 활용되고 있다. 유료 도로 통행료 징수 시스템이나 교통카드에도 RFID가 이용된다. 동물의 피부에 태그를 이식해 야생동물 보호나 가축 관리 등에 사용하기도 한다. 초소형 칩에 식별 정보를 입력하고 무선주파수를 이용해 이 칩을 지닌 물체나 동물, 사람 등을 판독, 추적, 관리할 수 있는 기술로서 유비쿼터스 기반기술의 하나로 중요성이 확대되고 있다. 원거리에서도 인식이 가능하고 여러 개의 정보를 동시에 판독하거나 수정할 수 있는 장점 때문에 바코드를 대체하거나 보완할 수 있는 기술로서 현재 유통분야 뿐만 아니라 물류, 교통, 보안, 가전분야 등으로 그 적용범위가 확대되고 있다. 항만 자동화에 있어서 RFID는 트레일러와 같은 이동물체를 인식하는 용도로 다양하게 활용되고 있다.

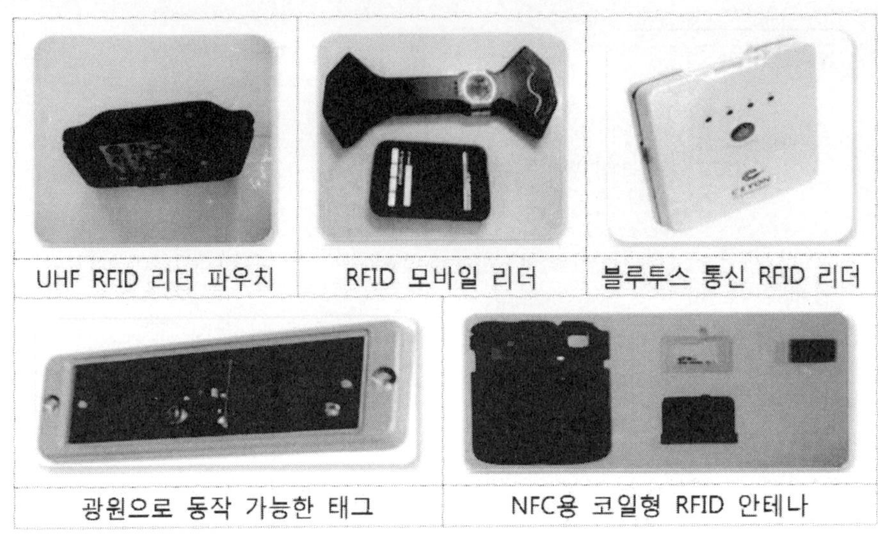

그림 7.17 RFID H/W 제품[42)]

USN

USN(Ubiquitous Sensor Network)은 각종 센서에서 수집한 정보를 USN 무선 네트워크를 통해 실시간 수집 활용하도록 구성된 네트워크를 말한다. 이 기술은 감시 정찰과 같은 군사기술, 산불 감지, 생체신호 감지 등 u-헬스케어, 홈오토메이션, 지능교통시스템 등 교통제어 등 다양한 응용 분야에 사용되고 있다. 그러나 센서 네트워크에서 전달되는 데이터들이 암호화되지 않으면 쉽게 도청당할 수 있으며, 개인의 프라이버시, 기업의 비밀 정보 등일 경우 보안 기능이 필수이며, 특히 USN 장비들이 누구나 접근할 수 있는 공개된 장소에 설치되는 경우가 많아 침해 위협이 더 크다.

관리하고자 하는 모든 사물에 센서를 붙여 그 사물의 정보 및 주변 환경 정보를 자동으로 알아내고 네트워크를 통하여 정보를 공유하고 이를 통해 특정 정보를 수집해 서비스를 제공한다. USN은 사람의 접근이 불가능한 취약 지구에 수백 개의 센서 노드를 설치, 사람이 감시하는 것과 마찬가지의 역할을 수행하며 향후 사회기반시설 안전 감시, 산불감시, 산업시설 감시, 국방 등의 분야에서 널리 활용될 것으로 보인다.

국제물류 전체 프로세스에 정보의 추적성 및 실시간적인 정보전달이 가능한 RFID/USN 기술을 적용하면 화물의 운송예약, 통관, 운송, 보관, 배송의 기능이 효율적으로 운영되어 화물처리량이 극대화되고, 통관절차가 신속하게 이루어짐으로써 별도의 설비증설이나 인력투입 없이도 국제물류기업의 단위당 물류 처리량이 증가될

42) 김명화, 2011년도 상반기 국내외 RFID/USN 산업 동향 보고서, 정보통신산업진흥원, 2011.

것이다[43]. 또한 실시간 정보처리 능력, 여러 개의 객체를 동시에 인식하는 다중 인식, 그리고 빠른 정보 처리 속도 등 기존의 바코드의 단점을 보완 할 수 있는 장점을 갖고 있다. 이러한 RFID의 기능적 우수성을 물류업계에 접목하기 위한 시도는 다방면에 걸쳐 연구 중에 있으며, 현재의 이런 추세는 항공, 항만, 내륙, 물류업계 등 전 방위적으로 이루어지고 있다.

항만자동화에도 RFID/USN 기술의 적용이 활발하게 진행되고 있다. 트레일러와 컨테이너를 RFID를 부착하여 화물의 이동을 자동으로 관리하고 인터넷만 있으면 언제 어디서든 화물 정보를 확인할 수 있고 수출입 서비스가 복잡한 서류 절차 이 원스톱으로 서비스를 제공할 수 있다. 이와 같은 항만 자동화를 'U-Port'라는 이름으로 추진하고 있다. 여기에는 항만운영정보 시스템(Port-MIS), 해운항만물류 정보센터(SP-IDC), 수출입 물류단일 창구(Single Window), 컨테이너 추적시스템(GCTS), 지능형 항만자동화시스템(IPWS) 등으로 구성된다. 항만에서의 각종 정보가 네트워크를 통해 통합 운영되고 미원 서류 등이 전자문서화 되어 시간적 경제적 효율성을 높일 수 있다.

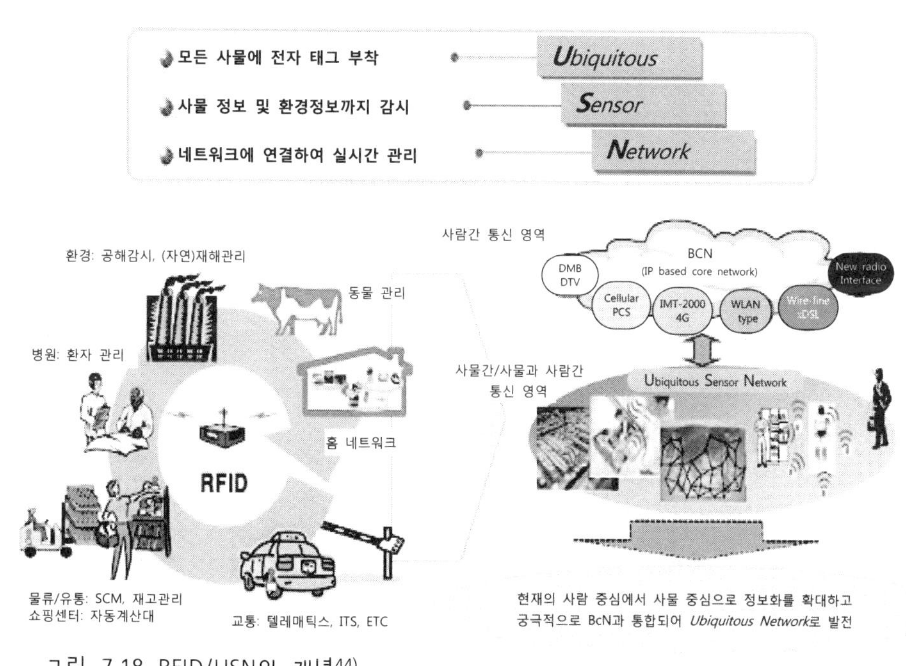

그림 7.18 RFID/USN의 개념[44]

---

43) 최혁준,·최문성, "RFID/USN 활용을 통한 물류 경쟁력 제고 방안", e-비즈니스연구, 제11권 제2호

44) 정보통신연구진흥원

그림 7.19 U-Port 시스템을 위해 장착된 RFID 장비[45)]

7.2.3 DSRC

DSRC(Dedicated short-range communications) 차량 통신에 사용하는 단방향 또는 양방향의 단거리 무선 통신 채널이다. 지능형 교통 체계를 이용한 단거리 전용 통신으로 5.9 GHz 대역에서 75 MHz를 할당해 사용하도록 하고 있다. 그림 7.20과 같이 도로변에 설치된 노변 기지국(RSE: Road Side Equipment)과 도로상에서 주행중인 차량에 설치된 탑재장치(OBE: On Board Equipment)간에 고속의 데이터 통신 서버를 위한 근거리 전용 기술이다. 여기에는 수동방식과 능동방식이 있는데, 수동방식은 차량탑재 장치 내에 주파수 발진기를 내장하지 않고 노변기지국으로부터 수신된 반송파를 증폭하여 재 반사하는 방식이다. 능동방식은 차량탑재 장치가 주파수 발진기를 내장하고 있어 기지국의 반송파와 상관없이 독립적으로 반송파를 송신할 수 있어서 노변기지국과의 통신 거리가 비교적 멀리 양호하게 데이터를 전송할 수 있다.

---

45) 유비쿼터스 세상을 여는 RFID/USN, 정보통신부

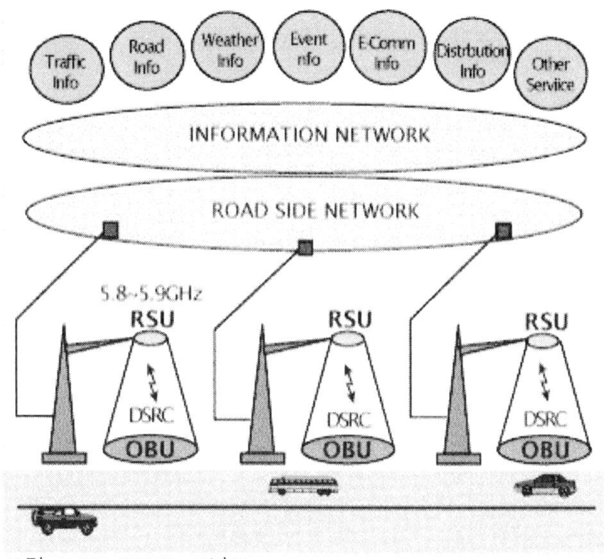

그림 5.20 DSRC 개념도

표 7.3 한국과 외국의 DSRC 방식 비교

구 분	DSRC (한국)	일본	WAVE (미국)
통신 영역	100 m	30 m	1000 m
사용 대역폭 (주파수)	20 MHz (5.795~5.815 GHz)	80 MHz (5.770~5.850 GHz)	75 MHz (5.850~5.925 GHz)
최대차량속도	160 km/h	-	200 Km/h
데이터 전송 속도	1 Mbps (ASK)	1 Mbps/4 Mbps (ASK QPSK)	2~27 Mbps (10 MHz)

현재 국내에서 사용하고 있는 한국도로공사의 Hi-pass 자동차 통행료 자동 과금 시스템은 능동 DSRC 방식이다. Hi-pass차로에 5.8 GHz대의 주파수와 870 nm의 적외선을 이용하여 차량에 설치된 차량탑재장치와 통행요금 징수를 위한 통신을 하게 된다. 표 7.3에는 한국과 외국의 DSRC 방식을 비교하고 있다. DSRC는 지능교통시스템(ITS)의 핵심기술로서 무인자동통행요금징수 (ETC), 주차 및 주요 요금징수, 교통정보 수집 및 제공, 도로정보 제공, 대중교통 및 상용차량 관리, 기상정보 제공, 긴급차량 처리, 차량추적 등 다양한 서비스로 활용되고 있는 추세이다.

DSRC기술은 항만자동화용으로 트레일러나 AGV 등 이동물체에 대한 관리용으로 다양하게 활용할 수 있다. RFID는 근거리에서 감지가 가능하므로 이동 중 차량들의 관리가 어렵지만 DSRC는 중거리 이상의 거리에 대한 감지가 가능하기 때문에 차량 위치정보를 검출할 수 있으므로 보다 적극적인 활용이 가능하다.

7.2.4 사물인터넷(M2M/IoT) 기술

유비쿼터스 컴퓨팅은 언제 어디서나 누구나에게 제공되는 컴퓨팅 및 통신기술을 의미한다면 사물인터넷 기술은 이에 더하여 어떤 기기나 사물에 컴퓨팅 및 통신 장치를 설치하여 기기와 사물과 인간이 상호 통신으로 정보공유가 가능하도록 하는 정보기술의 새로운 패러다임이라 할 수 있다. M2M은 단순미국의 전기전자학회(IEEE) 및 유럽의 통신표준협회(ETSI)는 M2M(Machine-to-Machine, 사물통신)을 사람이 개입하지 않는(혹은 최소 개입) 상태에서 기기 및 사물 간에 일어나는 통신이라고 정의하고 있다. 국내의 사물지능통신포럼에서는 사물통신을 사람이나 지능화된 기기가 방송통신망을 이용하여 사물 정보를 제공하거나, 사물을 제어하기 위한 통신으로 규정하고 있다. 그림 7.21은 사물통신 서비스의 개념도를 보여주고 있다.

사물 통신 서비스는 주변의 사물이나 기기에 정보를 수집하고 통신을 가능하게 하는 장치를 설치한 후 이를 통하여 수집되거나 상호 공유되는 정보를 이용하여 사용자 혹은 사물 자체에게 정보를 제공하는 정보 서비스의 개념이다. 좁은 개념으로 보면 사물간의 통신 및 사람이 작동하는 장치와 기계간의 통신으로 볼 수 있으며, 넓은 개념으로는 사물 간의 통신 및 원격지 사물의 상태 정보 등을 확인할 수 있는 제반 솔루션을 의미한다.

M2M은 단순히 사람과 사물 또는 사물 간 통신 기능에서 벗어나 통신과 IT 기술이 결합한 사물 정보를 제공해 주기 위한 제반 솔루션으로 그 범위가 확대되고 있다. 또한 초기 M2M 시장에서는 주로 텔레매틱스, 원격 검침, 위치 추적 등의 기업 시장이 주류를 이루었으나, 소비자를 대상으로 하는 사용자 단말의 확대로 u-헬스, e-book, 스마트 홈 등의 소비자 시장으로 사업 범위가 점차 확대되고 있다. M2M은 원격으로 사물 또는 사람의 위치 추적, 원격 검침, 지불 결제, 제어 통제, 감시, 경보 등의 다양한 기능을 수행함으로써 언제 어디서나 원하는 서비스를 제공해 주는 유비쿼터스 컴퓨팅 시대에서 산업 전반의 생산성 향상 효과를 가져 올 것으로 예상된다. 이와 같이 u-City, u-Health, u-교통, u-Port 등 궁극적인 유비쿼터스 정보 서비스의 실현에 있어 사물 통신은 가장 중요한 요소 기술로 여겨지며 이를 통한 사물 통신 서비스는 기존의 e-서비스를 u-서비스로 한 단계 발전시킬 수 있는 핵심적인 요소가 될 것이다.

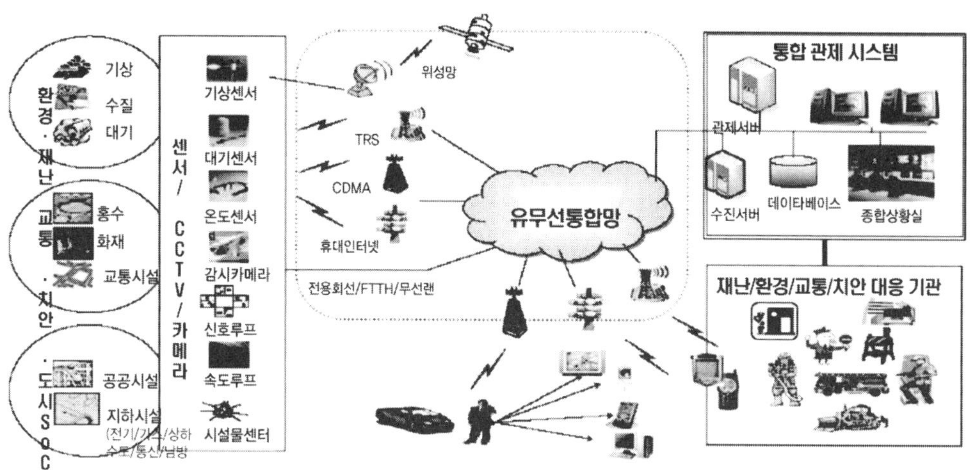

그림 7.21 사물통신 서비스의 개념도[46]

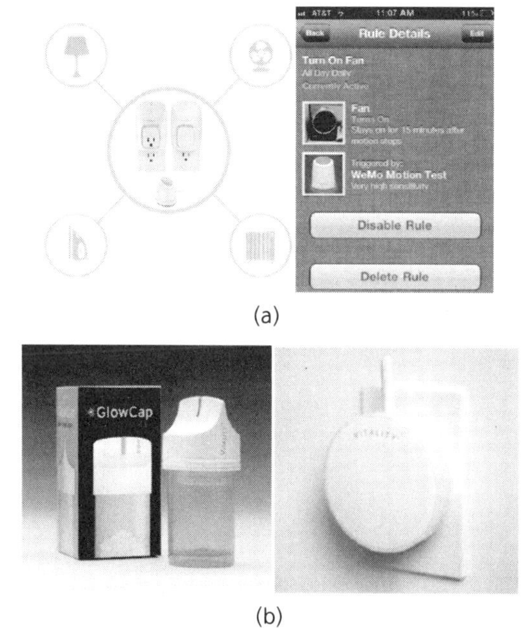

(a)

(b)

그림 7.22 M2M 기술의 적용 예 (a) WeMo 스위치와 동작센서 및 스마트폰 어플리케이션 (b) GlowCap 약병과 게이트웨이 장치

46) 김형준, "사물 간 통신 네트워크의 이해", 정보와 통신, 2010년

구체적인 예를 들면 Belkin사의 WeMo 스위치는 가정용 전기기기를 무선으로 제어할 수 있도록 해 주는 스마트폰 기반 홈오토메이션 제어 장치 이다[47]. 전기기기의 전원 케이블을 연결한 상태로 벽부 전원 소켓에 연결할 수 있는 형태를 지니고 있으며 스위치 내부에 WiFi 기능을 내장하여 스마트기기 앱을 통해 언제 어디서나 WeMo 스위치에 연결하여 전기기기로 연결되는 전원을 제어할 수 있다. 뿐만 아니라 기기마다 하루 중 특정한 시간에 전원을 인가하는 스케줄 기반의 기기 제어 기능을 제공한다. WeMo Motion 센서는 WeMo 스위치와 함께 사용자의 동작을 감지하고 이에 따른 전원을 자동으로 인가하거나 차단하는 기능을 제공한다. 사용자는 스마트폰에서 이러한 Motion 센서와 연결된 스위치에 관한 규칙을 설정함으로서 댁내 다양한 가정용 전기기기들의 인체 감지 기반 자동제어를 가능하게 할 수 있다.

글로우캡(GlowCap)은 스마트 약병으로서 불빛, 오디오, 전화, SMS 메시지 등을 통해 정기적으로 약을 복용하고 있는 환자에게 정확한 시간에 약을 복용할 수 있도록 도와주는 IoT 서비스를 제공한다. 사용자가 약 뚜껑을 열게 되면 관련 데이터가 벽부 전원에 설치한 3G AT&T 게이트웨이 장치를 통해 서버로 보고가 되고 이는 담당 의사 또는 데이터를 수신할 수 있도록 허용되어진 그룹에게 전자 우편으로 리포트 형태의 서비스를 제공한다. 뿐만 아니라 약이 다 떨어졌을 경우 자동으로 또는 약 뚜껑에 있는 버튼을 누르는 방식으로 약국에 추가 주문 서비스가 가능하다.

그림 7.23 Arduino Ethernet 사물인터넷 디바이스 플랫폼[48]

47) http://www.belkin.com/, 김재호, 윤재석, 최성찬, 류민우, "IoT 플랫폼 개발 동향 및 발전방향", 정보와 통신, 2013.

48) http://arduino.cc/

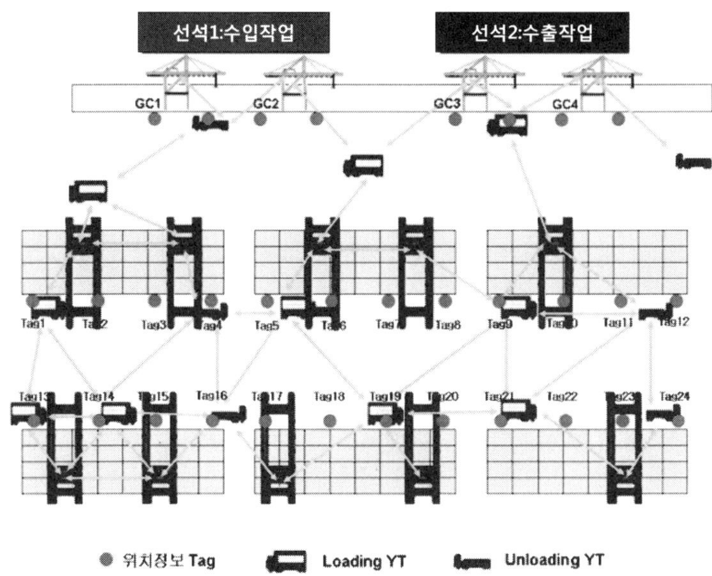

그림 7.24 U-Port를 위한 각종 통신 모듈을 이용한 데이터 수집 개념도

M2M의를 개발하기 위한 디바이스 플랫폼으로는 Aduino, ARM mbed, ioBridge의 iota 등이 있다. Arduino는 오픈소스 싱글보드 마이크로 컨트롤러로서 다양한 프로젝트에서 사용되는 전자기기들의 접근성을 용의하게 할 목적으로 개발되었다. 하드웨어는 Atmel AVR프로세서와 온보드 I/O 를 지원하는 오픈 하드웨어 형태를 가지며 소프트웨어는 표준형 프로그래밍 언어 컴파일러와 부트로더를 지원한다. Arduino 플랫폼은 C++와 유사한 형태의 Wiring기반 언어를 사용하여 프로그램 되며 통합 개발 환경을 제공한다. 여기에 Arduino Ethernet 실드를 연결하여 IoT 서비스 플랫폼에 연결할 수 있도록 확장성을 제공한다.

이러한 사물인터넷 기술은 항만자동화를 위해 필수적 기술로 자리 잡을 것으로 보인다. 사물인터넷이 단순히 데이터 통신 뿐 아니라 각 노드 단위로 WiFi 나 이더넷을 제공하기 때문에 무선LAN을 통해 트레일러나 컨테이너의 상태를 모니터링 할 수 있다. 따라서 사물인터넷 기술은 모든 개체 단위의 차량이나 컨테이너의 상태에 대한 데이터를 실시간으로 수집하고 이를 처리함으로써 U-Port가 더욱 효과적으로 구현하는데 사용될 것으로 보인다.

7.3 항만 자동화용 무인 운반 시스템 기술

최근 항만 물동량 증가와 IT산업으로 인한 물류산업의 발달로 인하여 무인으로 화물을 운송하는 무인 운반차(AGV; automated guided vehicle)에 대한관심이 증가 하고 있다. 무인 운반차는 컨베이어나 레일 방식의 운반 시스템에 비하여 쉽게 궤도 설정이 가능하고, 해당분야의 목적에 맞는 적절한 이·적재 장치를 쉽게 결합할 수 있기 때문에 시스템의 확장 및 주변 기기와의 연결 및 수정이 용이하다. 무인 운반 시스템은 작업 환경과 안정성을 개선하고 물류의 실시간 제어가 가능하며 요구 공간의 감소 제품의 손상 감소 및 제품관리의 개선 및 주변 자동 기기와의 조합이 용이한 장점이 있다. 이와 같은 장점을 바탕으로 무인 운반차는 물류 산업 및다양한 산업 분야에서 시장을 확대해 나가고 있다.

무인 운반차의 주요 기능은 이동을 위한 안내를 제공하는 유도 시스템으로 볼 수 있는데 유도 방식에 따라 시스템의 특성과 기능이 구분되기 때문이다[49]. 유도 방식에 따라 유선 유도 방식(wire guidance type), 무선 유도 방식(wireless guidance type), 비젼 유도 방식(vision guidance type)으로 분류되는 유도방식에 대해 살펴보도록 한다.

7.3.1 유선 유도 방식

유선 유도 방식은 센서가 감지할 대상체(마그네틱, 유도선, 광학테이프, 스폿)를 바닥에 설치하고, 이를 감지하여 무인운반차를 주행라인을 따라 유도하는 기술이다. 이 기술은 고정밀 무선 유도 방식에 사용되는 센서에 비해 저가의 센서를 사용하더라도 대상체를 분별하는데 높은 정밀도의 결과를 보여준다. 하지만 작업 환경의 바닥에 매설/부착과 같은 작업이 필요하며 유도 라인의 변경 및 유지보수가 어렵다는 단점이 존재

(a) (b)

그림 7.25 유선유도 방식, (a) 자기-자이로 유도방식, (b) 마그넷 유도 방식

49) 김성신, "물류 무인 운반 시스템의 기술 및 동향", 전자공학회지, 제39권, 제5호, 2012년

한다. 대표적으로 사용되는 무인 운반차 유선 유도 방식으로는 마그네틱(Magnetic), 광학(Optical), 전자기(Inductive), 자기-자이로(Magnet-Gyro) 유도 방식으로 분류할 수 있다. 작업환경에 매설/부착하는 유도 라인으로는 마그네틱, 광학테이프, 전자기 유도선 등이 사용되고 있으며, 검출하는 센서로는 적외선, 홀센서(Hall Sensor), 카메라 등이 대표적으로 사용된다.

7.3.2 무선 유도 방식

무선 유도 방식은 바닥에 경로를 만드는 것이 아니라 가상의 경로를 사전에 생성시켜 놓고, 위치 측정 센서들을 통하여 얻어진 무인 운반차의 현재 위치를 이용해서 목표 지점까지 유도하는 방식이다. 무선 유도 방식은 벽이나 기둥, 또는 천장 등에 수신기 혹은 송신기를 설치하고 대응 되는 송신기 또는 수신기를 무인운반차에 설치하여 측정된 좌표를 통해 무인 운반차를 유도하는 방식이다. 무선 유도 방식은 유도 라인이 존재하지 않기 때문에 완전한 자율 주행이 가능하며 주행 라인의 변경 및 유지보수가 유연하다. 하지만 무선으로 유도가 이루어지기 때문에 전파의 외란, 빛의 굴절 같은 신호의 왜곡 현상뿐만 아니라 장애물로 인하여 위치 측정이 정확하지 않을 수 있다. 대표적인 무선 유도 방식에는 레이저 내비게이션, RFID 등을 이용한 유도방식이 있다. 레이저 내비게이션을 이용하는 방식은 벽면에 반사체를 붙여 레이저 내비게이션으로부터 나오는 레이저를 반사시켜 무인 운반차의 위치를 측정하며, RFID는 수/발신기를 작업환경에 설치하여 수신기로부터 전송되는 데이터를 이용하여 무인 운반차의 위치를 측정하는 방식이다.

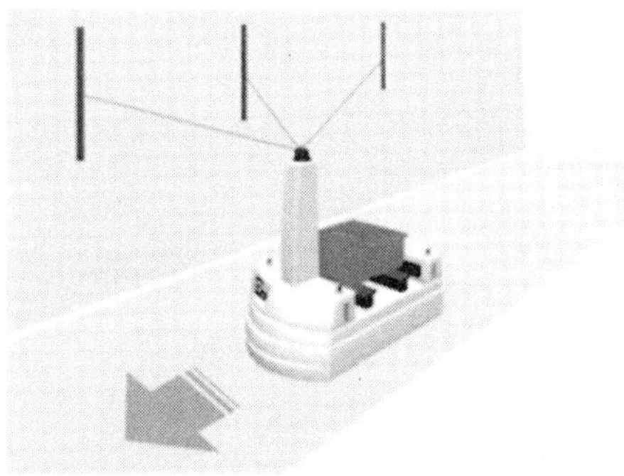

그림 7.26 무선유도 방식

7.3.3 비젼 유도 방식

비젼 유도 방식은 비젼 시스템을 구성하고 AGV 전방의 특수한 표식(landmark)나 전체 장면을 카메라로 입력하여 인식한 후 그 표지를 참고하여 자기위치를 인식하고이동하는 방식이다. 이러한 표식은 벽이나 천장 등에 부착될 수 있다.이 방식은 무선유도 방식에 비해 외부에 별도의 RFID를 이용하지 않고 로봇 비젼 기법을 응용하기 때문에 인식 시스템을 구성하는 것이 보다 편리하다. 표식은 원, 사각형, 컬러 등을 이용한 일정한 패턴을 가지도록 하여 비젼 시스템에서 영상을 처리하는데 용이하도록 정의할 수 있다. 표식를 이용한 비젼 유도 방식은 비젼 시스템이 그 표식만 인식하면 되기 때문에 적용의 안정성이 높다고 할 수 있다. 또한 바닥에 나타나는 도로나 경로를 비젼으로 인식하고 스스로 이동하는 비젼 시스템도 고려될 수 있다. 별도의 표지나 경로 인식을 사용하지 않고 있는 환경 그대로 인식하고 자기 위치를 검출하여 이동하는 자연표식(natural landmark) 방식도 연구되고 있다. 특히 SLAM(simultaneous localization and mapping)은 로봇과 같은 이동체가 자기위치를 검출함과 동시에 지도를 만들어내는 기술로서 로봇 비젼 분야에서 많은 연구가 이루어지고 있다. 특히 3D 비젼 센서들이 저가로 공급되고 있는 추세로 볼 때 AGV가 인간과 같이 환경을 자동으로 인지하여 스스로 작업을 할 수 있는 날이 오게 될 것으로 기대된다.

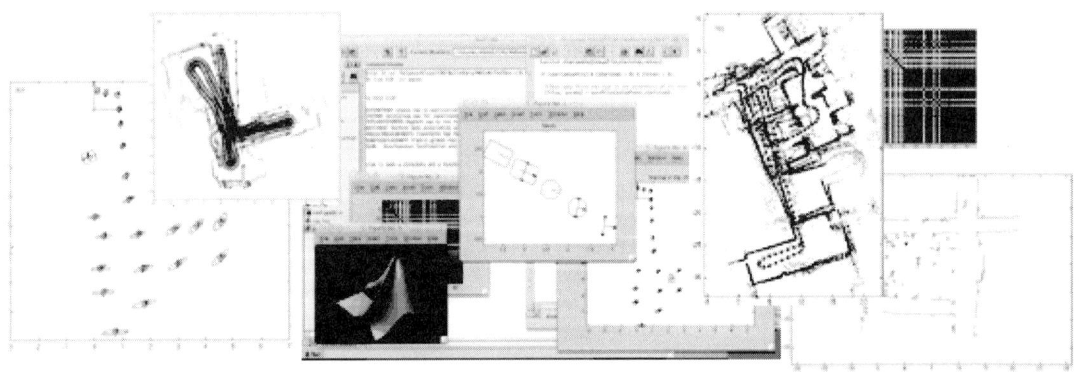

그림 7.27 SLAM 기술에 의해 검출된 결과[50]

50) http://www.openslam.org/

7.4 항만 자동화용 지능시스템 기술

항만 자동화를 위해서는 컨테이너와 차량들의 정보들이 집중 되더라도 실시간으로 정보들이 처리 되어야 하며 그 과정도 감시될 수 있도록 모니터링 되어야 한다. 본 절에서는 항만자동화를 위한 지능적인 기능을 위해 실시간 3D 모니터링 기술과 기술 및 증강현실을 이용한 모니터링 기술을 소개한다.

7.4.1 실시간 3D 모니터링 기술

항만 자동화 시스템이 작동하기 위해서는 모든 차량과 컨테이너들로부터 개체들의 정보를 실시간으로 받아들이고 이를 분석하여 DB화하기 위해서는 고성능의 컴퓨팅 시스템이 요구된다. 또한 자동화 과정에 대한 실시간 모니터링도 중요한 과제가 된다.

볼륨 렌더링(volume rendering)은 의학, 과학, 공학 등의 다양한 분야에서 시뮬레이션과 수치 해석으로 생성한 3차원 데이터를 가시화하는 강력한 수단으로, 공간상의 각 점(voxel)에 대해 빛의 흡수, 방사에 대한 밀도 값을 할당하고, 가시선을 따라서 시점까지 도달하는 각 점의 빛을 계산하는 방법이다. 특히 최근 GPU(graphic processing unit)는 3차원 텍스쳐 매핑에 대한 하드웨어 가속을 완벽하게 지원하고 있기 때문에 이를 이용한 직접 볼륨 렌더링 기법들이 사용되고 있다.

그림 7.28 고속 대용량 렌더링을 이용한 항만 3D 모니터링 화면

GPU의 등장으로 연산속도의 급격한 증가와 더불어 GPU에서 쉽게 사용할 수 있는 고수준의 언어는 기존의 3차원 그래픽스뿐만 아니라 GPGPU(General Purpose GPU)라고 불리는 일반적인 용도로의 GPU 사용을 가능하게 하였다. GPU를 범용 C언어와 비슷하게 사용하기 위해 개발된 방법이 GPGPU이며 OpenCL과 CUDA등이 있다.

NVIDIA의 CUDA (Compute Unified Device Architecture)와 같은 통합 컴퓨팅 프레임워크는 스레드 (thread) 레벨에서 사용자가 제어할 수 있는 병렬처리 방법을 제공하였고 전역 메모리 (global memory) 전체 공간에 대한 읽기와 쓰기를 자유롭게 사용할 수 있게 하였다. 이러한 CUDA기술은 항만자동화에 필요한 대용량 실시간처리에 활용될 수 있다. 즉 선박의 도착시간 간격, LPC물동량, 할당크레인 수, 컨테이너 처리시간 등 항만 자동화에 필요한 데이터 처리를 실시간으로 구현하는데 활용될 수 있다.

7.4.2 증강 현실 기술

증강 현실(Augmented Reality, AR)은 가상현실(Virtual Reality)의 한 분야로 실제 환경에 가상 사물이나 정보를 합성하여 원래의 환경에 존재하는 사물처럼 보이도록 하는 컴퓨터 그래픽 기법이다. 기존의 가상현실은 가상의 공간과 사물만을 대상으로 하고 있었다. 증강현실은 현실 세계의 기반위에 가상의 사물을 합성하여 현실 세계만으로는 얻기 어려운 부가적인 정보들을 보강해 제공할 수 있다. 완전한 가상세계를 전제로 하는 가상현실과는 달리 현실세계의 환경위에 가상의 대상을 결합시켜 현실감을 더욱 향상시키게 된다.

증강 현실은 가상현실의 한 분야이지만 가상현실과는 또 다른 의미를 가진다. 가상현실 기술은 일반적으로 사용자가 가상의 환경에 몰입하게 하므로 사용자는 실제 환경을 볼 수 없는 반면, 증강 현실 기술에서는 사용자가 실제 환경을 볼 수 있으며, 실제 환경과 가상의 객체가 혼합된 형태를 띤다. 다시 말하면, 가상현실은 현실 세계를 대체하여 사용자에게 보여 주지만 증강 현실은 현실 세계에 가상의 물체를 중첩함으로써 현실 세계를 보충하여 사용자에게 보여 준다는 차별성을 가지며, 가상현실에 비해 사용자에게 보다 나은 현실감을 제공한다는 특징이 있다. 무엇보다 중요한 것은 증강 현실이 현실에는 부재하는 속성을 가상현실을 통해서 현실 사물에 내재시킴으로써 증강된 현실을 보여 준다는 것이다.

증강현실 시스템은 가상세계와 영상의 합성에 따라 모니터 기반 시스템, 비디오HMD 시스템으로 분류할 수 있다[51]. 먼저 모니터기반 시스템은 실세계 영상과 합성된 컴퓨터영상을 모니터로 나타내는 방식이다. 트래커(tracker)가 부착된 카메라를 통해 실세계

51) 김병호, "상황인지 기반 모바일 증강현실 플랫폼", 한국정보통신학회논문지 제16권 제1호, 2012년

의 위치 데이터를 수집하고 수집 된 정보를 기반으로 영상합성기에서 실제영상과 3차원으로 등록된 컴퓨터 생성정보를 합성하여 모니터로 출력한다. 이 시스템은 몰입 감을 높이기 위하여 고글을 착용하기도 하며, 최근에는 휴대용 액정디스플레이의 등장으로 공간에 제약 없이 사용할 수 있다.

비디오 HMD(Head-Mounted Display) 시스템은 실세계로부터 차단된 HMD와 1개 또는 2개의 카메라로 구성된다. 비디오카메라를 통하여 입력된 실세계 영상은 컴퓨터로 전달되고 컴퓨터는 자체 생성한 부가정보와 실세계 영상을 합하여 사용자 눈앞에 위치한 HMD로 출력한다. 비디오 HMD 시스템은 실세계 영상을 그대로 보이는 것이 아니라 컴퓨터에 의해 처리되어 보이기 때문에 디스플레이의 해상도에 종속적이라는 단점이 있는 반면에 다양한 영상 정합기법을 통해 실세계 영상과 가상영상을 정밀하게 합성할 수 있고 상대적으로 광역의 시야를 제공할 수 있다.

항만 자동화를 위한 지능시스템으로서 혼합현실 기술의 사용도 필요하게 될 것이다. 기존의 3D 그래픽 모니터링은 가상현실 기술로서 실제 현장의 정보가 생략되기 때문에 몰입도와 실제성이 감소될 수밖에 없다. 혼합 현실 기술을 항만 자동화 모니터링으로 활용하고자 한다면 가상현실에 현장의 비디오 영상을 실시간으로 입력받아서 합성한 형태가 현실적인 방안이 될 것이다.

(a)

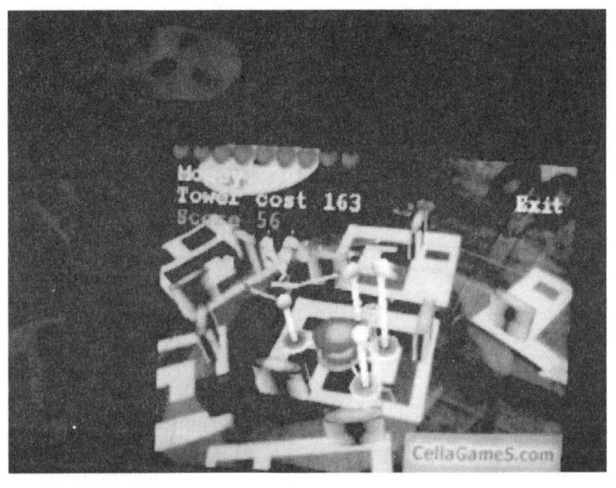

(b)

그림 7.29 혼합현실의 예 (a)모니터 기반 시스템 (b) 비디오 HMD 시스템

부록

항만관련 용어설명

공업항(工業港)

공업지대에 축조되어 있는 항만으로, 화물선이 공장지대에 접안하여 원료 및 제품 등을 직접 본선에 적·양하할 수 있는 시설을 갖춘 항구. 울산항, 포항항 등.

공유수면(公有水面)

사유지에 포함되는 수면 이외의 국유에 속하는수면. 공유수면매립법으로 규정된 공유수면이란 강, 바다, 호수, 늪 기타 공용에 제공되는 수류 또는 수면으로서 국유에 속하는 것.

국적선(國籍船)

선적이 해운회사가 소속되어 있는 나라에 등록되어 있어 그 나라의 국기를 달고 운항하는 선박을 말함. 반대로 선적을 외국에 등록하여 외국국기를 달고 운항하는 배를 편의치적선이라고 함.

기대효용이론(Expected Utility Theory)

일반적으로 미래에 대한 불확실성이라 하면 어떠한 결과가 나타날지 확실히 알 수 없는 상태에서 실현가능한 여러 확률분포를 추정하여 이를 바탕으로 의사결정을 하는 경우를 말하는데 이러한 불확실성하에서 기대 효용을 극대화한다는 이론.

기항지(寄港地)

선박이 항해하면서 들리게 되는 항구. 정기선 항로에서는 스케줄에 의해 기항지가 미리 정해지지만 부정기 항로에서는 필요할 때마다 어느 항구라도 들릴 수 있다.

계류시설(Mooring Facilities)

선박이 접안해서 화물의 하역과 여객의 승하선을 하는 접안설비를 총칭하는 말로서, 안벽, 잔교, 물양장, 돌핀, 계류부이 등의 시설이 있음.

가거치(假据置)

공사용블록(이형블록 포함)이나 케이슨 등을 설치하기 전에 육상, 수상, 또는 수중의 일정한 장소로 옮겨 임시로 놓아두는 것.

가치(Temporary Placing)

공사용 블록, 케이슨 등의 구조물을 설치하기 전에 육상, 해상, 수상 또는 수중의 일정한 장소로 옮겨 임시로 놓아두는 것

가항반원(可航半圓)

오른쪽(남반구에서는 왼쪽)의 위험반원에 대응하는 말이다. 위험반원에서는 바람이 가장 세게 불 뿐만 아니라, 바람을 따라 진행하면 태풍의 중심으로 말려 들어갈 위험이 있으나, 가항반원에서는 폭풍으로서 소용돌이치는 바람과 폭풍 전체의 이동에 따른 공기의 움직임이 상쇄되어 바람이 비교적 약하고, 순풍을 따라 전진하면 태풍권 밖으로 빠져 나올 수가 있다.

가항성(可航性)

선박 따위가 운행할 수 있는 가능성

가항수로(可航水路)

선박의 운항이 가능한 수로

가항수심(可航水深)

선박의 운항이 가능한 수심

가항용량(可航容量)

주어진 수심에서 운반이 가능한 선박의 최대 적재능력.

가항하천(可航河川)

선박이 항해할 수 있는 수심과 기타 조건을 구비한 하천

가호안 (Temporary Revetment)

부두 등 영구 시설물의 건설이 계획되어 있는 배면을 매립하거나, 준설토 투기장 등으로 먼저 개발하기 위하여 임시로 사용할 수 있는 호안 역할을 하도록 축조한 임시 구조물

갑만(閘灣)

갑문을 설치하여 조석의 영향을 받지 않도록 한 폐쇄만

갑문(閘門)

조석 고저(간만)의 차이가 심한 항만이나 하천, 운하 등의 수로를 가로지르는 댐, 도는 둑이나 독(dock) 등에서 선박을 통과시키기 위하여 수위의 고저를 조절하는 수문

게이트(Gate)

적(積)컨테이너나 공(空)컨테이너가 터미널에 들어오거나 나갈 때 필요한 서류를 받고, 컨테이너에 이상 유무와 컨테이너의 중량 등을 체크하는 컨테이너터미널의 출입구

게이트 당 처리물동량

각 컨테이너부두의 게이트에서 처리하는 총 물동량을 기준으로 작업시간 당 처리한 컨테이너의 수를 의미함. 게이트 처리물동량은 안벽 및 야드면적당 처리실적과 함께 부두의 생산성을 평가할 수 있는 가장 기본적인 요소임(연간 반출입물량(TEU)÷작업시간(연간작업일수×일일순작업시간)÷게이트 수)

갠트리크레인(Gantry Crane)

컨테이너를 옮기기 위해 레일을 따라 움직이거나 타이어로 움직이는 캔틸레버식 거더와 기둥이 있는 들어올림 장치.

경제적 효율성(Economic Efficiency)

최소비용으로 최대효과를 얻는다는 원칙으로 자원량이 주어져 있을 때 최대의 효과를 얻도록 자원을 사용하고, 일정한 목적을 달성하기 위하여 사용되는 자원을 최소로 투입하는 것을 의미함.

계류(繫留)

선박 등이 표류하지 않도록 붙잡아 매어 놓는 것

계류수면(繫留水面)

선박이 방향 전환을 하기 위한 수역으로서 선박 길이의 1.5~3.0배의 지름을 가진 원형수역이 필요함.

계류시설(繫留施設)

선박이 접안해서 화물을 적하하고 승객이 승강을 하는 접안설비를 총칭해서 계류시설이라고 함. 안벽, 잔교, 부잔교, 물양장, 돌핀, 계류부이 등의 시설을 총칭.

계선주(Mooring post, Mooring bitt)

선박 접안 시 계류용 밧줄을 걸기 위한 기둥으로 직주(直柱)와 곡주(曲柱)가 있음.

내륙컨테이너기지(Inland Container Depot, Inland Clearance Depot ICD)

컨테이너선이 기항하는 항만터미널을 떠나 내륙기지에 설치되는 컨테이너기지를 뜻하며, 이곳에서는 주로 컨테이너화물의 통관, 배송, 보관, 집하 등이 행해지게 되며 그 장점으로 화물집배송의 대단위화에 의한 수송효율의 향상, 항만지구의 야적장 주변에 있어서의 교통혼잡감소 등의 효과가 있음. 컨테이너의 항만시설은 항만의 지리적 조건 및 배후시설 등 막대한 시설비가 소요되므로 입·출항 하역은 기존항만을 이용하고 화물의 분류, 통관배송 등 항만으로서의 역할은 내륙에서 할 수 있도록 내륙에 컨테이너 기지를 건설하여 기존 항만의 보조역할을 함. 국내에는 경남 양산 및 경기도 의왕에 ICD가 있음.

내륙항(內陸港)

유럽대륙이나 미주대륙 등 내륙에 강 또 유럽대륙이나 미주대륙 등 내륙에 강 또는 운하가 광활하게 펼쳐 있어 역내항해가 가능한 곳에서 자연 발생적으로 생기는 항구로서 주로 수운만을 또는 육운과 수운의 연계를 위해 축조된 항구를 말함. 항구의 위치에 따라 하항, 상류항, 하구항, 호항을 만들고 있다.

내항(內港)

하나의 항만이 천연지형 또는 방파제 등에 의하여 외해에 가까운 구역과 내해로 나누어 질 때 항구의 안쪽에 위치한 수역으로서 항내항로나 박지 접안시설 등을 말한다.

내항방파제(內港防波堤)

내항부분 등에서 비교적 소규모의 침입파나 내부 발생파를 막기 위한 파제제

냉동(冷凍)컨테이너

냉동화물을 운송하기 위해 냉동기를 부착한 컨테이너

냉동선(冷凍船)

육류, 생선처럼 냉동상태를 요구하는 화물의 수송을 위해 설계된 선박으로 화물의 적정온도를 유지한다.

냉동장치장

냉동컨테이너를 장치할 수 있도록 전력시설을 갖춘 장치장

냉동컨테이너(Reefer Container)

냉동화물을 운송하기 위해 냉동기를 부착한 컨테이너임.

다목적부두(多目的埠頭)

컨테이너, 팔레트화물, 철재, 목재, 자동차, 중기계 등 여러 종류의 화물들이 그 수량이 많지 않아 전문부두 건설에는 경제성이 없을 경우, 이와 같은 여러 종류의 화물을 한 장소에서 처리할 수 있도록 시설을 갖춘 부두. 다목적부두는 일반화물부두보다 다양하고 많은 하역장비가 설치되어야 하며, 통상 일반화물 부두보다 부두폭이 넓고 필요시 컨테이너 피더부두 등 전문부두로 쉽게 개조하여 사용할 수 있다.

다목적선(多目的船)

풀컨테이너선이나 전용선과 달리 잡화나 산물화물 등 갖가지 종류의 화물을 적재할 수 있도록 설계된 선박. 다시말해서 컨테이너는 물론이고 산화물 및 중량화물, 장척화물 등 다목적으로 선적할 수 있는 선박.

대기시간비율

부두에 입항한 선박들의 평균대기시간과 선박들의 평균 서비스시간의 비율을 말하며, UNCTAD "Port Development"의 지침에 따라 동 지표를 일반적인 터미널의 서비스 평가지표로 사용하고 있음

대기척수비율

부두에 도착한 총선박에 대해 도착시점에 접안할 유휴공간이 없어 대기하는 선박수의 비율을 의미함. 즉 동비율이 1%라면, 전체선박의 99%는 도착하자마자 항상 접안할 수 있으나, 1%는 대기를 한다는 의미임

대기행렬이론(Queueing Theory)

줄 혹은 열에 서서 기다리는 현상에 대한 수학적인 연구로 서비스시스템에서 발생하는 대기행렬의 문제를 통계학의 이론과 확률적 과정(stochastic process)의 이론을 적용하여 분석하는 방법임

데릭크레인(Derrick Crane)

화물을 적양하기 위하여 마스트로부터 비스듬하게 붐을 뻗고 선단의 블록을 통해 와이어 로프로 매단 중량물을 윈치(Winch)로 감아올리는 장비

도선료(導船料)

선박이 안전하게 접안하기 위해 도선사에게 도선을 의뢰했을 경우 지불하는 요금. 보통은 각 항만에 있는 도선사 조합에 이 요금을 납부한다. 영국에서는 선박의 흘수를 기준으로, 미국에서는 선박의 총 톤수를 기준으로 도선료를 책정한다.

도선사(導船士)

항만에 입출항하는 선박에 탑승하여 당해 선박을 안전하게 항로로 이동하거나 이접안하도록 안내하는 자. 항만 내 입출항하는 선박의 안전을 위하여 도선사의 승선을 강제화하고 있으며, 도선사가 되기 위해서는 정부로부터 면허를 받아야 한다.

도선안내(導船案內)

선박이 항구나 항로를 통행할 때 선장을 대신하여 또는 보좌하여 배를 안전하게 운항하도록 이끄는 일

도어 투 도어 서비스 (Door to Door Service)

컨테이너, 팔레트 등 적정규모의 화물을 화주의 문전에서부터 수화주의 문전까지, 도중에 그 수송단위를 바꾸지 않고 일관 수송하는 것을 말함.

독(dock)식 부두

부두 수역의 수위를 거의 일정하게 하고 그 입구에 수문 도는 갑문을 설치하여 선박은 이들 문을 개방하여 드나드는 부두. 조차가 큰 런던, 리버풀 등 유럽의 항만에는 이런 형태의 부두가 많다.

돌핀(dolphin)

육지와 상당한 거리에 있는 해상에서 일정 수심이 확보되는 위치에 소정의 선박이 계류하여 하역할 수 있도록 시설한 구조물. 육지와는 도교로 연결한 해상시설물.

등량곡선(Isoquant Curve)

어떤 상품을 생산하는데 있어서 동일한 수준의 산출량을 효율적으로 생산하기 위한 서로 다른 생산 어떤 상품을 생산하는데 있어서 동일한 수준의 산출량을 효율적으로 생산하기 위한 서로 다른 생산요소의 조합이 여러 가지가 있는데, 이러한 조합을 연결한 곡선을 등량곡선 또는 등생산량곡선이라고 함

등비용선(Isocost Line)

장기에 있어서 총비용으로 기업이 구입할 수 있는 자본과 노동의 모든 가능한 조합들을 연결한 직선으로 소비자선택이론에서 예산선에 해당하는 개념임

로드 트랙터(Road Tractor R/T)

야드 내에서 샤시(Chassis)를 연결하여 컨테이너를 이동 운송하는데 사용되는 이동장비로서 야드 트랙터와 달리 도로 주행이 가능한 운송장비

로로(RO/RO)선

자체 이동능력이 있는 자동차를 수송할 때나 컨테이너 화물을 트럭, 트레일러 등의 운반기기에 실어서 운반할 때 운반기기의 자체 이동능력을 이용해 선박에 실거나(Roll-on) 내릴(Roll off) 수 있는 화물을 운송하는 선박

롤온롤오프 시스템(Roll On/Roll Off System)

컨테이너를 적재한 트럭이나 트레일러가 그대로 선박과 안벽 사이에 걸쳐 있는 램프웨이를 건너 본선의 측면이나 선미에 있는 현문을 통해 선창 속으로 들어가 컨테이너를 반입하는 방식.

리치스태커(Reach Stacker R/S)

야드 내에서 컨테이너를 이적하거나 또는 섀시에서 하역하여 야드 내에 적재하는 야드용 장비로서 주로 공 컨테이너를 처리하는 장비

마샬링야드 (Marshalling Yard)

컨테이너선의 입항전에 계획된 본선 적화계획에 따라 선적 예정 컨테이너를 도착지 항구에서 하역할 순서대로 정렬하거나 항구에 입항한 컨테이너선으로부터 양화할 컨테이너를 정렬하는데 필요한 장소

만재배수(滿載排水)톤수

선박의 만재상태의 무게를 표준밀도 1.025의 해수배수 톤수로 나타낸 것으로 선박이 배제한 물의 무게, 즉 선박의 총중량을 뜻한다.

만재상태(滿載狀態)

화물, 여객, 연료, 식수, 식량 등을 가득 실은 상태로 떠 있는 것으로 이 상태에서의 흘수를 만재흘수라고 한다.

만재흘수(滿載吃水)

안전항해를 위해 허용되는 최대의 적재량을 실은 상태에서 선체가 물 속에 잠기는 깊이. 안전성을 고려한 흘수(吃水)이기 때문에 같은 선박이라도 계절이나 해역에 따라 하기만재흘수, 동계만재흘수, 동기북대서양만재흘수, 열대만재흘수 및 이상에서 열거한 각종의 만재흘수에 대응하는 각 담수만재흘수가 있으며, 범선의 경우도 계절과 구역에 따라 해수만재흘수 ·동기북대서양만재흘수 및 이상에서 열거한 각종의 만재흘수선에 대응하는 각 담수만재흘수 등이 있다.

만재흘수선(滿載吃水線)

항해의 안전상 충분한 예비부력을 갖고서 선박이 여객이나 화물을 싣고 안전하게 항행할 수 있도록 안전을 확보한 상태에서 허락된 최대의 흘수를 선박의 양현에 한 표시

만재흘수선표(滿載吃水線標)

만재흘수를 나타내기 위해 선박의 중앙 양현에 표시하는 선. 건현표라고도 한다.

매립 (Reclamation, Land reclamation)

수중에 토사(양질의 육상토사, 해사, 준설이토 등)를 운반 투입하여 새로운 토지를 조성하는 것. 일반적으로 해안이나 하안, 소택지 등의 수역에 토사를 투입하여 인공적으로 새롭게 육지를 만든다. 항만에 있어서 매립의 목적은 항만용지 확보에 있음.

모빌크레인 (Mobile Crane)

타이어 등에 의해 스스로 움직이면서 작업을 할 수 있는 크레인

모의실험(Simulation)

실제의 상황을 간단하게 축소한 모형을 통해 실험하고, 그 실험 결과에 따라 행동이나 의사결정을 하는 기법. 어느 복잡한 시스템에 대해 직접적인 방법으로 실험이나 분석을 통하여 결과를 도출해 내는 것이 가장 바람직하지만, 경제적, 시간적, 효율적 측면의 문제점들이 발생할 우려가 있을 경우에는 실제 시스템을 모형화 하고 그 모형을 통해서 실제와 똑같은 여러 요인들을 동태적으로 변화시켜 시스템의 성격을 이해하거나 주어진 범위 내에서 여러가지 실험을 실시해 본 후 그 실험결과를 가지고 대안들을 평가하기도 하고 시스템 설계를 위한 목적에 사용하는 기법

묘박(錨泊)

선박이 일정해역에서 닻을 바다 속에 투입하여 정박하는 것.

묘박지(錨泊地, Anchorage, Anchoring basin)

선박이 계류하는 장소. 즉 선박의 정박에 적합한 항내 지정된 넓은 수면. 이곳은 항로와 떨어져 있으며 선적이나 양육부두가 마련될 때까지 선박이 기다리거나 연료보급선으로부터 연료를 공급받는 장소, 화물을 바지선에 양육하는 장소, 혹은 계선되는 장소를 말하기도 함.

무역항(貿易港)

국민경제와 공공의 밀접한 관계가 있는 지정항(항만법 제2조 및 동시행령 제3조)으로서 주로 외국 수출입품을 실은 선박이 입출항하는 항만.

물양장(物揚場)

소형선박이 접안하는 부두로 주로 어선, 부선 등이 접안하여 하역하는 접안시설. 일반적으로 전면수심이 보통 4~5m 이내이다.

바지(Barge)선

항만공사에서 모래, 토석 등 자재나 준설토 운반에 이용하는 부선 또는 항만내부나 하구 등 비교적 짧은 거리에서 화물을 수송하는 동력장치가 없는 거룻배. 부두에서 본선까지 화물을 나르거나 반대로 본선에서 부두까지 화물을 실어 나르는 역학을 한

다. 자항장치가 있는 것도 있으나 보통은 끌배로 끌게 되어 있다.

방충재(防衝材)

안벽, 잔교, 돌핀 등의 계류시설의 전면에 설치하여 선박이 접안할 대 도는 계류장 파랑이나 바람으로 동요할 대 선체와 접안시설 사이에 충격력이나 마찰력이 작용한다. 이때 선체 및 구조물의 접촉으로 인한 손상을 막기 위하여 선박 또는 계류시설 법면에 설치하는 완충 설비를 말함. 재료는 목재 또는 고무를 이용하는 경우가 많지만 그 외에 용수철을 이용하는 경우도 있다.

방충제(Fender)

안벽, 잔교, 돌핀 등의 계류시설의 전면에 설치하여 선박이 접안할 때 또는 계류중 파랑이나 바람으로 동요할 때 선체와 접안시설 사이에 충격력이나 마찰력이 작용한다. 이때 선체와 구조물의 접촉으로 인한 손상을 막기 위하여 선박 또는 계류시설전면에 설치하는 완충설비를 말함. 재료는 목재 또는 고무를 흔히 이용하지만 용수철을 이용하기도 함.

방파제

항내의 정온도를 유지하여 항내에서선박이 안전하게 정박하고 하역하며, 항내의 수역 및 육지에 잇는 모든 항만 시설물을 파랑과 표사로부터 보호하기 위해 만드는 항만 외곽시설

벌크 컨테이너(Bulk container)

곡류와 같은 분체 또는 분상체 화물을 운송하기 위하여 설계된 선박의 컨테이너로 지붕의 창구를 통하여 적재하고 기울임에 의하여 컨테이너의 한쪽 끝의 창구를 통하여 하역되는 컨테이너

벌크(Bulk)화물

곡류, 광석 등과 같이 포장하지 않고 입자나 분말상태 그대로 선창에 싣거나 또는 석유처럼 액체 상태로 용기에 넣지 않은 채 선박의 탱크에 싣는 화물

벨트 컨베이어 (Belt conveyer)

벨트를 활차로 순환시켜 벨트에 적재한 물품을 운반하는 연속 운반장치로서 하역에서는 석탄, 광석, 곡물 등 산화물(Bulk cargo)을 운반하고, 공사 시공현장에서는 토

사, 골재, 콘크리트 등을 운반하는데 쓰임.

복합운송(複合運送)

국제복합운송에 관한 조약 초안을 통하여 일반적으로 사용하게 된 용어로서 특정한 운송품이 선박, 철도, 도로 등의 육상운송 수단 내지 공중운송의 결합에 의해 해륙 내지 해륙공의 전통운송의 경우와 같은 둘 이상의 종류가 상이한 운송수단에 의하여 수송의 합리화 및 효율화를 도모하는 운송 형태.

부동식 방충재(浮動式防衝材)

안벽, 잔교 등에 고착시키지 않고 이들 전면의 해면에 띄운 방충재. 목조의 것이 많다. 조석간만의 차가 심한 항만에 설치하고 있으나 근래에는 이러한 공법은 거의 사용치 않고 있다.

사석(Rubble, Rubble stone)

방파제, 방사제, 안벽, 호안 등의 기초나 구조물의 뒷채움에 투입되는 깬돌로서 제방의 폭이 두꺼울 때는 내부에 작은 사석을 사용하고 파력을 강하게 받는 표면에는 큰 깬돌(피복석)을 사용함.

사일로(Silo)

선박으로부터 하역된 곡물이나 시멘트 등의 벌크화물을 저장하도록 설치된 원통형 창고.

산물선(Bulk Carrier)

곡물, 광석, 석탄 등 주로 마른 화물을 포장하지 않은 상태로 운송하기 위하여 그 화물창의 대부분을 단일갑판으로 설치한 구조를 가진 선박.

산화물(Bulk Cargo)

곡물, 광석, 석탄 등 포장하지 않은 채 운송되는 화물.

상부공(上部工)

일반적으로 구조물의 하부와 기초를 제외한 상부에 대한 공사. 항만 구조물에서는 잔교식 접안시설의 각주 이하를 제외한 부분, 중력식 접안시설에서는 케이슨이나 블록 등 하부를 제외한 상부부분에 대한 공사를 말한다.

상옥(上屋)

수송화물을 보관, 선별하거나 작업 또는 대기하는데 쓰려고 부두나 역 가까이에 지은 건물

샌드드레인 공법(Sand Drain Method)

연약지반속에 모래기둥(Sand Pile)을 타입하고 하중을 가하여 흙속의 물을 빼어내어 연약지반을 개량하는 공법

생산성(Productivity)

재화 생산의 투입량과 산출량의 비율을 의미하는 것으로 생산이 행해지기 위해서는 원료, 동력, 기계, 노동, 자본 등의 생산요소가 필요하지만 생산을 위하여 투입된 생산요소의 양과 그 결과 생산된 생산물 양의 비율. 원료단위(예컨대 1톤)당 제품산출량, 노동력단위(예컨대 1 인의 노동)당 제품산출량으로 표시하며 노동력단위당 생산성을 노동생산성, 노동자 1인당 부가가치로 측정한 것이 부가가치생산성임.

섀시(Chassis)

화물 특히 컨테이너를 싣는 구조물로, 고무바퀴가 달려 있고 다른 쪽은 트랙터로 견인할 수 있도록 되어 있다. 섀시는 도로용과 야드용이 있으며 도로용 섀시는 브레이크 및 전기 미등, 트위스트 록 장치 등이 설치되어 도로를 주행할 수 있는 구조 및 설비가 되어 있는 반면, 야드용 섀시는 브레이크 및 전기시설, 트위스트 록 장치 등이 없으며, 컨테이너를 지지할 수 있는 간단한 철 구조물에 고무바퀴를 부착하여 야드 트랙터가 견인할 수 있도록 되어 있다.

선박대기율

배가 접안할 수 있는 선석의 부족으로 정박해야 할 경우 선박의 실제 서비스 받은 시간에 대한 입항선석의 대기시간의 비율을 말함.

총톤수(Gross Tonnage G/T)

선박의 총톤수 측정에 관한 법률에서 규정된 선박의 밀폐구획의 용적톤수. 주로 국제항해에 종사하는 선박에 대하여 그 크기를 나타내기 위한 지표로 사용되는 국제총톤수가 있음.

순톤수(Net Tonnage N/T)

직접 영업행위에 사용되는 면적, 즉 화물과 여객의 수송에 제공되는 용적을 말함. 총톤수에서 선박운항에 이용되는 부분의 적량(선원실, 해도실, 기관실, 밸러스트탱크 등)을 공제한 순적량을 톤수로 환산한 수치로 보통 총톤수의 약 0.65배 정대에 해당, 순톤수는 직접 상행위를 하는 용적이므로 항세, 톤세, 운하통과료, 등대 사용료, 항만 시설 사용료의 기준이 됨.

재화중량톤수(Dead Weight Tonnage DWT)

선박이 적재할 수 있는 화물의 중량을 말하며, 여기에는 화물, 여객, 선원 및 그 소지품, 연료, 음료수, 밸러스트, 식량, 선용품 등의 일체가 포함되어 있으므로 실제 수송할 수 있는 화물의 톤수는 재화중량톤수로부터 이들 각종의 중량을 차감한 톤수

배수톤수(Displacement Tonnage D/T)

정지 상태에서 떠있는 선체가 배제하는 물의 양에 대한 톤수. 즉, 선박이 물에 떠 있을때 흘수선 이하로 배제된 물의 양을 중량으로 표시한 톤수로서 주로 군함 등의 크기를 표시할 때 사용함.

환산톤수(Compensated Gross Tonnage CGT)

표준화물선으로 환산한 수정총톤으로 기준선인 1.5만DWT(1만GT) 일반화물선의 1G/T당 건조에 소요되는 가공공수를 1.0으로 한 각 선종, 선형과의 상대적 지수로서 CGT계수를 설정하고 G/T를 곱한 것으로 실질적 공사량을 나타낼 수 있는 톤수임.

선박접안률

연간 안벽이용가능시간에 대한 선박의 접안시간 비율을 평가하는 요소로 선박도착의 가변성, 타항만에서의 지연, 터미널의 생산성 등을 결정하는 선박의 입출항 및 선석과 관련된 평가요소로 총 접안시간÷(연간작업일수×일일작업시간×선석수)로 나타낼 수 있다.

선박톤수(Ship Tonnage)

선박의 크기를 표시하는 수치. 용적으로 나타내는 총톤수(Gross Tonnage, G/T)와 순톤수(Net Tonnage, N/T) 및 중량으로 나태내는 배수톤수(Displacement Tonnage, D/T)가 있다.

선석(Berth)

항내에서 선박을 계선시키는 시설을 갖춘 접안장소를 말하며 보통 표준선박 1척을 직접 계선시키는 설비를 지닌 수역을 말함.

선석점유율

배가 접안할 수 있는 선석의 사용가능한 시간 중 실제 접안해서 서비스를 받은 시간의 비율. 선석점유율이 1이라 함은 선석에 항상 선박이 접안되어 있어 작업이 이루어졌음을 의미하며, 이 경우 무작위로 도착하는 선박의 대기시간이 상당히 늘어난다. 또한 선석점유율이 0인 경우는 한번도 그 선석에 배가 접안하지 않았음을 의미함.

선회장(船回場)

항만 내 선박이 안전하게 선회할 수 있는 수역. 선박이 부두에 접안 시 또는 이안 후 항해을 위하여 방향을 바꾸는 장소. 선회장은 바람, 조류의 영향, 예인선의 유무 등을 충분히 고려하여 안전한 조선이 되도록 충분한 넓이로 계획되어야 하며, 일반적으로 자력에 의한 회두의 경우 선박길이의 3배, 예인선에 의한 회두인 경우에는 선박길이의 2배를 직경으로 하는 원형 면적이 필요함.

세미컨테이너선 (Semi Container Ship)

일부 선창을 컨테이너 전용창으로 하여 갑판상의 컨테이너를 적재하는 배를 말하는데, 이 배는 컨테이너 화물과 일반화물을 동시에 수송하는 선박으로서 컨테이너 전용 선박과는 달리 보통 선상 크레인을 갖추고 있음.

수역시설(水域施設)

항만구역 및 임항구역 내에서 선박의 안전한 항행과 정박 그리고 원활한 조선과 하역을 목적으로 하는 박지, 선회장, 항로, 선류장 등의 시설을 말하는데 입항 선박의 수량 및 선형에 따라서 규모가 정해진다.

순선석 생산성(Net Berth Productivity NBP)

접안된 선박의 하역작업 개시 시간부터 작업종료 시간까지의 작업시간 동안 처리한 컨테이너화물의 처리실적을 평가하는 것으로 총 접안시간 중 작업시간 대비 총 처리물동량의 비율을 평가하는 요소임. 총작업시간은 선박에서 최초로 하역되는 컨테이너의 라싱이 풀리는 순간부터 마지막으로 선적되는 컨테이너의 라싱이 완료되는 순간까지의 시간(first unlash-to-last lash time)을 의미한다.(순선석생산성 = 총 처리물

동량(van) ÷ 총 작업시간)

순장비 생산성(Net Productivity NP)

컨테이너 하역과 직접적으로 관련된 시간(하역작업시간) 동안에 처리한 컨테이너화물의 처리실적을 평가하는 요소임. 장비의 순작업시간은 장비의 총작업시간에서 작업 전후의 대기시간(stand-by) 및 작업중단시간을 제외한 순수한 작업시간을 의미함.(순장비생산성 = 총 처리물동량(van) ÷ 장비의 순 작업시간)

스트래들 캐리어(Straddle Carrier, S/C)

컨테이너터미널에서 컨테이너를 들어 하역 및 운반을 하는 장비로서 트랙터 등 다른 이송장비를 사용하지 않고 컨테이너를 자유로이 운반할 수 있음.

안벽(Quay)

선박이 접안하여 화물의 하역 및 여객의 승하선이 직접 이루어지는 해저에서 수직으로 축조된 구조물로서 선박이 접안할 수 있는 충분한 길이(Berth 선석)를 가진 일종의 벽과 그 부속물을 총칭한다.

안벽 길이당 처리능력

컨테이너부두의 연간 총 처리물동량과 부두의 안벽길이와의 관계를 평가하는 요소 (안벽길이당 처리능력 = 총처리물동량(TEU) ÷ 안벽길이(m))

안벽 점유율

대기이론에서는 안벽을 선석으로 구성되는 이산적인 서버로 나타내고 있음. 그러나 홀수, 선박길이 등 선석의 조건이 모두 동일하지만 선박길이에 입각해 한 선석에 2척의 선박이 동시에 접안하는 경우에는 선석의 의미가 없기 때문에 안벽을 연속적(continuous)인 자원으로 간주함. 이는 안벽을 선석별로 구분하지 않고 총안벽길이를 기준으로 선박의 접안시간 및 선박길이를 점유하는 비율로 실제 안벽점유율(이용률)은 다음 식에 따라 산출함

야드 면적당 처리실적

총 야드면적 대비 연간 컨테이너 처리물동량의 비율을 평가하는 요소로 부두의 기본적인 구조와 관련된 생산성 평가지표로 야드의 형태, 안벽과의 연계성 등을 고려한 평가요소임. 야드면적은 CY, CFS 및 관련 시설(통로, 서비스구역 등)로 한정하고, 처

리실적은 shifting 물량을 제외한 연간 처리실적을 적용함(야드면적당 처리실적 = 야드면적(㎡) ÷ 연간 처리물동량(TEU)×100)

야드 섀시(Yard Chassis)
컨테이너 크레인에 의해 하역된 컨테이너를 야드로 이송하는 중간 운송 장비

야드 트랙터(Yard Tractor Y/T)
야드 내에서 섀시(Chassis)를 연결하여 컨테이너를 이동 운송하는데 사용되는 야드용 이동장비로서 도로 주행용 트랙터와 다른 점은 섀시(Chassis)와 연결하는 브레이크 및 전기장치 등이 없어 도로 주행이 불가능하게 되어있음.

야적(野積)
철근, 모래 등과 같이 눈이나 비에 젖어도 상관없는 화물을 일시 또는 장기에 걸쳐 쌓아두는 것을 야적이라 하고 그 장소를 야적장이라고 함. 노천을 주로 이용하므로 노천적이라고도 함. 하역장 뒤뜰에는 일시보관이나 화물정리를 위하여 이러한 야적장을 두고 있음.

야적장(野積場)
부두뜰 또는 헛간(상옥) 후방에 화물을 선적하기 전 또는 항만 밖으로 반출하기 전 일정기간동안 적재하여 보관하는 별도의 구조물이 없는 옥외의 화물장치장, 목재, 광석, 석탄 기타 헛간(상옥) 및 창고에 넣을 필요가 없는 화물의 저장을 하는 장소.

양하항(揚下港)
화물이 양하되는 항구를 가르키며 선하증권상에 명기하도록 되어 있다. 선하증권상에 표기가 되어 있기 때문에 양하항의 변경은 원칙적으로 금지되어 있다. 만약, 운송도중에 이적이 필요한 화물은 미리 양하항과 함께 이적지를 명기해 놓아야 한다.

에이프런(Apron)
안벽에 접한 야드부분에 일정한 폭을 가지고 나란히 뻗어 있는 하역작업 공간으로, 하역장비가 설치되어 필요한 위치로 이동하면서 컨테이너의 적·양화 작업을 수행하는 곳을 말한다.

연안항(沿岸港)

해안에 있는 항구, 하구에 있는 하구항, 운하에 연하는 운하항, 혹은 하천내륙부에 있는 하항 등에 대하여 사용하는 용어. 우리나라에서는 연안항을 항만법 제2조 및 동 시행령 제 3조에 의해 국민경제와 공공의 밀접한 관계가 있는 지정항으로서 주로 연안구역을 항해하는 선박이 입출항하는 항만으로 규정하고 있다.

예인선(曳引船)

항만에서 대형선박의 입출항 및 접이안을 돕거나 고장선박 또는 바지선을 예인하는 선박. 또한 자체 항행력이 없는 부선이나, 준설선과 같이 항행력은 있어도 일시 사용치 않는 선박을 지정된 장소까지 끌어 당기거나 밀어서 이동시키는 선박으로 규모는 작아도 강력한 추진력을 갖고 있음.

외항(外港)

하나의 항만이 천연지형 또는 방파제 등에 의하여 외해에 가까운 구역과 내해로 나누어질 때 항구의 바깥쪽에 위치한 수역

용선(傭船)

선주가 선박을 이용하는 자를 위하여 선박의 전부 또는 일부를 빌려주는 행위로, 정기용선, 나용선, 항해용선 등이 있다.

정기용선(定期傭船)

선주는 선원을 승무시키고 항해장비를 갖추는 등 감항능력을 갖춘 선박을 용선자에게 일정기간 동안 항해에 사용할 것을 약정하고 용선자는 이에 대하여 기간으로 정한 용선료를 지급할 것을 약정하는 것으로 기간용선이라고도 한다.

나용선(裸傭船)

선주가 선박 이용자를 위해 선박을 제공하는 용선 중 선박만을 대차하는 용선으로 선박 임대차라고도 함.

항해용선(航海傭船)

한 항구에서 다른 항구까지 한번의 항해를 위하여 체결되는 운송계약으로 선주가 모든 장비와 선원을 갖춘 선박을 대여하고 운항에 필요한 모든 비용을 부담한다.

용선료(傭船料)

일종의 선박임대료로서 용선자가 선주에게 용선의 대가를 지불하는 것을 말한다. 선주가 부담하는 선박의 경사비와 용선자가 부담하는 항해비로 구성되는 원가를 최저 기준으로 하고, 여기에 선복수요의 실제 시세가 가미되어 정해진다. 용선에 있어서는 용선료를 계산하는 기초 즉 Charter base는 1ton당 정기용선에서는 흔히 1dwt당 1개월 기준으로 하고 있다.

용선자(傭船者)

선박을 선주로부터 빌어 자기 혹은 타인을 위하여 화물운송을 하는 자를 용선자라 하며 이는 용선계약에 의해서 이루어진다. 보통 용선자와 그 용선자로부터 다시 빌리는 재용선자가 있다.

용적톤(傭積噸)

적재화물의 용적에 의한 톤수를 말한다. 실제로 배에 실을 수 있는 화물의 용적이나 공소용적(空所容積) 계측단위인데 1입방미터 또는 40입방피트를 1톤으로 한다. 용적재한톤수라고도 한다. 경량화물의 상거래에 이용된다.

운하항(運河港)

인공적으로 운하를 건설함에 따라 새롭게 조성된 항만이 생기거나 또는 종래의 항만이 운하에 연하여 확정하게 된 것을 말함. 예를 들면 영구의 맨체스터(MANCHESTER) 항은 종래에는 해안으로부터 떨어진 하나의 국내 도시에 불과하였으나 새로 운하를 개발, 대형선박이 출입할 수 있는 항구가 되었다. 운하항은 운하내 또는 운하의 양단에 있는 항구를 말한다

워터프런트(Waterfront)

도시가 큰 강이나 바다 호수 등과 접하고 있는 공간을 말하며, 도시의 일부로 존재하는 도시속의 자연을 말한다.

위험물 컨테이너 장치장(Dangerous Goods Container Yard)

위험물은 사람 또는 재산등에 손해를 가져올 우려가 있는 물건을 말하며, 폭발·화재 및 오염 등을 사전에 방지하여, 안전을 유지하기 위하여 컨테이너부두내의 일정지역을 별도 설정하여 지반을 불투수층으로하거나, 소화장비, 유수분리장치등을 설치한 소화장비 장치장을 말함.

일반화물(一般貨物)

특별한 취급이나 적재상의 주의가 필요하지 않은 화물을 통칭하는 것으로 그 대표적인 것은 잡화이다. 운송상에 있어서 적량으로 포장되어 취급하기 편하고 다른 화물과 혼재하거나 접촉하여도 손상 우려가 없는 화물(clean cargo)은 물론이고, 특수한 조치가 필요치 않는 조잡한 화물(rough cargo)이나 액체 또는 반액체의 화물(liquid cargo)도 이에 포함된다.

임항교통시설(臨港交通施設)

철도, 교량, 도로, 궤도 및 운하 등을 가리킨 철도, 교량, 도로, 궤도 및 운하 등을 가리킨다.

자동화부두 (Automated Container Terminal ACT)

컨테이너 터미널 운영에서 가장 많은 인원이 소요되는 작업을 무인장비(크레인, 이송차량등)를 이용하여 운영하는 터미널로서, 24시간 무휴가동 됨으로 생산성 향상, 운영비절감 등의 장점이 있음.

자연항(自然港)

자연적으로 형성된 항만으로, 방파제나 갑문 등 외곽시설이 없는 천연적인 항

잔교(棧橋)

해안선이 접한 육지에서 직각 또는 일정한 각도로 돌출한 접안시설. 선박의 접 이안이 용이하도록 바다위에 말뚝을 박고 그 위에 콘크리트나 철판 등으로 상부시설을 설치한 교량 모양의 접안시설이 원래의 형식이다. 그러나 차츰 변화하여 말뚝 대신에 우물통(井筒), 공기케이슨, 보통의 케이슨, 각주구(脚柱構) 등을 설치하여 직립부를 만들고 이것을 수평방향으로 연결하여 사용하게 되었다. 잔교 구조를 육안에 평행으로 설치할 경우에는 배후에 호안을 만들고 그 배후는 매립지로 된다. 이것을 횡잔교라 부른다.

잔교식 안벽(棧橋式岸壁)

잔교식계선안(日) 상판면을 각주(脚柱)로 지지하고 있는 형식의 계선안. 각주로서는 철봉, 강말뚝, 철근콘크리트 말뚝, 철근콘크리트우물통, 케이슨 나무말뚝 등이 있다. 배치 형식은 연안에서 직각 또는 비스듬하게 돌출되어 있는 돌제식 잔교와 연안에 평행된 횡잔교가 있다. 이 형식의 계선안은 내진성이 강하고 경량인 까닭에 연약지

반에 적당하지만 선박의 충격 및 견인력에 대하여는 약한 결점이 있다.

잔토처리(殘土處理)

굴착하여 발생한 불필요한 흙을 사토장(捨土場)에 운반하는 것

잡화(雜貨)

상자, 통, 마대 등으로 포장된 선하화물(船荷貨物). 보통 중량은 1/4t 이하의 것이 많다.

잡화부두(雜貨埠頭)

주로 잡화를 배에 싣고 내리는 부두

장비능력

장비능력은 C/C의 처리실적과 제원상의 처리능력과의 차이를 비율로 표시하고 이를 비교·평가하는 요소임. 이는 장비 제원상의 처리능력과 실제 처리실적과의 관계를 평가하여 장비운영의 효율성을 분석하는 자료로 활용된다(장비당 처리물동량 ÷ 제원상의 처리능력)

재화용적톤수(載貨容積噸數)

화물 선창내 화물을 탑재할 수 있는 총용적. 국제적으로 ft^3 으로 표시하나 우리나라는 미터법에 따라 ㎥로 표시하고 있다. 재화용적에는 적재 화물의 종류에 따라 grain capacity와 bale capacity의 두 가지 측정방법이 있다.

재화중량(載貨重量)

현실적으로 선적할 수 있는 최대 중량을 표시하는 것. 화물선, 탱커 등의 선복량을 나타내는 데 사용되며 용선계약, 선박매매, 거래 등 상거래의 기준으로 사용되기도 함. 중량 톤수는 총 톤수와는 전연 단위가 다른 것으로, 일반화물선 탱커의 경우 대략 총 톤수의 1.5배 정조다 중량 톤수가 된다.

재화중량톤수(載貨重量噸數)

배의 만재상태 흘수에 대한 배수량과 빈 배 상태(light condition)의 흘수에 대한 배수량과의 차. 즉 배에 최대로 적재할 수 있는 화물, 연료, 선용품 등의 총 중량을 나타내며, 선박의 매매, 용선료의 기준 등 해운 경영에 주로 사용됨.

재화톤수(載貨噸數)

선박이 적재할 수 있는 화물량을 표시하는 수. 중량으로 나타내는 방식과 용적으로 나태는 식이 있다. 재화중량톤수(D/W)는 선박이 만재흘수선에 이르기까지 적재할 수 있는 화물의 중량을 톤수로 나타낸 것이다. 재화용적톤수는 선박이 화물을 적재할 수 있는 장소의 용적을 $40ft^3$ 로 나누어서 구한다.

적재중량톤수(積載重量噸數)

화물을 소정의 흘수선(吃水線)까지 실었을 때의 화물의 중량을 표시한다. 배수 톤수에서 선체 및 기관의 중량을 뺀 값으로서 재화중량 톤수라고도 하며 D/T로 표기한다. 그 선박에 실을 수 있는 화물의 중량, 선박 가격의 기준에 활용된다.

적재하중(積載荷重)

일반적으로 에이프런, 헛간, 창고 등에 적재되는 잡하 등의 하중을 말한다. 또, 겨울철 눈이 많은 지역에서는 에이프런 위에 쌓인 눈도 적재하중이 되는 경우가 있다.

전빈(前濱)

간조정선(干潮汀線)으로부터 경빈(經濱)의 전단(前端)가지의 부분으로 항상 파에 씻기고 있다.

전용부두(專用埠頭)

생산성을 높이기 위하여 특정 이용자를 위하여 장기 전용 사용토록 선석(berth)을 건설한 것으로, 시멘트 전용부두, 석탄 전용부두 등이 있다.

전용선(專用船)

특정한 화물을 전문으로 수송할 수 있도록 건조된 선박. 주로 부정기 항로에 취항하고 대부분은 적재지 까지 공선으로 간 다음 회항한다. 액체운반선, LNG선, 벌크선, 목재선, 자동차 전용선, 중량물 운반선, 컨테이너선 등이 있다.

전용컨테이너선 (Full container ship)

컨테이너만을 적재할 수 있는 구조를 가진 선박임.

접안(Approaching, Berthing, 接岸)

선박이 안벽에 다가가거나 안벽이나 박지에 정박하는 것

접안능력(接岸能力)

당해 부두에 동시에 접안할 수 있는 최대 선박의 크기와 척수

접안속도(Approaching velocity)

선박이 안벽이나 기타 접안시설에 접안할 때의 속도를 말하며 선박의 선형, 재화상태, 계류시설의 위치 및 구조, 기상, 해상상황, 예선의 유무 등에 따라 다르며 대형 컨테이너선의 접안속도는 약 10㎝/sec 정도임.

접안속도계(接岸速度計)

대형 선박이 돌핀이나 잔교식 구조물에 접안할 때 충격력에 의한 위험을 방지하기 위하여 속도를 측정하는 계기. 이는 선박의 접안속도, 거리, 방향 등을 측정하는 것으로서 래더 타입(rader type)과 소나 타입(sonar type)이 있다.

접안유속도(接岸流速度)

선박이 안벽 또는 기타의 계류시설에 접근할 때의 속도, 선박의 접근 유속은 항구의 여러 가지 조건, 선박의 대소에 의해 결정된다. 방현재(防舷材)의 설계에 있어서는 가장 중요한 요소이다. 대형 선박을 예인선에 의해 접근시키는 경우 접근 유속은 10㎝/sec 정도이다.

접안하역(接岸荷役)

선박이 안벽 또는 물양장에 접안하여 하역하는 것을 말한다. 화물은 본선의 마스트 크레인 혹은 안벽상의 기주기에 의하여 직접 하역할 수 있으므로 하역이 신속하며 또한 하역비도 저렴하지만 안벽을 축조하는데 많은 공사비가 소요된다.

정기선(定期船)

부정기선에 대비되는 개념으로서 운항일정을 정하여 정기적으로 운항하는 선박. 구체적으로는 특정 항로를 미리 정해진 입출항 예정표(schedule)에 따라 규칙적으로 반복 운항하는 선박을 말하는데, 이 정기선은 다수의 하주와 개별적으로 운송계약을 맺고 잡화 등의 공업제품을 신속하고 확실하게 운송하는 것을 특징으로 한다. 통상 컨테이너선을 말한다.

정기선항(定期船港)

국제무역의 정기선이 기항하는 항. 운임동맹별로 정해져 있으며 main port와 outport

로 나눈다. outport에 입항할 때는 운임에 할증요금(surcharge)이 부과된다.

정기항로(定期航路)

일정한 운항계획에 따라 선박이 정기적으로 취항하는 항로. 선사들이 기항지, 발착일자, 운임률, 서비스 회수 등을 정해 규칙적인 항해를 하는데, 보통 부정기선보다 속력이 빠르고 우수한 선박을 투입한다.

정박(碇泊)

선박이 해상에서 닻을 내리고 운항을 정지하는 것. 묘박(mooring)이라고도 함.

정박기간(碇泊期間)

용선자가 계약화물의 전부를 완전히 싣거나 내리는데 걸리는 일수를 선주에게 보증하는 기간으로, 이 기간을 넘어 하역이 이루어질 때는 넘은 일수에 대해 용선자가 선주에게 추가요금, 즉 체선료를 지불해야 한다. 또, 보증기간보다 빨리 하역이 끝났을 때는 보수로서 선주가 용선자에게 조출료(早出料, despatch money)를 지불한다.

정박료(碇泊料)

항만이나 항내에 정박한 선박에 대하여 시간과 선박의 총톤수(GT) 또는 순톤수(NRT) 기준으로 부과하는 하만시설 사용료로서 anchor dues라고도 한다.

정박지(碇泊地)

선박의 안전한 정박, 원활한 조선(操船) 및 하역이 가능하도록 충분한 넓이와 수심을 가진 조용한 수면. 또한 정박지의 해저 토질은 닻이 박히기에 적합한 곳이 바람직하다. 정박지는 묘지(닻 내리는 곳), 부표 정박지, 배 선회장 등의 조선 수면을 포함하고 있다.

정온도(瀞穩度)

항만의 박지(泊地) 내 수면의 정온화 정도를 나타내는 것으로서 통상 박지내의 파고를 말함. 또한 박지 내 파고의 평균치와 그 때의 방파제 밖의 파고의 비를 가지고 나타내는 일도 있다. 선박의 접안, 하역작업과 밀접한 관계가 있으므로 일반적으로 초대형선은 0.7m~1.5m, 중·대형 선박에는 0.5m, 소형선에는 0.3m 이하의 정온도를 설계하고 있다. 따라서 그 항구에서 필요한 하역 일수에 대해 이 정도의 파고를 진압할 수 있는 방파제의 마루높이, 배치, 항구의 위치를 검토해야 한다.

조항(潮港)

조석의 차가 심한 항구를 말함. 따라서 이러한 항구에는 선박 정박을 위해 수문 또는 갑문시설을 갖추고 있음. 런던항, 리버풀항, 앤트워프항, 인천항, 아산항 등이 이에 속한다.

준설(浚渫)

하천이나, 항만내 부두 및 항로수심을 확보하기 위하여 물밑의 토사, 암석을 굴착하는 작업. 그러나 항만 구조물의 기초 공사를 위한 수중에서의 굴착은 수중굴착이라고 하는 것이 통례이다.

준설선(浚渫船)

항만, 하천 등의 물밑의 토사를 굴착하는 작업선, 펌프선, 디퍼선, 백호선, 그래브선, 버킷선 등이 있으며 각각 수심, 토질 및 준설토를 버리는 곳이나 굴착한 토사의 이용 방식에 따라 기존을 선정해야 한다. 준설선의 원동기는 디젤 엔진에 의한 직접 구동식, 디벨 엔진의 발전에 의한 모터 구동식 또는 전력 회사로부터 인입한 전력에 의한 모터 구동식 및 가스 터빈 구동식 등이 있다. 또한 준설선에는 자항식(自航式)과 비항식(非航式)이 있으나 비항식은 예선(tug boat)으로 끌어 장거리 이동을 하는 형식이다.

중간기항서비스(中間寄港-)

컨테이너 선박이 최종 목적항으로 항행하면서 중간에 있는 항만의 화물을 수송하는 행위. 90년대 초반까지 근해항로에서 영업하는 우리 선사들을 보호하기 위하여 국적 및 외국 원양항로 선사들의 inter-port service를 금지한 바 있다.

중계항(中繼港)

입항화물을 재차 다른 항양선(航洋船)에 바꾸어 싣고 수송하는 항구 또는 화물의 장거리 수송 또는 장거리 항해의 중계점이 되는 항

중량톤(重量噸)

적재 화물의 무게를 기준한 톤수로 L/T, M/T, S/T 등으로 나뉜다.

중량톤수(重量噸噸數)

선박 만재상태의 흘수에 대한 배수량과 빈 배 상태의 흘수에 대한 배수량의 차이를

말한다. 이는 선박이 적재할 수 있는 최대 중량을 나타내므로, 해운업에서는 이 톤수로 화물선의 크기로 평가하기도 하며, 선박의 매매, 용선료 산정의 기준 등 해운경영의 중요한 지표로 삼고 있다.

중력식안벽(中力式岸壁)

토압, 수압 등의 외력을 벽체중량과 그 마찰력으로 정항하도록 축조된 안벽구조 형식. 안벽 깊이가 커지면 토압은 깊이의 제곱에 비례하므로 벽체의 안정, 특히 활동의 안정이 나빠지는 경향이 있다. 벽체의 종류는 케이슨식, L형 블록식, 콘크리트 블록식, 셀 블록식, 직립소파식 등이 있다.

중요항만(重要港灣)

항만법에 의하여 국가의 이해에 중대한 관계를 갖는 항만으로 지정된 것으로서 무역항과 연안항으로 구분된다. 지정항만이라고도 한다. 우리나라는 현재 무역항 28개항, 연안항 22개항으로 합계 50개항이 있다.

지게차(Fork Lift)

CFS용 컨테이너 하역장비로서 BOX내 화물을 반출 또는 반입하는 장비

지반개량(Ground improvement, Soil improvement)

연약지반을 사용목적에 맞게 지반강도 등을 증진시켜 지반의 공학적 능력을 개선시키는 것을 말함.

진공압밀공법

연약점토 지반개량 시 수직드레인 타설 후 토사를 재하하중으로 이용하나, 진공압밀공법은 인위적으로 지중을 진공상태로 만들어 이에 작용하는 대기압을 재하하중으로 활용하여 지중에 설치한 드레인을 통해 과잉간극수를 배출시켜 지반의 압밀을 촉진시키는 공법.

지브크레인(Jib Crane)

수직축을 중심으로 원을 그리며 컨테이너 등을 하역하는 장비로서 선회(旋回)크레인이라고도 함.

철도항(鐵道港)

육상운송에 의해 화물의 집산중심지가 되고 있는 상업용 항구로, 해운시설보다는 육운시설이 더 잘 되어 있으며 영국의 맨체스터 등이 있다.

체선(滯船)

선박이 항만의 수용 능력 이상으로 초과 입항하여, 항구 밖에서 하역작업 순서를 기다리는 상태를 말한다.

체선율(滯船率)

전체 입항선박중 체선하는 선박의 비율

체선일(滯船日)

화물을 하역하기 위해 할당한 정박일수를 초과한 정박일을 말한다. 선사가 일당 선적량이나 항만사정을 근거로 산출한 통상의 정박일수를 기본정박 기간이라고 하는데 선사의 사정이 아닌 일로 정박일수를 초과할 때는 하주가 체선료를 물어야 하는 경우도 있다.

총선석생산성(Gross Berth Productivity GBP)

선박이 선석을 점유하고 있는 총 접안시간 동안 처리한 컨테이너화물의 처리실적을 평가하는 요소로 총 접안시간 대비 총 처리물동량의 비율을 평가하는 요소임. 총접안시간은 접안시부터 이안시까지의 총시간을 의미함(총 처리물동량(van) ÷ 총 접안시간)

총요소생산성(Total Factor Productivity)

노동, 자본 등의 생산요소가 산출하는 가치를 측정하는 개념으로 한 경제의 기술수준을 나타내는 지표임. 즉 한 경제에 이용되는 노동, 자본 등의 투입량이 전기에 비하여 두배로 증가하였을 때 산출량도 정확하게 전기에 비하여 두배가 되었다면 총요소생산성은 전혀 증가하지 않은 반면에 산출량이 2.3배가 되었다면 총요소생산성은 전기에 비하여 0.3만큼 증가한 것을 의미함.

총장비생산성(Gross Productivity GP)

총장비생산성은 하역 작업인력이 작업에 투입되도록 배정된 시간(작업 전후의 대기시간(stand-by) 및 작업중단시간을 포함) 동안에 처리한 컨테이너화물의 처리실적을 평가하는 요소임. 장비의 총 작업시간은 작업 전후의 대기시간(stand-by) 및 작업중단 시간을 포함하여 작업인력이 작업에 투입되도록 배정된 시간을 의미함(총 처리물동량(van) ÷ 장비의 총 작업시간)

총중량(總重量)

화물의 무게를 표시할 때 화물 그 자체 하중을 표시하는 순하중(純荷重, net weight)과 포장재의 무게를 포함한 중량이며 적출 총량조건과 양육 총량조건, 총량조건으로 나눌 수 있다.

총톤수(總噸數)

총톤수는 선박, 어선 등의 크기를 나태는 지표. 선박의 통계에도 사용되고 있다. 이전에는 선박의 전 용적에서 이중저구간(二重低區間)과 상갑판 위에 있는 조타실, 기관실 등을 공제시킨 용적을 100ft³ (2.83㎥)을 1톤으로 기준해서 표시한다. 그러나 현재에는 계측방법을 세계적으로 통일한 국제톤수협약을 기본으로 국제총톤수(國際總噸數)가 신조선(新造船)에 대해서 이용되고 있다. 국제 총톤수는 전 용적의 크기에 따라 계수를 곱해서 구하며, 이전의 총톤수와 차이를 없애기 위하여 국제 총톤수에 일정계수를 곱하여 국내 총톤수로 사용하고 있다. 총톤수는 상선의 크기를 나타내는 척도로서 널리 일반화 되어 있음과 동시에 통계, 관세, 검사 수수료의 기준 등에 이용된다.

컨테이너(Container)

영구적 특성을 갖고 있어 되풀이 사용이 적합하며 화물의 재적재(再積載)없이 운송의 편의 · 촉진을 위하여 특별히 고안된 수송용기를 말한다. 일반적으로 Dry Cargo용 컨테이너는 특수한 강철로 되어 있는 골조에 알루미늄이나 철판으로 측면과 상부가 둘러싸여 있다. 바닥은 강재의 골조위에 두꺼운 목재판이 부착되어 있다. 또한 컨테이너 상하 각각의 네 모서리에는 Corner Fitting이 특수 강철로 된 골조기둥에 용접되어 있다. 컨테이너에는 Dry Cargo용 컨테이너 외의 용도에 맞게 각종 특수 컨테이너가 있다.

컨테이너부두(Container Terminal)

컨테이너선이 접안하여 하역작업을 할 수 있는 부두를 말하는데, 이 컨테이너 부두는 컨테이너 수송방식에 있어 해상수송과 육상수송의 접지로서 컨테이너를 적양화할 수 있는 부두시설이 있고 그 배후지에는 하역준비, 화물보관, 각종 기계의 관리 보관 등을 다루는 시설을 갖추고 있다.

컨테이너선(container Ship)

컨테이너 화물을 수송하는 선박으로, 적재형태에 따라 컨테이너만을 적재하는 전용 컨테이너선과 컨테이너 이외의 일반 화물적재가 가능한 세미컨테이너선 등이 있으며, 하역방식에 따라 LO/LO 방식과 RO/RO 방식으로 나눌 수 있다. LO/LO 방식은 갑판상의 창구로부터 기중기에 의해 컨테이너를 싣고 내리는 방식으로서 창구는 cell을 설치한 cellular hole로 되어 있다. 한편, RO/RO 방식은 선측, 선미 부분에 있는 문으로 트레일러나 지게차가 출입하며 컨테이너를 싣고 부린다.

컨테이너선석(Container Berth)

부두에서 컨테이너선이 화물을 적재 및 양화하는 장소를 말한다.

컨테이너세

항만이 소재하고 있는 지방자치단체가 당해 항만을 이용하는 컨테이너를 대상으로 부과하는 지역개발세

컨테이너야드(Container Yard)

컨테이너를 보관하고 인도, 인수하는 장소로서 컨테이너 스토리지 야드라고 하는 경우도 있다.

컨테이너야적장

선박에서 컨테이너 적재 양하를 위해 선박회사나 그 대리점이 지정한 컨테이너를 보관 또는 인도하는 장소로, 보통 컨테이너 야드 또는 컨테이너 장치장이라고 통칭한다. 부두내 컨테이너 터미널 시설 대부분의 면적을 차지하고 있다. 터미널 내에 보관하는 on-dock CY(container yard)와 터미널 외곽지역인 사설 CY, 즉 off-dock CY로 구분된다.

컨테이너적재능력

선박에 적재 가능한 총 컨테이너 개수를 말하며 일반적으로 20피트 컨테이너(TEU)로 표기한다.

컨테이너정비소(Maintenance shop)

컨테이너의 검사, 사용 전후의 청소, 손상된 부분의 수리, 부두에서 사용하는 컨테이너 차량, 하역기계를 유지 보수하는 시설

컨테이너조작장(Container Freight Station CFS)

LCL 화물 즉 1인의 화주가 1개의 컨테이너를 가득히 채울 수 없는 소량의 화물을 인수하여 컨테이너에 채워 넣거나 내장된 화물을 컨테이너로부터 꺼내는 작업을 하는 장소

컨테이너크레인(Container Crane C/C)

부두의 안벽에 설치되어 컨테이너선으로부터 컨테이너를 부두로 하역하고 부두에 있는 컨테이너를 배에 선적하는 컨테이너 전용 크레인이며, Gantry Crane(G/C), Rail Mounted Quay Crane(RMQC), Portainer 등으로 불리워지나 우리나라 KS규격에 표시된 이름은 Container Crane임.

컨테이너터미널 생산성

단위당 실적과 투입비용을 고려한 컨테이너터미널의 운영 효율성을 의미하는 것으로 각 터미널의 주어진 주변여건 및 터미널운영 원칙 하에서 연간 최대 처리가능물동량을 의미함. 즉 일정기간 자본 및 노동의 투입량이 일정하다는 가정하에 처리물동량으로 정의할 수 있음

컨테이너항(-港)

컨테이너를 주로 취급하는 항만으로, 선석에는 컨테이너용 크레인이 설치되어 있고 컨테이너를 적재 보관할 수 있는 시설이 갖추어져 있다.

컨테이너화(-化)

화물을 컨테이너에 채워 넣어 이를 하역 운송상의 취급 단위로 하는 것을 말한다. 컨테이너는 단위적재(unit load) 방식의 대표적 형태로서, 이상적인 수송방식은 각종 수송기관을 일관하여 연계 수송하는 것이다. 또한 하역시간을 단축하고 화물의 손상을 방지할 수 있는 수송방식. 이를 위해서는 컨테이너의 규격화가 문제가 되어 국제표준규격이 정해지고 있다.

컨테이너화물(Containerizable cargo)

컨테이너가 가능한 화물을 말하며, 컨테이너선을 포함하는 정기선의 대상화물은 컨테이너를 이용하는 화물과 이용하지 않는 화물로 구분할 수 있다. 화물을 컨테이너 속에 채우는 데는 물리적 제약과 경제적 제약이 있다. 컨테이너화에 부적합한 것은 컨테이너에 싣는 것이 물리적으로 거의 불가능한 상품 혹은 전용선에 의하여 수송되는 편이 능력적인 벌크화물 등이 있다.

컨트롤타워(Control Tower)

선박 하역작업 및 마샬링야드와 CY내에 컨테이너가 계획대로 배치되도록 지휘, 감독하는 건물

케이슨(Caisson)

항만에서 철근 콘크리트제의 상자 모양의 것으로서 부양식 독(dock)이나 육상에서 제작되고 해상을 예항선(曳航船) 또는 기중기선에 의해 매달려 현장으로 운반되어 방파제 또는 중력식 구조의 안벽 본체로서 설치되며, 수중의 구조물 또는 기초를 구축하기 위하여 주로 철근 콘크리트로 만든 상자 모양이나 원통 모양의 구조물로, 미리 지상에서 제작한 다음에 부가하중 또는 굴착에 의해 땅속이나 물속에 침하시켜 설치하는 본체 혹은 기초구조물. 우물통, 공기케이슨을 총칭하여 케이슨이라고 하기도 한다. 케이슨은 그 자체가 큰 단면을 가지며 말뚝 기초에 비해 지지력이나 수평 저항력이 크고 또느 수중 시공이 확실히 이루어질 수 있다. 또한 케이슨은 기초로서 이용되는 것 외에 직사각형 단면인 것을 1열로 배열하여 침하시켜 서로 통하게 하여 지하철이나 건물의 지하실 등으로 만들 수 있다.

탑 핸들러(Top Handler)

야드 내에서 공 컨테이너를 적치 또는 하역하는 장비

통선(通船)

해상의 본선과 육안(陸岸)간의 화물수송 연락을 맡아보는 소형선의 통칭.

투입인력의 생산성

투입인력의 생산성은 해당부두의 연간 총 처리물동량을 컨테이너부두 운영사의 총 인원수로 나눈 것으로 연간 1인당 처리실적(Annual lifts per terminal employee)을 평가하는 요소임. 투입인력의 생산성은 부두의 생산성을 평가하는 가장 기본적인 척

도인 동시에 전세계 항만업계에서 가장 널리 사용되고 있는 생산성 비교·평가 지표임. 투입인력은 일반직, 기술직 및 기타인원 등 터미널내 모든 인원을 포함한 것으로 (연간 총 처리물동량(TEU) ÷ 운영사 총 인력규모) 이다

트랜스퍼크레인(Transfer Crane T/C)

컨테이너를 터미널 야드내에서 스프레더를 이용하여 이송, 적재하며 야드샤시나 로드샤시에 올리거나 내리는 일을 하는 하역장비로 Tire Type과 Rail Type이 있음.

팔레트(Pallet)

화물을 일정 수량단위로 모아 하역, 보관, 수송하기 위해 사용되는 하역받침으로 평팔레트, Box Pallet, Post Pallet 등이 있음.

페이퍼드레인 공법(Paper Drain Method)

연약지반 개량공법의 하나로 Card Board라고 하는 두꺼운 종이에 홈을 낸 것을 사용하여 소정의 깊이까지 연직으로 타설 후 토사등을 재하하여 지중의 간극수를 배출시켜 압밀을 촉진시키는 공법.

편의치적(便宜置籍)

세금부담 경감, 인건비 절약 등을 위해 선주가 소유하게 된 선박을 자국에 등록하지 않고 제3국에 치적하는 것을 말한다. 미국 일보 ㄴ등 주로 선진 해운국 선주들이 행하고 있으며 파나마, 리베리아, 싱가포르, 필리핀, 바하마 등이 대표적인 편의치적 국가이다

편의치적선(便宜置籍船)

선박의 운항수입에 대해서 법인세, 소득세를 면제하는 국가에 등록된 선박

평균 장치율

컨테이너부두 야드의 평균 장치물동량과 일시 장치물동량과의 관계를 판단하는 평가요인으로 연간 야드 평균 장치물동량을 일시 장치 물동량으로 나누어 산정함. 일시장치물동량은 최대로 장치할 수 있는 컨테이너의 수를 의미하며, 연간 평균장치물동량은 연간 야드에 장치된 컨테이너화물의 평균치를 적용함

풀 컨테이너선 (Full Container Ship)

컨테이너 화물만을 적재할 수 있는 구조를 가진 화물선으로서 하역방식에 따라 Lift on/off방식과 Roll on/off방식이 있음.

프리로딩 공법(Pre-loading Method)

연약 지반상에 구조물을 축조시 미리 그 지반에 흙쌓기 등에 의해 재하를 함으로써 압밀침하를 촉진시켜 지반을 안정시키고 난 다음 흙 쌓기를 다시 제거하고 구조물을 축조하는 공법

하구항(河口港)

하구의 정온을 이용하여 하구에 위치하는 항구. 연안의 일반적인 항만가 달리 대규모의 방파제가 필요 없고 또한 소형선에 의하여 상류까지의 내륙운송이 가능한 이점이 있지만, 하천의 유하 토사나 파도에 의하여 밀려오는 토사 때문에 항로의 수심을 유지하기 곤란한 단점이 있음. 허드슨강 하구에 있는 뉴욕항, 금강의 하구에 있는 군산항 등이 하구항이다.

하역기계(荷役機械)

선박 화물을 싣고 내리는 일이나 화물의 처리에 이용되는 기계류의 총칭. 이것은 부두에 있는 것, 선박 자체가 가지고 있는 것, 바지선에 붙어 있는 것으로 나뉜다. 유럽에서는 거의가 부두에 있는 하역기계에 의하여 하역이 이루어지지만 미국 등에서는 선내의 하역기계(예를 들면, 마스트 크레인)를 주로 이용한다. 잡화의 하역에는 포크 리프트, 모빌 크레인, 벨트 컨베이어 등 이동식 기계가 많이 이용된다. 이 하역기계는 설치위치에 따라 부두 위에 설치된 것, 선박 자체가 갖추고 있는 것, 바지선에 설치된 것으로 대별할 수 있다.

하역능력(荷役能力)

일정 시간에 화물을 싣고 내릴 수 있는 표준처리 능력

한국컨테이너부두공단(Korea Container Terminal Authority KCTA)

컨테이너부두를 효율적으로 개발 및 관리 운영함으로써 컨테이너화물의 원활한 유통을 촉진하고 국민경제의 건전한 발전에 이바지함을 목적으로 한국컨테이너부두공단법(법률 제4191조, 1989.12.30제정)에 의거, 1990년 4월 3일 설립된 특수법인으로 정부로부터 컨테이너부두를 무상 대부받아 컨테이너부두운영회사에 유상 임대한 수

익료, 컨테이너부두개발채권, 정부재정융자 등을 주된 재원으로 하여 컨테이너부두를 개발하는 기관으로 2005년 3월28일 본사를 부산시에서 광양시로 이전.

항(港)

현대적인 의미로서의 항구는 해륙(海陸) 터미널의 중요한 지점에 있으면서 선박이 안전하게 정박하고, 접안에 의한 직접 하역이 가능하며, 화물을 싣고 내리는 일과 화물의 정리 보관 등이 용이하도록 항만시설이 정비되어 있는 곳을 말한다. 이것에는 천연항인 harbour와 인공항인 port가 있으며, 전자는 외부가 갑(岬), 섬(島), 암초 등 천연의 지형에 의하여 성립된 것이고, 후자는 방파제, 안벽 야적장 등 인공적 구조를 가미한 것

항구(港口)

일반적으로 항을 항구로 표현할 때 ②선박이 출입항하는 항의 입구로, 선박의 출입구. 출입 선박의 크기, 차폐해야 할 파도의 크기, 항구의 조류의 유속 등에 따라 그 폭과 수심이 결정된다.

항로(航路)

선박이 항내 부두로 입·출항하거나 항의 입구 부근 및 기타의 해면에서 특별히 정하여진 선박의 통로. 도 다른 뜻으로는 선박이 운행하는 선로를 항로라 한다. 항내의 항로는 필요 수심으로 준설되고 부표와 같은 안전시설이 설치되는 것과 동시에 일정한 규칙하에 통제되는 수로이다.

항만(港灣)

선박의 출입 및 사람이 타고 내리거나 화물을 선박에 싣고 내릴 수 있는 시설이 구비된 곳으로 우리나라는 항만법에서 정한 지정항만과 지방항만, 개항질서법에서 정한 개항과 지정항으로 구분하고 있으며, 항구 항만은 혼용해서 사용하고 있으나 항만은 항로, 박지(泊地), 부두시설, 화물하역시설 등의 종합적인 시설을 갖추고 있다.

항만공사 기준면 (Datum level D.L)

항만공사를 할 때 편의적으로 각 항만에서 항만 시설의 계획, 설계, 시공 등에 기본이 되는 기준면으로 우리나라에서는 기본수준면인 약최저저조위 (±)0.00을 사용하고 있음.

항만구역(港灣區域)

항만의 기능을 충분히 발휘하기 위하여 필요하다고 인정되는 항만의 수역. 항만관리자가 항만으로서 관리하여야 하는 수역.

항만당국(Port Authority)

항만관리조직체를 말하며, 구미에서는 항만당국을 공공기업체 방식으로 항만을 운영하고 런던이나 뉴욕의 항만당국이 그 대표적이 예로서 독립채산제를 기본으로 하고 있으며, 단순히 항만뿐이 아니라 공항, 버스 터미널 등도 포괄 운영하고 있으며, 우리나라에는 부산항만공사, 울산항만공사, 인천항만공사, 여수광양항만공사가 있음.

항만시설(港灣施設)

항만법상의 항만시설로서 수역시설로는 항로, 묘박지, 외곽시설로는 방파제, 방사제, 방조제 도류제, 호안, 제방, 돌제, 갑문, 수문, 계류시설로서는 계선안벽, 부표, 잔교, 물량장, 선착장, 부잔교, 임항 교통시설로는 도로, 교량, 철도, 운하, 여객시설로서는 여객용 승강장, 대합실, 소화물 취급소, 보관시설로는 창고, 헛간(상옥), 야적장, 저탄장, 위험물저장소, 저유소, 사일로, 화물 처리시설로는 고정식 및 궤도주행식 기중기, 하역장치 등이 있다. 기타 선박 보급시설, 항만 후생시설, 항만시설 용지 등을 포함한다.

항만시설사용료(港灣施設使用料)

선박이나 화물이 항만시설을 사용하는 대가로 납부하게 되는 사용료. 그 종류는 선박입항료, 접안료, 정박료, 계선료, 화물입항료, 화물장치료, 여객터미널사용료, 수염점용료 등이 있다.

해운(海運)

해상운송의 약어로 해상의 선박을 운반구(運搬具)로 하여 여객, 화물, 우편물의 운송을 목적으로 하는 운송기능을 말한다. 선박에 따라 범선(帆船)에 의한 해운과 기선(機船)에 의한 해운이 있으며, 경영방법에 따라 정기항로운송(定期航路運送)과 부정기항로(不定期航路運送), 명령항로경영과 자유항로경영, 그리고 전문적인 해운과 부업(철도나 상공업자의 해운겸업)의 구분이 있고, 운송 대상에 따라 여객운송과 화물운송, 항로에 따라 외국항로해운과 내국항로해운 등이 있다.

해운업(海運業)

영리를 목적으로 여객이나 화물을 해상 운송하는 일. 여기에는 자기 소유의 선박을 자신이 경위하는 경우와 타인으로부터 선박을 임차(賃借)하여 영업하는 경우가 있다.

해치(Hatch)

화물을 싣고 내리거나, 사람이 출입하기 위하여 갑판에 열려 있는 구멍을 말한다. 선창(船艙) 안에 화물을 싣고 내리는 구멍을 카고 해치라고 하고, 해수가 선내에 흘러들어오는 것을 방지하기 위해 해치의 주위에 충분한 높이의 해치코밍을 설치하여 그 상부를 해치커버로 덮는다. 해치의 크기는 사용목적에 따라 결정되어야 하나, 선체의 강도 및 안전상 필요한 최소한도의 크기로 한다. 그러나 화물창 해치는 하역능률 향상의 견지에서 클수록 좋고, 일반적으로 폭이 5m 이상인데, 소형화물선에서는 선폭(船幅)의 60%에 이르는 것도 있다.

호안(Seawall, Revetment, Bulkhead)

하안(河岸)이나 제방을 유수로 인한 파괴와 침식으로부터 직접 보호하기 위하여 축조하는 구조물로 축조위치에 따라 고수(高水)호안, 저수호안, 제방호안으로 구분됨.

혼재형 컨테이너선 (mixed type container ship)

재래선의 갑판이나 선창에 일반잡화와 컨테이너 화물을 혼재하여 운송하는 선박으로 엄밀한 의미로 볼때 컨테이너선은 아님.

혼재화물(混載貨物)

한 개의 컨테이너에 적재하기에는 부족한 소량 화물을 모아서 FCL화물로 만든 화물을 말한다. 혼재화물일 경우 LCL 화물로 운송하는 것보다 일반적으로 저렴한 운임이 적용된다.

화물(貨物)

운송되는 여객 이외의 모든 물품의 총칭. 성분과 형태의 차이로 잡화와 특수화물로 분류되고 있다. 특수화물에는 벌크화물, 냉동·냉장화물, 생동식 화물, 위험무 등 특별한 운송장비 또는 취급이 필요한 화물을 말하며 잡화는 그 외의 보통화물을 말한다.

화물선(貨物船)

화물을 수송하는 선박을 총칭하며 종류에 따라 일반화물선, 특수화물선, 전용화물선 등으로 나눌 수 있음. 일반화물선은 일반화물을 주로 수송하는 선박을 말하고, 대개는 이것을 화물선이라고 부름.

확률적모형(stochastic model)

사건이 발생하는 시간의 확률적인 모형을 말하며, 모든 사건이 정해진 시간에 발생하기 때문에 확률적인 요소가 포함되어 있지 않은 모형인 확정적 모형(determinastic model)의 상대적 개념으로서 다른 말로 추계적 모형이라고도 함

환적항(換積港)

항만시설이 좋아 인근의 소형 항만으로부터 화물을 받아 모선으로 옮겨 싣는 데 이용되는 항만을 말한다. 우리나라 수출 화물의 경우는 일본 고베, 오사카 항 등을 환적항으로 이용하기도 한다.

환적화물(換積貨物)

스케줄이 맞지 않거나 항만의 특수한 사정 때문에 다른 항구에서 다른 선박에 옮겨 실어야 하는 화물을 말한다.

환적화물(Transshipment T/S)

선박에 적재된 화물이 바로 목적지인 항구(터미널)로 가지 않고 다른 항구에 적하하여 일시 보관 후 재 선적하여 목적지에 이송하는 화물로 여기에는 선박에서 선박으로의 환적, 선박과 철도의 해륙 연결수송에 의한 환적이 있으며, 앞의 경우에는 다시 동일한 선주에 속하는 다른 선박에의 환적과 상이한 선주의 선박에 대한 환적이 있다. 환적 컨테이너는 부두 배후의 교통수요를 유발하지 않고 부가가치가 높은 화물임.

흘수 (Draft)

어떤 선박이 화물을 만재했을 경우 정중앙부의 수면이 닿는 위치에서 배의 가장 밑바닥 부분까지의 수직거리를 나타내는 말로서 만재흘수라고도 함.

AGV (Automated Guided Vehicle)

컨테이너 크레인과 장치장 사이 컨테이너를 무인으로 이송하는 장비. 터미널 바닥에 마이크로프로세서가 장착된 Grid를 매설하여 놓고, 운행시 이 Grid를 통하여 위치를 점검하여 관제소의 Process control system으로부터 목적지와 계획된 통로를 통보받아 자동항법장치를 이용하여 목적지까지 무인 이송한다. 한번에 컨테이너 1개씩 이송하며, 충돌방지를 위하여 자체 초음파 센서 장착 및 통신으로 통제

Anchor, Anchorage

바다나 물위에 떠 있는 배나 구조물 등을 고정시키는데 쓰이는 것으로 물속에 떨어뜨려서 고정시킨다. 선박이나 해양구조물의 닻

ASC(automated stacking crane)

AGV로 이송된 컨테이너를 정하여진 위치에 장치하고, 장치된 컨테이너를 S/C 또는 트랙터의 새시위로 상차시키는 무인 컨테이너 장치시스템으로 시멘트 구조물 위에 크레인을 설치하여 9단 10열의 컨테이너 장치가 가능하며, Automatic crane control system에 의하여 조정되며, 크레인의 유지보수를 위한 원거리 고장진 시스템을 구비하고 있다.

Bag container

분말로 돼 있는 화물을 일정단위(500L이상) 이상 모아서 대량수송하기 위해 접을 수 있도록 유연한 재질을 사용한 원통형 또는 角形의 수용용기를 말한다. 이런 컨테이너를 bag container 또는 flexible freight container라고 하며 한번만 사용하고 버리는 것은 one way flexible freight container라고 한다.

Ballast

선박이 공선(空船) 또는 화물을 소량만 적재한 상태에서 운항시에 선박의 안정을 유지하기 위해 선내에 중량물을 적재하거나 또는 이동시킴으로서 위험이나 불균형을 방지할 수 있는데 이같은 중량물을 ballast라 한다. 보통 ballast에는 해수 또는 청수를 ballast tank나 deep tank에 채워넣는 water ballast와 이것으로는 충분치 않을 경우 모래, 자갈, 흙 등을 적재하는 soild ballast가 있음.

Berth

부두, 잔교, 안벽, 부표등 선박을 계류시키는 시설을 갖춘 접안 장소를 말한다. 보통

표준 선박 1척을 직접 정박시킨 설비를 지닌 수역. 이런 의미에서 선박을 접안시킬 수 있는 부두 수에 따라 제 몇 버스라 부르기도 한다. 통상 1개의 부두에는 몇 개의 선석이 있음

BOO(Build-Own-Operate)

민간투자사업의 추진방식의 일종으로 준공과 동시에 소유권이 시행자에 귀속되는 방식

BOT(Build-Operate-Transfer)

건설 수주기업이 프로젝트를 기획, 설계, 건설의 단계를 청부하는 것은 물론, 프로젝트 완성후에도 운영을 맡아 수입을 올려 프로젝트의 건설 비용을 회수하고 그 후에 양도하는 방식

BOT(Build-Own-Transfer)

민간투자사업의 추진방식의 일종으로 준공후 일정기간 소유권이 인정되며 그 기간 만료시 소유권이 국가 또는 지자체에 귀속되는 방식

Break bulk cargo

컨테이너 화물에 상대되는 용어로서 컨테이너 화물이 아닌 일반 정기선 화물을 총칭한다.

BTO(Build-Transfer-Operate)

민간투자방식의 일종으로 SOC시설 준공과 동시에 소유권이 정부 또는 지자체에 귀속되고, 일정기간 동안 관리 운영권을 인정해주는 방식

Bulk carrier

곡물, 석탄, 광석 등의 대량 화물은 일정 단위로 포장하지 않고 가루 또는 낱알 상태에서 장비를 이용하여 적재 운소하는 것이 효율적인데, 이러한 화물을 전문적으로 운송하는 선박을 말함. 따라서 석탄 전용선(coal carrier), 광석 전용선(ore carrier), 시멘트 전용선(cement carrier), 곡물 전용선(grain carrier) 등이 벌크선의 일종이라 할 수 있다. SOLAS협약에 따라 화물의 성격상 복원성(stability)이 약하기 때문에 선박구조의 구획설계(區劃設計)가 의무화되어 있음

Bulk Container

설탕, 곡류와 같이 자유로이 흐르는 일반 화물을 운송하기 위하여 설계된 선박의 컨테이너로 지붕의 창구를 통하여 적재되고, 기울임에 의하여 컨테이너의 한쪽 끝의 창고를 통하여 하역되는 컨테이너

Bulk Container Ship

특수 컨테이너의(special container) 일종으로, 분체용(粉體用, solid bulk container)과 액체용(液體用, tank container, liquid bulkcontainer)으로 분류된다. 보통 tank container와 대별하여 粉體 또는 분상체 화물을 수송하는데 적합한 컨테이너로 통용된다.

Container Yard Operation

컨테이너 야드에서 컨테이너를 싣고 내리거나 선사와 화주간에 화물을 인도 또는 수도하는 것을 operator라고 하며, CY operator는 컨테이너에 대한 모든 계획과 작업 및 보관, 관리 등의 작업을 한다.

Container Crane

부두의 안벽에 설치되어 컨테이너선으로부터 컨테이너를 부두로 하역하고 부두에 있는 컨테이너를 배에 선적하는 컨테이너 전용 크레인 gantry crane(G/C), rail mounted quay crane(RMQC) 혹은 포테이너(portainer) 또는 키사이드 컨테이너 크레인(quay-side container crane) 등 여러 가지로 부르고 있으나 KS규격에는 컨테이너 크레인이라고 표기되어 있다.

Container Freight Station

LCL 화물 즉 1인의 화주가 1개의 컨테이너를 가득히 채울 수 없는 소량의 화물을 인수하여 컨테이너에 채워 넣거나 내장된 화물을 컨테이너로부터 꺼내는 작업을 하는 장소이다. 즉 수출의 경우에는 CFS에 LCL 화물을 집적(集積) 하고 목적지별로 선별하여 컨테이너 속에 채워 넣는다. 또 수입의 경우에는 CFS에서 혼재되어 있는 화물을 컨테이너 속에서 꺼내어 목적지별로 구분하고 수화인(受貨人)에게 인도하는 작업이 이루어진다.

Chassis

화물 특히 컨테이너를 싣는 받침대로, 한쪽에는 바퀴가 달려 있고 다른 쪽은 트레일러로 견인할 수 있도록 되어 있다.

CIQ (Customs Immigration Quarantine)

C는 관세(customs), I는 출입국 심사(immigration), Q는 검역(quarantine)을 뜻하는 말로써, 관세는 수출입 화물이나 수화물 등에 대한 과세나 단속을 담당하고, 출입국 심사는 출국 및 입국자의 여권 심사 등을 담당하며, 검역은 외국에서 전염병이나 해충 등이 침입하는 것을 방지할 목적으로 시행하는데 국제예방접종증명서(yellow book)를 요구하기도 함.

CIS (Container Inspection Station)

컨테이너화물을 끄집어내어 수량 및 손상의 유무, 밀수 등을 확인하는 창고로 화물 검수장이라고 함.

Container

화물을 단위화(unitization)하여 효율적으로 하역할 수 있고, 반영구적 특성을 갖고 있어 화물 손상을 방지하거나 되풀이해서 사용하는데 적합하며, 화물을 다시 적재할 필요없이 운송에 편리하도록 특별히 고안된 수용용기를 말함. 국제표준화기구(ISO)의 정의에 따르면 '컨테이너란 내구성 및 반복사용에 견딜만한 강도를 갖고 있고, 화물 수송을 하나 이상의 수송방식에 연계할 수 있으며 도중에 재차 채워넣음 없이 Door to Door까지 화물을 수송할 수 있도록 특별히 고안된 수송용기'라고 정의하고 있음

Container Feeder Service

항구의 컨테이너 시설 미비로 대형 풀컨테이너선이 접안 불가능할 경우 대형선이 기항 가능한 중추항만과 인근 중소형 항만간에 소형 컨테이너선으로 연결하게 되는ㄷ 이같은 서비슬 컨테이너 피더 서비스라 한다. 우리나라도 1978년 10월 부산항이 컨테이너 전용부두가 건설되기 이전까지는 주로 이같은 서비스에 의해 컨테이너화물을 수송했다. 최근 선사가 대형화되면서 정기선사들은 모선을 주요하구에만 기항시키고 나머지 항항구의 컨테이너 시설 미비로 대형 풀컨테이너선이 접안 불가능할 경우 대형선이 기항 가능한 중추항만과 인근 중소형 항만간에 소형 컨테이너선으로 연결하게 되는ㄷ 이같은 서비슬 컨테이너 피더 서비스라 한다. 우리나라도 1978년 10월 부산항이 컨테이너 전용부두가 건설되기 이전까지는 주로 이같은 서비스에 의해 컨

테이너화물을 수송했다. 최근 선사가 대형화되면서 정기선사들은 모선을 주요하구에만 기항시키고 나머지 항구는 피더선으로 연결하고 있다.

Container ISO

ISO 규격의 정의에 따르면 컨테이너란 내구성 및 반복 사용에 견딜 만한 강도를 갖고 있고, 상품수송을 하나 이상의 수송방식에 연계할 수 있으며, 도중에 재차 채원넣음 없이 상품수송을 하도록 특별히 설계되어 있음. 컨테이너는 수요하는 화물의 종류, 주된 수송기관, 구조 재질, 적재량 등에 따라 여러 가지가 있는데, 용적 3㎥이하의 것을 소형, 그 이상을 대형이라고 부름. 컨테이너 수송이 갖고 있는 장점으로서는 하역의 기계화, 포장비 절감, 도난방지 등이 있음. 일단 적입 하면 재조작 없이 Door to Door까지 화물을 수송할 수 있게끔 제작된 컨테이너는 액체화물의 운송을 위한 탱크 컨테이너, 온도 조절을 요구하는 화물 운송용의 냉동 컨테이너를 포함한 Dry 컨테이너 등 어려종류가 있음

Container Terminal

컨테이너 수송방식에 있어서의 해상수송과 육상수송의 접지로서 항만 앞쪽에 위치하여 본선하역, 하역준비, 화물보관, 컨테이너 및 컨테이너화물의 인수 그 밖에 각종 기계의 관리, 보관 등을 다루는 일련의 시설을 갖춘 지역임. 터미널 운영은 선사 자체가 하나의 사업으로 자영 또는 임대운영 경우도 있으며 지방자치단체 등 공공단체의 항만관리자가 직접 운영하는 경우도 있음

Control Tower

컨테이너 야드의 오퍼레이션을 통할하는 사령실로서 컨테이너 야드 내의배치, 분선하역작업에 대한 계획, 지시, 감독을 행한다. 사령실과 야드 機器 및 크레인 오퍼레이터와는 무선전화로 연락된다. 콘트롤 타워는 컨테이너야드 전체를 관찰할 수 있는 높은 위치에 있어야 한다.

End Stopper

컨테이너크레인(C/C)의 레일 주행로 양끝단에 설치하여 크레인이 주행방향으로 이탈하는 것을 방지하는 장치

FCL Cargo

컨테이너 1개를 채우기에 충분한 양의 화물을 말한다. 흔히 CL cargo라 부르기도 하는데 door to door 서비스가 가능하다는 점에서 컨테이너 수송의 기본이 된다.

FCL

화주 1인의 화물로서 컨테이너 1개를 가득 채운 컨테이너. LCL과 대비

Feeder Service

정기선 운항은 운항 채산성을 고려하여 정해진 몇 명 항구에만 기항하게 되는데 이들은 주로 물동량이 일정 수준에 달해 있고 또한 항만시설이 양호한 하구, 반면 항만시설이 미비하여 대형선이 입항할 수 없거나 혹은 물동량이 소량인 항구는 대상선이 직접 기항하는 대신 중심항으로부터 철도, 자동차 또는 선박(소형 feeder 선)등을 이용하여 연계수송을 하게됨.

Feeder Service Port

대형선박의 기항이 허용되지 않아 피더선으로 서비슬 대신하는 항구, 피더서비스 화물에도 피더요금이 추가된다.

Feeder Ship

대형 컨테이너 선박(mother vessel 모선)이 기항하는 중추 항만과 인근 중소형 항만간에 컨테이너를 수송하는 중소형 컨테이너 선박을 가리킴. 통상적으로 대형 컨테이너 선박은 수송의 신속성, 경제성 확보를 위하여 대형의 중추항만(hub port)에만 기항하게 되는데 이에 따라 이들 중추항만과 중소형 항만간을 연결하는 중소형 선박에 의한 서비스가 필요하여 피더선을 이용하고 있음

FEFC(Far Eastern Freight Conference) 구주운임동맹, 유럽운임동맹

1879년 결성되어 120년의 역사를 가진 극동-유럽항로의 운임동맹으로서 현재 약 30개의 선사가 가입하고 있음

FEU (Forty-foot Equivalent Units)

40ft 길이로 컨테이너 규격을 환산한 단위로서, 40ft 컨테이너 1개를 1FEU 혹은 2TEU라고 함.

Forklift

팔레트를 쌓거나 트럭에 싣기 위해 들어올리고 옮기는 장비로 4륜차 또는 무한궤도식 자동차의 앞쪽에 포크 모양의 양탑기가 장치된 운반차. 양탑기의 받침을 팔레트(pallet)라고 하는 하수대에 끼워 놓아 화물과 함께 운반함. 또한 양탑기는 그 받침에 실은 채로 승강할 수 있음.

Full Container Ship

컨테이너만을 적재할 수 있는 구조를 가진 화물선, 이는 하역방식에 따라 lift on / off 방식과 roll on / off의 경우는 갑판상의 창구로부터 기중기에 의해 컨테이너를 싣고 부리는 방식으로서, 창구는 셀(cell)을 설치한 cellular hold로 되어 있다. roll-on roll-off 방식은 선측 혹은 선미부분에 있는 문으로 트레일러나 포크리프트가 들락날락하며 컨테이너를 싣고 부린다.

Gantry crane

일반적으로 컨테이너 전용부두에 설치되어 컨테이너 선박으로부터 컨테이너를 싣거나 내리는 작업을 하는 대형 크레인으로 컨테이너부두 하역장비들 중에서 가장 기본이 되는 중요한 장비이며 일반적으로 갠트리형 크레인을 컨테이너 크레인(container crane)이라고도 함.

Gate

게이트는 컨테이너 터미널과 하주, 내륙수송업자와의 사이에 책임 한계를 구획하는 지점으로 여기서 계측기로 주량을 계측함. 컨테이너는 터미널 출입시 Gate를 통과해야만 하며 각 선사 컴퓨터에 Input data source로 입력되어 짐

Hub Port

세계 주요 컨테이너 항로에 위치하고 있는 대형 항만으로서, 대형 컨테이너 선박이 기항함. 인근 지역의 군소 항만들과 피더 서비스에 의하여 전세계로 컨테이너 화물의 수송을 중계하는 기지항만의 역할을 하므로 자국화물뿐만 아니라 환적 컨테이너 화물의 비중이 높은 것이 특징임

IAPH(International Association of Ports and Harbours)

국제항만협회로 본부는 일본 동경에 있으며 항만의 조직, 행정, 경영 등과 관련된 정보교환 및 해양산업의 증진, 발전을 도모하기 위한 국제기구로 우리나라는 해양수산

부, 인천청, 부산청, 및 한국항만협회가 각각 가입

ICB(International Container Bureau)

국제컨테이너협회로 1933년 컨테이너에 관한 협력관계의 유지를 목적으로 설립된 구주 각 국민간단체의 집합체. 본부는 프랑스 파리에 소재

ICD(Inland Container Depot, Inland Clearance Depot)

컨테이너선이 기항하는 항만 터미널을 떠나 내륙에 설치되는 컨테이너 기지를 말한다. 주로 컨테이너 화물의 통관, 배송, 보관, 집하 등이 이루어지며 화물 집배송의 대단위화에 의한 수송효율의 향상, 항만지역 인근의 교통혼잡 완화 등의 효과가 있다. 컨테이너의 항만시설은 항만의 지리적 조건 및 배후시설 등 막대한 시설비가 소요되므로 입·출항 하역은 기존항만을 이용하고, 화물의 분류, 통관 배송 등 항만으로서의 역할은 내륙에서 할 수 있도록 내륙에 컨테이너 기지를 건설하여 기존 항만의 보조역할을 하게 한다.

IMO(International Maritime Organization)

국제해사기구로 국제해사법률제도의 개선 통일, 해상안전 및 해양환경보호 증진 등을 목적으로 1959년 UN에 의하여 설립되었다. 95년말 현재 153개국의 정회원과 2개국의 준회원으로 구성되어있으며 런던 본부 산하에 5개 전문위원회와 11개 소위원회가 있으며, 우리나라는 1962년에 가입했다.

Inland Deport

컨테이너 화물을 능률적으로 수송하기 위해 부두 지구 이외에 설치된 CFS(containe
컨테이너 화물을 능률적으로 수송하기 위해 부두 지구 이외에 설치된 CFS(container freight station)를 말한다. 가능한 한 컨테이너선 기항지에서 가까운 곳에 설치되기 때문에 단기간에 확실한 수송이 가능하고, 통관, 컨테이너 화물의 집배(集配), 인수, 인도, 공 컨테이너 회수, 일시보관, 점검, 수리 등을 행한다. 이는 또한 CFS를 포함한 내륙의 컨테이너 직접장소를 뜻하기도 하는데 그 경우에는 부두터미널과의 사이에 컨테이너 전용열차에 의한 계획 수송이 행해지기도 한다.

Jack-up Base

컨테이너크레인(C/C) 정비시 컨테이너를 들어올리거나 내릴 수 있도록 일정한 장소에 설치해 놓은 Base

KCTA(korea Container Terminal Authority)

1990년 4월 3일 부산에 설립된 한국컨테이너부두공단은 컨테이너부두의 건설과 이에 따른 재원조달 등을 위하여 설립된 무자본 특수법인. 정부로부터 컨테이너부두를 무상 대부받아 컨테이너부두 운영회사에 유상 임대하고 있으며, 동 임대료와 컨테이너 부두개발채권, 정부배정융자 등이 그 주된 재원임

Lashing

선박 항해중 선적된 화물이나 컨테이너가 움직이는 것을 방지하기 위하여 선체나 기타 고척물에 적재된 화물을 고정시키는 행위

LCL(Less than container load)

화주 1인의 화물로 컨테이너 1개를 채울 수가 없어 여러 화주의 화물을 1개 컨테이너에 같이 싣게 되는 컨테이너 화물. FCL 화물과 대비

LO/LO ship(lift-on/lift-off ship)

LO/LO 방식에 의한 풀 컨테이너선을 말한다. 이 선박의 일반적인 선창 내 구조는 Cell Structure라고 하는데, 컨테이너를 적재하기 위한 특수한 창내 구조로 되어 적·양화 시에 기중기나 데릭(derrick)만으로 하는 수직하역방법이다. 최근 컨테이너 전용선은 대부분 이 방식으로 하역작업을 수행한다.

M/T(metric ton)

미터법에 의한 국제표준 중량톤 1,000kg을 1톤으로 함

Marshalling

선박으로부터 양화된 컨테이너를 부두 밖으로 수송하기 위하여 또는 컨테이너를 선박에 적재하기 위하여 부두 내에서 이동, 정렬하거나 잠시 대기시키는 것

Marshalling Yard

컨테이너선에 직접 싣고 부리는 컨테이너를 정열해두는 광대한 공간(space)으로서 에이프런과 인접해서 배치되는 수가 많다. 컨테이너선이 입항하기 전에 선적해야 할 컨테이너를 하역순으로 정열 해 두는 동시에 컨테이너선에서 내리는 컨테이너를 위한 필요한 공간이다

Mooring
선박이 화물을 적하하고 여객이 승강하기 위하여 접안하거나, 선박이 부두에 접안하기 위해 박지에 대기하든가 선박이 검사나 수리를 할 때 또는 해운계의 불황 때문에 선박의 가동을 줄이기 위해 일시 운항을 정지 시켜서 항구에 계류하는 것을 말한다.

Off-Dock CY
컨테이너 부두와 별도로 떨어져 위치하고 있는 컨테이너 장치장, 컨테이너 장치장은 컨테이너 부두 내에 위치하는 것이 이상적이나 부산항과 같이 컨테이너 부두가 협소할 경우에 컨테이너 부두 인근에 별도로 DOCY가 발달하게 됨.

OHBC(over head bridge crane)
싱가포르에서 새로운 터미널(Pasir Panjang) 지역에 설치 예정으로 교각위에 설치된 크레인이 컨테이너를 무인 장치하는 시스템. 9단10열의 컨테이너를 장치할 수 있고 장치 컨테이너 중간에 3열의 트렉터 통로가 있음

On-Dock CY
컨테이너부두내의 컨테이너 장치장. ODCY와 대비되는 개념

Panamax
파나마 운하를 통과할 수 있도록 설계된 선박. 선박의 폭이 32.2m, 만재흘수 12m (통상 5.6-6.4만 DWT)이하의 선박을 가리킴

Panamax Type C/C
파나막스형 컨테이너 선박(선폭 : 32.24m)으로 Deck위 13열 4단까지 컨테이너를 처리할 수 있는 크레인

Panamax Type Vessel
파나마 운하를 통과할 수 있는 가장 큰 선형은 50,000-60,000dwt급이며, 파나마 운하를 통과하는데 지장이 없는 최대선형의 화물선을 파나막스형 선박이라고 함.

Port Charge
선박의 출입이나 정박 등 해당 항만을 이용함으로서 발생하는 일체의 비용을 항비라 한다.

Pendulum

북미서안↔극동↔유럽 극동을 기준(축)으로 하여 서비스 형태(항로도)가 시계추 움직이는 모양과 유사하다 하여 붙여진 항로 이름.

Port

해륙 교통의 출입구라는 의미에서 천연항(天然港 : harbour)적인 요소외에 방파제, 안벽, 야적장 등 화물의 이동, 보관, 처리를 위해 인공적인 항만설비를 가한 항구를 뜻한다. 구체적으로 설명하면 port는 항만으로서 harbour의 개념에 화물의 하역, 운반 등의 기능을 수행하기 위한 terminal facilities를 추가하며, 상업적인 목적으로 사용될 수 있도록 화물 또는 여객의 하역, 운반에 필요한 모든 시설을 갖추고 선박에 의하여 수송되는 여객 또는 화물을 싣고 내리는데 사용됨과 동시에 이러한 기능을 발휘하는데 필요한 시설을 갖춘 일정 수역이나 항내의 일정 구역 등을 말한다.

PORT-MIS(Port Management Information System)

항만운영정보시스템으로 해양수산부에서 개발 가동중인 선박 입출항 등 항만운영정보에 관한 종합적인 전산화 체계

Post Panamax

파나마 운하 통과 기준(선폭32.3m)을 초과하는 선박으로 1988년 미국의 APL사에 의해 취항된 4,340TEU급 선박이 최초임

PSW(Pacific South West)

극동↔북미남서안(오클랜드, LA, 롱비치항)간의 정기 컨테이너선 항로

Quay

선박이 화객(貨客)의 편리항 상·하선을 위해 옆으로 댈 수 있도록 육지와 평행하게 만든 평행식 안벽. 부두 자체만이 아니라 부두설비, 야적장, 임항철도, 창고 등 각종 하역설비가 상설된 부두 지역을 통틀어서 quay라고 한다.

R/S(Reach Stacker)

야드 내에서 컨테이너를 이적하거나 또는 섀시에서 하역하여 야드 내에 적재하는 야드용 장비로, 주로 공컨테이너를 처리한다. 소규모 컨테이너 처리 부두에서 가장 많이 사용한다.

Rail Clamp

컨테이너크레인에 부착된 장치로서 작업 중 순간 돌풍 발생 시 크레인이 주행방향으로 밀리는 것을 방지하는 장치

RMGC(Rail Mounted Gantry Crane)

철송장 또는 야드내에서 레일(Rail)위를 이동하면서 컨테이너를 처리하는 크레인

RO/RO Ship(Roll On/Roll Off Ship)

크레인을 사용하지 않고 화물을 적재한 트레일러나 트럭이 경사로(ramp way)를 지나 그대로 선내에 들어와 하역할 수 있는 수평하역방식의 선박

RTGC(Rubber Tire Gantry Crane)

고무타이어를 부착하고 야드 내에서 일정한 통로를 이동하면서 컨테이너를 처리하는 크레인, RMGC 보다 이동성이 유리하다.

RTW(Round the World)

세계일주 정기 컨테이너선 항로

Semi-Container Ship

일부 선창을 컨테이너 전용창으로 하여 갑판상의 컨테이너를 적재하는 배를 말하는데, 이 배는 컨테이너 화물과 일반 화물을 동시에 수송하는 선박으로서 컨테이너 전용 선박과는 달리 보통 선상 크레인을 갖추고 있음

Spreader

컨테이너 취급 장치로 Lifting Beam의 일종이며, 각종 컨테이너 하역장비에 장착되어 컨테이너 취급시 사용됨. 컨테이너를 견고하게 붙잡기 위해 네모퉁이에 Twist Locks이 설치되어 있으며, 컨테이너규격(20ft, 40ft 등) 모두를 취급할 수 있도록 길이방향으로 조절이 가능하며, 비규격 화물도 취급이 가능함.

Stacker

석탄이나 석회 등의 가루로 된 짐을 받아 선회하거나 치켜 올릴 수 있는 붐 속에 갖추어진 컨베이어를 거쳐 저탄장 등의 장소로 방출하는 기계

Stowage Pin

컨테이너크레인(C/C)에 부착된 장비계류용 부품으로서 휴지시나, 이상기상(강풍,태풍)시 안벽에 매설된 Pin-cup에 고정시켜 컨테이너크레인(C/C)의 이동을 방지하는 장치

S/C(Straddle Carrier)

컨테이너 터미널 내에서의 하역과 운반을 동시에 할 수 있는 하역이송장비로서 컨테이너를 타고(straddle) 그것을 양다리 사이에 넣어 운반하는 데서 이와 같은 명칭이 붙었다. 스트래들 캐리어는 크레인의 Cycle에 맞추어 컨테이너를 마샬링 야드로부터 에이프런으로 또는 에이프런에서 마샬링 야드로 운반하는 장비이며 효용성이 높다.

T/C(Transfer Crane)

타이어가 달린 Rubber Gantry Crane(RTGC)과 레일 위를 이동하는 RMGC 두 가지로 대별할 수 있으며, 트랜스테이너(Transtainer)로 부르기도 한다. 컨테이너크레인에 의해서 하역되어진 컨테이너를 터미널 야드 내에서 스프레더를 이용하여 적재하며 야드 섀시(yard chassis)나 로드 섀시(road chassis)에 올리거나 내리는 작업을 한다.

T/S(Transshipment)

일단 선적된 화물이 바로 목적지로 향하지 않고 다른 선박에 옮겨 실려지는 것으로 한 수송기관 이상의 접속에 의하여 화물을 최종 목적지에 도착시키기 위하여 다른 수송기관에 바꾸어 싣는 것을 말한다. 선박에서 선박으로의 환적과 선박과 철도의 해륙 연결수송에 의한 환적으로 나누며, 전자의 경우에는 다시 동일한 선주에 속하는 다른 선박에의 환적과 상이한 선주의 선박에 대한 환적이 있다.

TAR(Trans-Asia Railroad)

아시아횡단철도로서 28개의 아시아 각국을 연결하는 총길이 81,000㎞의 국제 철도망으로서 1990년대 초반 아시아·태평양 경제사회이사회에서 제안되었으며, 당초에는 동남아시아-방글라데시-인도-파키스탄-이란-터키를 잇는 철도망으로 추진했으나, 이후 한국, 중국, 러시아, 중앙아시아 등을 연결하는 북부노선까지 포함되어있음.

TCR (Trans-China Railroad)

중국횡단철도로서 중국 강소성 연운항-서안-난주-우름치-알라산쿠로 이어지는 철도를 이용하여 중국과 러시아를 거쳐 아시아와 유럽을 연결하는 복합운송망을 말하며, 총연장은 4,018㎞임.

Terminal

육상운송에서는 철도나 도로 운송의 종착역을 의미하고 해운에서는 최종 기착항, 종점항을 가리킨다. 그러나 오늘날의 해운에 있어서는 여러 가지 교통수단이 교차하는 교통기점(交通基點)의 의미로 많이 쓰이고 있다. 특히 항만터미널의 경우 해상과 육상이 만나는 접점으로서 해륙연결 관계설비를 총망라한 개념으로 화물장치장, 창고 등 부두시설도 이에 포함된다.

TEU (Twenty-foot Equivalent Units)

길이가 상이한 컨테이너를 20ft 길이로 양(量)을 환산한 단위이며, 이 단위는 1960년대 영국의 신문인(新聞人)인 Richard F Gibney가 "Shipbuilding & Shipping Record"의 선박 통계표 편집 과정에서 해운회사마다 다른 규격의 컨테이너를 사용하는 것을 동일 규격으로 환산하기 위하여 1969년부터 사용한 후 표준화 되었다.

TGS (Twenty Ground Slot)

20ft 컨테이너 1개가 놓이는 바닥면적

THC(Terminal Handling Charge)

터미널 또는 CY에서 수출 컨테이너 화물을 수령하고 선적하는데 드는 비용 또는 수입 컨테이너 화물을 장치 보관하고 이를 반출하기 전까지의 비용

UCT(Unmanned Container Transfer Crane)

무인자동화 컨테이너 터미널의 CY지역에서 컨테이너를 저기하거나 섀시에서 하역하는 야드용 무인 트랜스퍼크레인을 말한다. ECT 터미널에서 사용중에 있는 ASC와 동일한 장비이다.

UGC(Unmanned Gantry Crane)

무인 자동화 컨테이너 터미널에서 선박으로부터 컨테이너를 하역하거나 선적하는 안벽용 무인 컨테이너 크레인을 말한다.

VTS (Vessel Traffic Service)

해상교통관제시스템으로 레이더, CCTV, 무선전화 등의 통신시설을 이용하여 선박의 항로이탈여부, 진행방향, 속력, 선박교차시간 등을 모니터로 파악 감시하여 항만 입출항에 필요한 각종 정보를 제공하는 항만서비스 기능임.

W/T(Weight Ton)

적재 화물의 무게를 기준한 톤수. 중량취급화물은 이 W/T로 측정한다.

Waterfront

원래는 천(川), 호수(湖水), 港, 沿岸의 토지를 의미하고 있으나 근래 개발사업의 일환으로 친수성을 갖는 토지공간의 창조 등을 의미하여 사용하고 있다.

Wharf

선창 부두를 뜻하는 기장 일반적인 말이며, 부두는 항만에 있어서 항구의 환경. 구조, 설비의 여하에 따라 quay, pier, dock wharf 등으로 불리며, wharf는 이들 계선안을 총칭하는 것으로서 항만에서 콘크리트 등으로 물 밑에서부터 수직으로 쌓아 올려 화물을 적·양화를 위한 부두설비를 하고 그 외에 야적장 임항철도 창고 및 하역설비 등이 상설된 부두지역을 총칭한다.

Yard Chassis

컨테이너 크레인에 의해 하역된 컨테이너 박스를 야드 크레인인 트랜스퍼 크레인이 취급할 수 있도록 이송하는 중간 운송장비로서 사용된다.

Y/T(Yard Tractor)

야드 내에서 섀시를 연결하여 컨테이너를 이동 운송하는 데 사용되는 야드용 이동장비로서 섀시와 연결 시 브레이크 및 전기장치 등이 없어 도로 주행이 불가능하게 되어 있다. 도로 주행용은 road tractor라고 한다.

참고문헌

[1] 문성혁, 현대항만관리론, 다솜출판사, 2003,

[2] 국토해양부, 한국의 항만, 나누리, 2009,

[3] 곽규석 외, 항만운영관리론, 박영사, 2009,

[4] 하명신 외, 항만물류의 이해, 탑북스, 2011,

[5] 이철영, 항만물류시스템, 효성출판사, 1998,

[6] 이용택, "IT기술을 적용한 항만자동화에 대한 기술동향", 대한전기학회, 제58권, 5호, pp. 27-35, 2009.

[7] 이철영, 하명신, 김광희, 항만물류시스템, 박영사, 2009.

[8] 김상열, 류광열, 류동근, 양창호, 한철한, 해운·항만산업의 미래 신조류, 물류혁신네트워킹연구소, 2009.

[9] 국토해양부, "컨테이너터미널 RFID 기반 게이트 자동화시스템 고도화 사업 추진", 보도자료, 2009.

[10] 산자부 기술표준원, "RFID 기술표준 및 실용화 전략 가이드", 2006.

[11] 우용호, "수출입물류보안을 위한 RFID Network에서의 정보시스템 통합모델연구", 대한산업공학회 추계학술발표대회 발표논문집, 2007.

[12] 지식경제부, "RFID/USN 확산사업 현황 및 발전 전략", 2009.

[13] 최종희, 김수엽, 이호춘, "항만물류 선진화를 위한 RFID 기술 도입 방안", 한국해양수산개발원, 2007.

[14] 한국컨테이너부두공단, "APEC STAR-BEST 프로젝트 소개", 한국컨테이너부두공단, 2004.

[15] Roberts, C M, "Radio Frequency Identification(RFID)," Computers & Security, Vol. 25, No. 1, 2006, 18-26.

[16] 반기종, 원영진, "RFID/USN의 기술 및 시장동향", 전자공학회지 제36권 제12호, 2009년.

[17] "2011년도 상반기 국내외 RFID/USN 산업 동향 보고서", 정보통신산업진흥원, 2011.

[18] 최혁준,· 최문성, "RFID/USN 활용을 통한 물류 경쟁력 제고 방안", e-비즈니스 연구, 제11권 제2호

[19] 김형준, "사물 간 통신 네트워크의 이해", 정보와 통신, 2010년

[20] 김성신, “물류 무인 운반 시스템의 기술 및 동향”, 전자공학회지, 제39권, 제5호, 2012년
[21] 김병호, “상황인지 기반 모바일 증강현실 플랫폼”, 한국정보통신학회논문지 제16권, 제1호, 2012년
[22] 최상희, "미래를 선도하는 스마트 항만물류기술", 전자공학회지, 제39권, 제5호, 2012년
[23] GLOFA-GM 초급 사용 설명서
[24] http://www.ml-ip.com/
[25] http://www.server2kx.com
[26] http://www.epc-rfid.info/rfid
[27] http://www.belkin.com/
[28] http://arduino.cc/
[29] http://www.openslam.org/
[30] http://w39ww.sickkorea.net/
[31] http://www.lsis.com/
[32] http://ooltcloud.expressweb.jp/

찾아보기

문성철
한국해양대학교 대학원 물류학 박사
한국정공(주) 대표
(現) 동명대학교 항만물류학부 겸임교수
(現) 한국항만연수원 부산연수원 근무

안현식
경북대학교 전자공학과 졸업
경북대학교 공과대학 박사
포항산업과학연구원(RIST) 선임연구원
미국 GeorgiaTech 방문 교수
(現) 동명대학교 로봇시스템공학과 교수

손정기
부경대학교 기계공학과(공학박사)
경남정보대학 겸임교수
(現) 한국산업안전공단 자문위원
(現) 한국항만연수원 부산연수원 교수

항만자동화

2014년 7월 5일 초판 인쇄
2014년 7월 10일 인쇄 발행

저 자 문성철, 안현식, 손정기
발 행 인 송기수
발 행 처 **도서출판 GS인터비전**
편 집 처 **도서출판 GS인터비전**
인 쇄 **대일문예사**
등록번호 제 313-2011-120 호
I S B N 979-11-5576-032-1(93530)

주 소 서울 마포구 토정로222 B동 207호
전 화 02-976-7898
팩 스 02-6468-7898
홈페이지 gsintervision.co.kr
E-Mail gsinter7@gmail.com

정가 20,000원